全国机械行业职业教育优质规划教材（高职高专）
经全国机械职业教育教学指导委员会审定
高职高专智能制造领域人才培养系列教材

工业现场网络通信技术应用

主　编　宋云艳　段向军
副主编　唐　敏　李　峰
参　编　史　晶　隋　欣　于周男　于　颖

机械工业出版社
CHINA MACHINE PRESS

本书以高职高专相关课程选用最多的两种PLC品牌（即西门子及三菱）为平台，选择常用的PROFIBUS、CC-Link现场总线以及工业以太网作为主要内容，同时兼顾Modbus现场总线和DeviceNet现场总线。本书既满足机电一体化技术等相关专业课程的关联性，又能使学生了解工业现场网络通信技术在工业分布系统中的作用，掌握常用工业现场网络通信系统的构建和使用方法。本书的主要内容包括工业现场网络通信技术的认知、PROFIBUS现场总线通信系统的组建、CC-Link现场总线通信系统的组建、Modbus现场总线通信系统的组建、DeviceNet工业现场网络通信系统的构建以及工业以太网网络系统的组建。

本书内容选择合理，结构清楚，面向实际应用，适合作为高职高专电气自动化技术、机电一体化技术、工业机器人技术、生产过程自动化技术、工业网络技术及楼宇智能化工程技术等专业的教学用书，也可作为相关专业工程人员的培训教材及参考用书。

本书配有电子课件，凡使用本书作为教材的教师可登录机械工业出版社教育服务网www.cmpedu.com注册后下载。咨询电话：010-88379375。

图书在版编目（CIP）数据

工业现场网络通信技术应用 / 宋云艳，段向军主编 . —北京：机械工业出版社，2016.12（2024.8 重印）

全国机械行业职业教育优质规划教材 . 高职高专　经全国机械职业教育教学指导委员会审定　高职高专智能制造领域人才培养系列教材

ISBN 978-7-111-55570-4

Ⅰ . ①工…　Ⅱ . ①宋… ②段…　Ⅲ . ①以太网—通信协议—高等职业教育—教材　Ⅳ . ① TN915.04

中国版本图书馆 CIP 数据核字（2016）第 294801 号

机械工业出版社（北京市百万庄大街 22 号　邮政编码 100037）

策划编辑：薛　礼　责任编辑：薛　礼

责任校对：杜雨霏　封面设计：鞠　杨

责任印制：常天培

北京机工印刷厂有限公司印刷

2024 年 8 月第 1 版第 7 次印刷

184mm × 260mm · 12 印张 · 252 千字

标准书号：ISBN 978-7-111-55570-4

定价：39.00 元

电话服务	网络服务
客服电话：010-88361066	机　工　官　网：www.cmpbook.com
010-88379833	机　工　官　博：weibo.com/cmp1952
010-68326294	金　　书　　网：www.golden-book.com
封底无防伪标均为盗版	机工教育服务网：www.cmpedu.com

高职高专智能制造领域人才培养系列教材
编审委员会

出版说明

《中国制造2025》是我国实施制造强国战略第一个十年的行动纲领。“要实施《中国制造2025》，坚持创新驱动、智能转型、强化基础、绿色发展，加快从制造大国转向制造强国。”中国制造业转型升级上升为国家战略。

智能制造是《中国制造2025》的核心和主攻方向，工业机器人是重要的智能制造装备。《中国制造2025》提出将“高档数控机床和机器人”作为大力推动的重点领域，并在重点领域技术创新路线图中明确了我国未来十年机器人产业的发展重点。工业机器人技术及应用迎来了重要的战略发展机遇期。

为了更好地适应机械工业转型升级的要求，促进高职高专院校工业机器人技术专业建设及相关传统专业的升级改造，满足制造业转型升级大背景下企业对技术技能人才的需求，为《中国制造2025》提供强有力的人才支撑，机械工业出版社在全国机械职业教育教学指导委员会的指导下，组织国内多所高等职业院校和相关企业进行了充分的市场调研，根据学生就业岗位职业能力要求，明确了学生应掌握的基本知识及应具备的基本技能，构建了科学合理的课程体系，制订了课程标准，确定了每门课程教材的框架内容，进而编写了本套智能制造领域人才培养规划教材。

本套教材可分为专业基础课程教材和专业核心课程教材两大类。专业基础课程教材专注于基础知识的介绍，同时兼顾与专业知识和实践环节有机结合，为学生后续学习专业核心课程打下坚实的基础。专业核心课程教材主要针对在高职高专院校使用较广的ABB、KUKA等品牌的机器人设备，涵盖了工业机器人系统安装调试与维护、现场编程、离线编程与仿真、系统集成与应用等，符合专科层次工业机器人技术专业学生职业技能的培养要求；内容以“必需、够用”为度，突出应用性和实践性，难度适宜，深入浅出；着力体现工业机器人的具体应用，操作步骤翔实，图文并茂，易学易懂；编者大多为工业机器人技术专业（方向）教师及企业技术人员，有着丰富的教学或实践经验，并在书中融入了大量来源于教学实践和生产一线的实例、素材，有力地保障了教材的编写质量。

本套教材采用双色印刷，版式轻松活泼，可以使读者获得良好的阅读体验。本套教材还配有丰富的立体化教学资源，包括PPT课件、电子教案、习题解答、实操视频以及多套工业机器人技术专业人才培养方案，可为教师进行专业建设、课程开发与教学实施等提供有益的帮助。本套教材适合作为高职高专院校工业机器人技术、机械制造与自动化、电气自动化技术、机电一体化技术等专业的教材及学生自学用书，亦可供相关工程技术人员参考。

本套教材在调研、组稿、编写和审稿过程中，得到了全国机械职业教育教学指导委员会、多所高职院校及相关企业的大力支持，在此一并表示衷心的感谢！

机械工业出版社

前言 PREFACE

目前工业现场的网络技术在各个工业领域应用越来越广泛，各企业对工业现场网络技术人才的需求不断增加。这就要求高职高专院校培养工业现场网络技术高技能应用型人才，以满足企业对生产现场的控制需要。

本书是针对高职高专学生的特点，结合企业的需求、工业现场网络发展的趋势编写的。本书以高职高专相关课程选用最多的两种PLC品牌（即西门子及三菱）为平台，选择常用的PROFIBUS、CC-Link现场总线以及工业以太网作为主要内容，同时兼顾Modbus现场总线和DeviceNet现场总线。本书既满足机电一体化技术等相关专业课程的关联性，又能使学生了解工业现场网络通信技术在工业分布系统中的作用，掌握常用工业现场网络通信系统的构建和使用方法。本书在编写时考虑到课程涉及的知识点多，内容广，以及高职高专学生的知识现状等特点，结合生产实际，以简单的案例带动知识点开展学习，以点盖面，注重培养学生解决实际问题的能力。本书的主要内容包括工业现场网络通信技术的认知、PROFIBUS现场总线通信系统的组建、CC-Link现场总线通信系统的组建、Modbus现场总线通信系统的组建、DeviceNet工业现场网络通信系统的组建以及工业以太网网络系统的组建。

本书内容选择合理，结构清楚，面向实际应用，适合作为高职高专电气自动化技术、机电一体化技术、工业机器人技术、生产过程自动化技术、工业网络技术及楼宇智能化工程技术等专业的教学用书，也可作为相关专业工程人员的培训教材及参考用书。

本书由长春职业技术学院宋云艳和南京信息职业技术学院段向军任主编，长春职业技术学院唐敏、李峰任副主编，长春职业技术学院史晶、隋欣、于周男和于颖参与了本书的编写，宋云艳完成了全书的统稿工作。第1章由李峰和于颖编写；第2章由唐敏编写；第3、4章由宋云艳编写；第5章由段向军编写，第6章由史晶、隋欣、于周男编写。本书在编写过程中参考了大量的书籍、文献及手册资料，在此向相关作者表示诚挚谢意。

由于编者水平有限，而且工业现场网络又是一种不断发展和完善的技术，书中难免有不当之处，敬请读者批评指正。

编 者

目录 CONTENTS

第1章 CHAPTER 1 工业现场网络通信技术的认知

1.1 现场总线技术概述

1.1.1 现场总线技术的概念

现场总线技术是指用于工业生产现场的新型工业控制技术，是一种在现场设备之间、现场设备与控制装置之间实现双向、互联、串行和多节点的数字通信技术，是工业现场控制网络技术的代名词。现场总线是当今自动化领域技术发展的热点之一，被誉为自动化领域的计算机局域网。它的出现，对该领域的技术发展产生了重要影响。现场总线原本是指现场设备之间公用的信号传输线，后来又被定义为应用在生产现场，在测量控制设备之间实现双向、串行、多节点的数字通信技术。随着该项技术的不断发展和更新，它在离散制造业、流程工程、交通、楼宇、国防、环境保护以及农、林、牧等行业的自动化系统中具有更广泛的应用前景。现场总线以测量控制设备作为网络节点，以双绞线等传输介质为纽带，把位于生产现场、具备数字计算和数字通信能力的测量控制设备连接成网络系统，采用方案公开、规范的通信协议，在多个测量控制设备之间，以及现场设备与远程监控计算机之间，实现数据传输与信息交换，形成适应各种应用需要的自动控制系统。现场总线给自动化领域带来的变化，正如计算机网络给单台计算机带来的变化，它使自控设备连接为控制网络，并与计算机网络共同连接，使控制网络成为信息网络的重要组成部分。

1.1.2 现场总线的产生与发展

1. 控制系统的发展

控制系统的发展经历了基地式仪表数字控制系统、模拟仪表控制系统、直接式数字控制系统及集散控制系统，目前已经发展到现场总线控制系统。

（1）基地式仪表数字控制系统　各测控仪表自成体系，既不能与其他仪表或系统连接，也不能与外界进行信息通信，操作人员只能通过现场巡视来了解生产情况。

（2）模拟仪表控制系统　模拟仪表也称为组合式仪表，通过模拟信号量将生产现场的参数和信息送到集中控制室，操作人员可在控制室内了解现场的生产情况，并实现对生产过程的操作和控制。

（3）直接式数字控制（Direct Digital Control，DDC）系统　直接式数字控制系统采用单片机、PLC或计算机作为控制器，控制器采用数字信号进行交换和传输，克服了模拟仪表控制系统中模拟信号精度低的缺点，提高了系统的抗干扰能力。

直接式数字控制系统计算机与生产过程之间的信息传递是通过生产过程的输入/输出（I/O）设备进行的，DDC系统属于计算机闭环系统，采用程序进行控制运算，是工业生产中较为普遍的一种控制方式。DDC系统中由计算机承担控制任务，系统可以满足较高的实时性和可靠性要求，但由于计算机直接承担DDC系统的控制任务，一旦计算机出现故障，就会造成整个系统的瘫痪，从而使控制系统的故障危险高度集中，运行风险增大。

（4）集散控制系统（Distributed Control System，DCS）　集散控制系统也称分布式控制系统，由过程控制级和过程监控级组成，是以通信网络为纽带的多级计算机控制系统。其核心思想是集中管理、分散控制，即管理与控制分离。上位机用于监视管理功能，下位机分散在现场用于实现分布式控制，上、下位机通过控制网络互相连接以实现信息传递。

（5）现场总线控制系统（Fieldbus Control System，FCS）　现场总线控制系统将集散控制系统由专用网络组成的封闭系统变成了通信协议公开的开放系统，功能分散、危险分散、信息集中。它综合运用了微处理技术、网络技术、通信技术和自动控制技术，把通用或者专用的微处理器置于传统的测量控制仪表中，使之具有数字计算和数字通信的能力。

2. 现场总线对工业自动化系统的影响

（1）现场总线对自动控制的影响

1）信号类型：由模拟信号变为双向数字通信。

2）自动控制系统的体系结构：由模拟与数字的混合控制变为全数字现场总线控制。

3）自动控制系统的产品结构：现场设备智能化，具有程序及参数存储智能控制功能的产品在现场可完成一定的控制功能。

4）现场总线为实现企业综合自动化提供了基础。

5）打破传统垄断，使所有符合统一尺度的各类仪表都可以互连互通。

（2）现场总线对自动化仪表的影响

1）提高了传送和测量精度。

2）增强了仪表功能。

3）可远程设定或修改组态数据。

1.1.3　现场总线的结构与特点

1. 现场总线的结构

现场总线网络结构是按照国际标准化组织制定的开放系统互连（Open System Interconnection，OSI）参考模型建立的。OSI 参考模型共分七层，即物理层、数据链路层、网络层、传输层、会话层、表示层和应用层，该标准规定了每一层的功能以及对上一层所提供的服务，如图 1-1 所示。

现场总线的主要特点是使底层的控制部件、设备更加智能化，把在传统 DCS 中的控制功能下移到现场仪表。在此，现场总线的网络通信起了重要作用。现场总线的结构模型现统一为 4 层，即物理层、数据链路层、应用层和用户层，省略了一般网络结构的 3~6 层（表示层、会话层、传输层和网络层）。从 OSI 参考模型的角度来看，现场总线将上述七层简化成三层，分别由 OSI 参考模型的第一层物理层、第二层数据链路层、第七层应用层组成，如图 1-2 所示（用户层位于应用层上层，图中未画出）。

2. 现场总线控制系统的结构形式

传统模拟控制系统设备之间按控制回路分别进行连接。控制器与位于现场的各种开关控制器及执行器之间均为一对一的物理连接，如图 1-3 所示。

7	应用层
6	表示层
5	会话层
4	传输层
3	网络层
2	数据链路层
1	物理层

图1-1　OSI参考模型

7	应用层
6	未使用
5	
4	
3	
2	数据链路层
1	物理层

图1-2　现场总线中的OSI参考模型

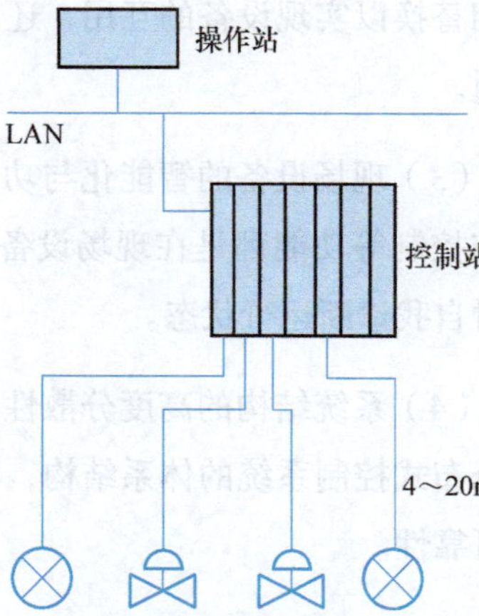

图1-3　传统模拟控制系统结构

现场总线控制系统打破了传统控制系统的结构形式。现场总线控制系统由于采用了智能现场设备，能够把原先 DCS 中处于控制室的控制模块、各输入 / 输出模块置于现场设备中，加上现场设备具有通信能力，现场的测量变送仪表可以与阀门等执行机构直接传送信号，因而控制系统功能能够不依赖控制室的计算机或控制仪表，直接在现场完成，实现了彻底的分散控制，如图 1-4 所示。

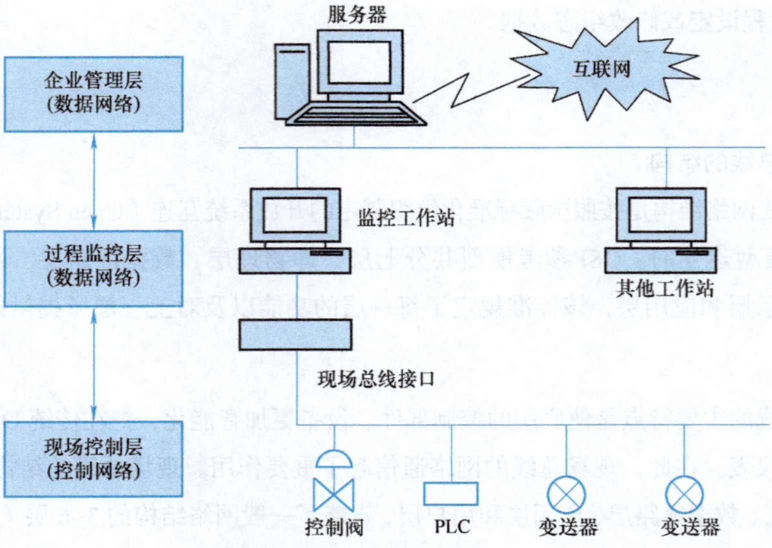

图1-4　现场总线控制系统示例

3. 现场总线的特点

（1）开放性　现场总线的开放性具有两个方面内容，一方面是其通信规约开放，也就是开发的开放性；另一方面是应用的开放性，即现场总线能与不同的控制系统相连接。现场总线具备开放性，就使现场总线技术适合先进控制和低成本、网络化、系统化的要求。

（2）互操作性和互用性　现场总线的互操作性和互用性是指不同生产厂家的同类设备可以互相替换以实现设备的互用，还可以实现现场的生产设备之间、设备与系统之间的信息传递与沟通。

（3）现场设备的智能化与功能自治性　现场总线系统中信号的测量、补偿计算、工程量处理与控制等功能都是在现场设备中完成的，单独的现场设备就可以完成自动控制的基本功能，随时自我诊断运行状态。

（4）系统结构的高度分散性　现场设备的智能化与功能自治性使现场总线构成了一种新的全分布式控制系统的体系结构，各控制单元高度分散、自成体系，有效简化了系统结构，提高了可靠性。

（5）对现场环境的适应性　现场总线是专为工业现场设计的，支持双绞线、同轴电缆、光缆、无线电及红外线等传输介质，具有较强的抗干扰能力，可根据现场环境要求进行选择；能采用两线制实现通信与送电，可满足本质安全防爆要求。

1.1.4 常用的现场总线

1. 基金会现场总线

基金会现场总线（Foundation Fieldbus，FF）在过程自动化领域得到了广泛支持，具有良好的发展前景。

其前身是以美国 Fisher-Rosemount 公司为首，联合福克斯波罗（Foxboro）、横河、ABB、西门子等 80 家公司制订的 ISP 协议和以霍尼韦尔（Honeywell）公司为首，联合欧洲等地的 150 家公司制订的 WorldFIP 协议。FF 的物理传输介质支持双绞线、光缆、同轴电缆和无线电。

2. PROFIBUS

PROFIBUS 是符合德国国家标准 DIN19245 和欧洲标准 EN50170 的现场总线标准。由 PROFIBUS-FMS、PROFIBUS-DP、PROFIBUS-PA 组成了 PROFIBUS 系列。DP 型用于分散外设间的高速数据传输，适合加工自动化领域的应用；FMS 意为现场信息规范，PROFIBUS-FMS 适用于纺织、楼宇自动化、可编程序控制器、低压开关等；而 PA 型则是用于过程自动化的总线类型，它遵从 IEC 61158-2 标准。

3. CAN

CAN 是控制局域网络（Control Area Network）的简称，最早由德国博世（BOSCH）公司推出，用于汽车内部测量与执行部件之间的数据通信。其总线规范现已被国际标准组织（ISO）制定为国际标准。CAN 协议也是建立在国际标准组织的开放系统互连参考模型基础上的，只取 OSI 参考模型底层的物理层、数据链路层和顶层的应用层；信号传输介质为双绞线；通信速率最高可达 1Mbit/s（40m），直接传输距离最远可达 10km（5kbit/s）；可挂接设备数最多可达 110 个。

4. LonWorks

LonWorks 是由美国埃施朗（Echelon）公司推出并与摩托罗拉公司、东芝公司共同倡导，于 1990 年正式公布而形成的。它采用了 ISO/OSI 参考模型的全部七层通信协议，采用了面向对象的设计方法，通过网络变量把网络通信设计简化为参数设置，其通信速率为 300bit/s~1.5Mbit/s，直接通信距离可达 2700m（78kbit/s，双绞线）。

LonWorks 支持双绞线、同轴电缆、光纤、射频、红外线和电力线等多种通信介质，并开发了相应的本质安全防爆产品，被誉为通用控制网络。

5. CC-Link

CC-Link 是控制与通信链路系统（Control &Communication Link），于 1996 年 11 月由以三菱电机为主导的多家公司推出，可以将控制和信息数据同时以 10Mbit/s 的速度传输至现场网络。作为开放式现场总线，它是唯一起源于亚洲的总线系统。

6. Modbus

Modbus 协议是应用于电子控制器上的一种通用语言，从功能上可以认为是一种现场总线。通过此协议，控制器相互之间、控制器经由网络和其他设备之间可以进行通信。

使用 Modbus 总线，不同厂家的控制设备可以连成工业网络，以便进行集中监控。Modbus 的数据采用主 - 从方式，主设备可以单独和从设备通信，也可以通过广播方式和所有设备通信。Modbus 应用比较广泛，很多厂家的工控器、PLC、变频器、智能 I/O 与 A-D 模块等设备都具备 Modbus 接口。

7. DeviceNet

DeviceNet 是由美国罗克韦尔（Rockwell）公司在 CAN 基础上推出的一种低成本的通信链接，是一种低端网络系统。它将基本工业设备连接到网络，从而避免了昂贵和烦琐的硬接线。DeviceNet 是一种简单的网络解决方案，在提供多供货商同类部件间的可互换性的同时，减少了配线和安装工业自动化设备的成本和时间。DeviceNet 的直接互连性不仅改善了设备间的通信，而且提供了相当重要的设备级诊断功能。

1.2 现场总线的通信基础

通信的目的是传送信息。实现信息传递所需的一切设备和传输介质的总和称为通信系统，一般由信号源、发送设备、传输介质、接收设备及接收者等几部分组成，如图 1-5 所示。信息源是产生信息的来源，其作用是把各种信息转换成电信号；接收者是信息的使用者，其作用是将复原的信号转换成相应的信息。

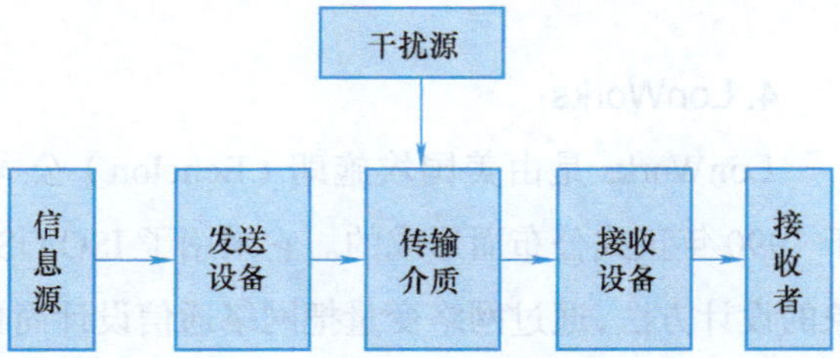

图1-5 通信系统的组成

发送设备的基本功能是将信号源产生的信号变换成适合在传输介质中传输的信号，发送设备常常指的是编码器和调制器。

接收设备的基本功能是完成信号的反变换，即对信号进行解调、译码、解码等，主要任务是从带有干扰的接收信号中恢复出相应的原始信号。

传输介质是指发送设备到接收设备之间信号传递所经的媒介，它可以是电磁波、红外线等无线传输介质，也可以是双绞线、电缆、光缆等有线传输介质。

1.2.1 通信的基本概念

数据通信指的是依据通信协议，利用数据传输技术在两个功能单元之间传递数据，以实现计算机之间、计算机与终端、终端与终端之间的数据信息传递。

1. 数据与信息

数据分为模拟量和数字量两种，模拟量指在时间和幅值上连续变化的数据，如温度、压力、流量等；数字量指时间上离散的、幅值经过量化的数据。

数据是信息的载体，它是信息的表现形式，可以是数字、字符、符号等。单独的数据并没有实际含义，但如果把数据按一定规则、形式组织起来，就可以传达某种意义，这种具有某种意义的数据的集合就是信息。

2. 数据的传输率

数据传输率是衡量通信系统有效性的指标之一，是指单位时间内传送的数据量，常用比特率 *S* 和波特率 *B* 来表示。

比特率表示单位时间内传送的二进制代码的有效位数，单位有 bit/s、kbit/s 及 Mbit/s 等。

波特率是数据信号对载波的调制速率，用单位时间内载波调制状态的改变次数来表示，单位为波特。在数据传输过程中，线路上每秒钟传送的波形个数就是波特率。

1.2.2 通信的传输技术

现场总线系统的应用在较大程度上取决于采用哪种传输技术，既要考虑传输的拓扑结构、传输速率、传输距离和传输的可靠性等要求，还要考虑成本低廉、使用方便等因素；在过程自动化控制的应用中，为了满足本质安全的要求，数据和电源必须在同一根传输介质上传输，因此单一的技术不能满足所有的要求。在通信模型中，物理层直接和传输介质相连，规定了线路传输介质、物理连接的类型和电气功能等特性。

根据不同的分类标准，数据传输的方式可以分为串行传输和并行传输、单向传输和双向传输、异步传输和同步传输，通常采用 RS-232C、RS-422A 及 RS-485 等通信接口标准进行信息交换。

1. 传输方式

（1）串行传输与并行传输

1）串行传输。串行传输数据的各个不同位分时使用同一条传输线，从低位开始一位接一位地按顺序传送，数据有多少位就传送多少次。串行传输多用于 PLC 与计算机之间、多台 PLC 之间的数据传送，传输速度较慢但传输线少、连接简单，适合多位数据的长距离通信。

2）并行传输。并行传输数据所在位同时传送，每个数据位都要一条单独的传输线。并行传输一般用于 PLC 内部的各元件之间、主机与扩展模块或近距离智能模块之间的数据传输。并行传输的传输速度快，效率高，但若数据位数较多、传送距离较远时，线路就会很复杂，成本高且干扰大，不适合远距离传输数据。

（2）单向传输与双向传输　串行通信按信息在设备间的传输方向可分为单工、半双工和全双工 3 种方式，如图 1-6 所示。

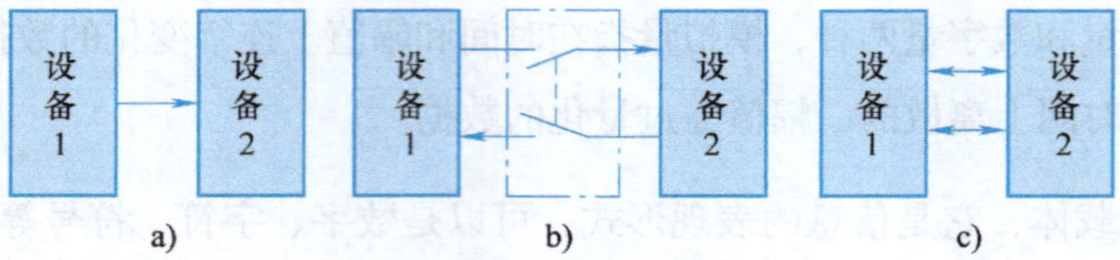

图1-6　数据通信方式

a）单工通信　b）半双工通信　c）全双工通信

1）单工通信是指信息的传输始终保持一个固定的方向，不能进行反向传输，如广播。

2）半双工通信是指两个通信设备在进行通信时，两个设备都可以发送接收信息，但在同一时刻只能有一个设备发送数据，而另一个设备接收数据，如无线对讲机。

3）全双工是指两个通信设备之间可以同时发送和接收信息，线路上可以有两个方向的数据在流动，如电话。

（3）异步传输与同步传输　串行通信可分为异步传输和同步传输两种方式。

异步通信信息以字符为单位进行传输，每个字符都有自己的起始位和停止位，每个字符中的各个位是同步的，它是靠发送信息的同时发出字符的开始和结束标志来实现的。异步传输的传送效率低，主要用于中低速数据通信。

同步通信的数据传输是以数据块为单位的，字符与字符之间、字符内部的位与位之间都是同步的。在同步通信中，发送方和接收方要保持完全同步，即要使用同一时钟频率。同步传输的传输效率高，对硬件要求高，主要用于高速通信。

2. 接口标准与传输技术

（1）接口标准

1）RS-232C 通信接口。RS-232C 通信接口是美国电子工业协会（EIA）于 1969 年公布的标准化接口，RS 是英文“推荐标准”的缩写，232 为标识号，C 表示此接口标准修改的次数。它既是一种协议标准，也是一种电气标准，规定通信设备之间信息交换的方式与功能。RS-232C 通信接口可使用 9 针或 25 针的 D 形连接器，简单的只需用三条接口线，即“发送数据 TXD”“接收数据 RXD”和“信号地 GND”。

RS-232C 通信接口只能用于一对一通信，速率和传输距离有限，适合本地设备之间的通信，传输速率有 19200bit/s、9600bit/s 和 4800bit/s 等几种，最高通信速率为 20kbit/s，最大传输距离为 15m。

2）RS-422A 通信接口。针对 RS-232C 通信接口的不足，EIA 于 1977 年推出了串行接口 RS-499，RS-422 是 RS-499 的子集，它定义了 RS-232C 没有的 10 种电路功能，用 37 脚连接器，全双工的通信方式。RS-422A 采用差动发送、接收的工作方式，使用 5V 电源，在通信速率、通信距离、抗干扰方面等都优于 RS-232C，最大传输速率可达 10Mbit/s，传输距离为 12~1200m。

3）RS-485 通信接口。RS-485 通信接口是 RS-422A 通信接口的变形。RS-422A 是全双工通信，有两对平衡差分信号线，至少需要 4 根线用于发送和接收，RS-485 为半双工通信，只有一对平衡差分信号线，不能同时发送和接收，最少时只需要两根线。由于 RS-485 通信接口能用较少的信号连线完成通信任务，并具有良好的抗噪声干扰性、高传输速率（10Mbit/s）、长传输距离（1200m）和多站功能（最多 128 个站）等优点，因此在工业控制中得到了广泛的应用。西门子 S7 系列 PLC 都采用 RS-485 通信接口。

（2）传输介质　传输介质也称为通信介质，是指通信双方用于传输信息的物理通道，常分为有线传输介质和无线传输介质两大类。传输介质的分类如图 1-7 所示。在现场总线控制系统中常用的传输介质为双绞线、同轴电缆和光缆等，外形如图 1-8 所示。

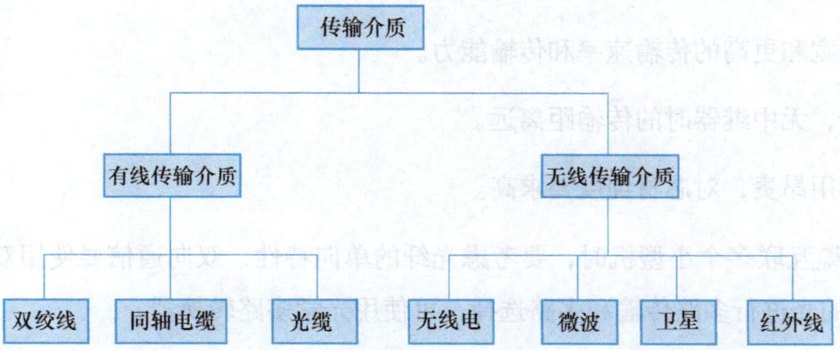

图1-7　传输介质的分类

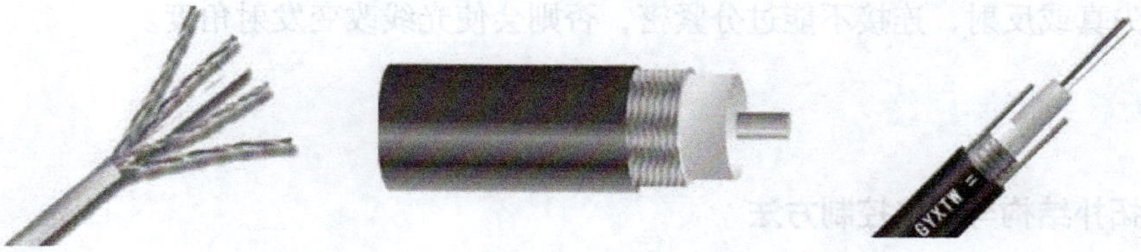

a)　b)　c)

图1-8　常用传输介质的外形

a）双绞线　b）同轴电缆　c）光缆

1）双绞线。双绞线用金属导体来接收和传输通信信号，是最常见的一种传输介质，可分为屏蔽双绞线和非屏蔽双绞线。屏蔽双绞线有较强的屏蔽性能，所以也具有较好的电气性能，但是价格较贵。非屏蔽双绞线的性能对普通企业的局域网影响不大，所以在企业局域网中通常采用非屏蔽双绞线。

双绞线既可以传输模拟信号，也可以传输数字信号。对于模拟信号，每 5 ~ 6km 需要一个放大器；对于数字信号，每 2 ~ 3km 需要一个中继器。在使用时，每条双绞线两端都需要安装 RJ-45 连接器才能与网卡、集线器或交换机相连接。

2）同轴电缆。经常使用的同轴电缆有两种，一种是 50Ω 的，用于数字信号的传输，由于多用于基带传输，也叫基带同轴电缆；另一种是 75Ω 的，多用于模拟信号的传输。同轴电缆的数据传输速度、传输距离可支持节点数、抗干扰性能都优于双绞线，成本也高于双绞线，但低于光缆。

3）光缆。光缆是光导纤维电缆的简称，是由多束光纤组成的。光纤即光导纤维，是目前最先进的网络介质，一般用于极快速度传输大数据的场合，它是一种传输光束的细微而柔软的媒介，在它的中心部分有一根或多根玻璃纤维，通过从激光器或发光二极管发出的光波穿过中心纤维来进行数据传输。

光缆是数据传输中最有效的一种传输介质，它的特点如下：

① 抗干扰性好。光缆中的信息是以光的形式传播的，不受外界电磁信号的影响，本身也不向外辐射信号，具有良好的抗干扰性能，适用于长距离及要求高度安全的场合。

② 具有更宽和更高的传输速率和传输能力。

③ 衰减少，无中继器时的传输距离远。

④ 光缆费用昂贵，对芯材纯度要求高。

在使用光缆互联多个小型机时，要考虑光纤的单向特性，双向通信要使用双股光纤。由于要对不同频率的光进行多路传输和多路选择，可使用光学多路转换器。

光缆连接采用光缆连接器，安装要求严格，要求两根光缆间的光纤或光源必须对正，否则会造成信号失真或反射，连接不能过分紧密，否则会使光线改变发射角度。

1.2.3 现场总线控制网络

1. 网络拓扑结构与网络控制方法

（1）网络拓扑结构　网络拓扑结构是指用传输介质将各种设备互连的物理布局。将局域网（LAN）中的各种设备互连的方法很多，目前大多数 LAN 使用的拓扑结构有星形、环形和总线型 3 种。

1）星形结构如图 1-9a 所示，其连接特点是用户之间的通信必须经过中心站，这样的结构要求中心系统必须具有极高的可靠性，经常采用双中心站热备份以提高系统的可靠性。

2）环形结构在 LAN 中应用较多，其特点是每个用户端都与两个相邻的用户端相连，所有用户连成环形，点到点的连接方式使系统以单向方式操作，消除了用户端对中心系统的依赖，缺点是某个节点一旦失效，整个系统就会瘫痪。

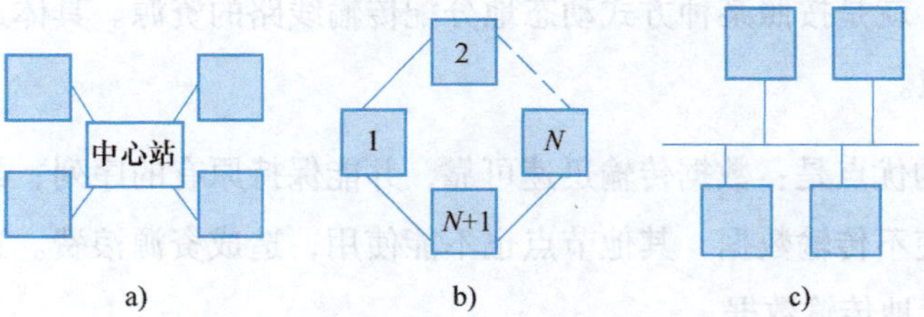

图1-9　网络拓扑结构图

a）星形　b）环形　c）总线型

3）总线结构在 LAN 中应用最普遍，其连接特点是用户端的物理媒体由所有设备共享，各节点地位平等，无中心节点控制，连接布线简单，扩充容易，成本低，某个节点失效也不会影响其他节点的通信。但是应用中需确保用户端发送数据时不能出现冲突。

（2）网络控制方法　网络控制方法是指通信网络中使信息从发送装置迅速而准确地传到接收装置的管理机制。

1）令牌方式。对介质的访问的控制权以令牌为标志，只有得到令牌的节点才有权控制和使用网络，常用于总线型网络和环形网络结构。令牌传送实际上是一种按预先的安排让网络中各节点依次轮流占用通信线路的方法，传送的次序由用户根据需要预先确定，而不是按节点在网络中的物理次序传送，如图 1-10 所示。

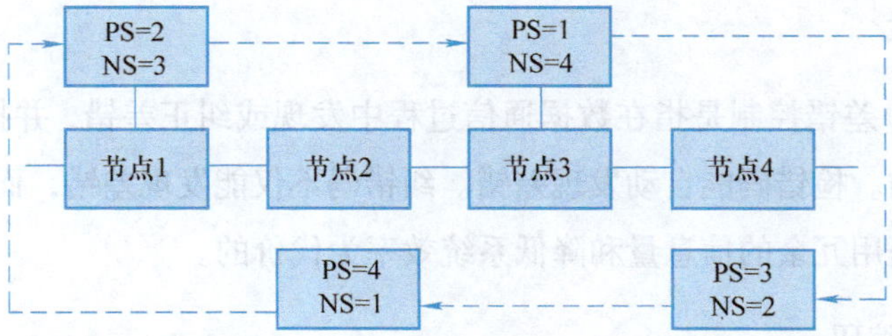

图1-10　令牌传递示意图

2）争用方式。网络中的各节点自由发送信息，但两个以上的节点同时发送会有冲突需要加以约束，常采用 CSMA/CD 方式，即载波监听多路访问 / 冲突检测。它是一种分布式介质访问控制协议，网中的各个节点都能独立地决定数据的发送与接收，常用于总线型网络。

3）主从方式。网络中的主站周期性地轮询各从站节点是否需要通信，被轮询的节点允许与其他节点通信，多用于信息量少的简单系统，适用于星形网络结构或具有主站的总线型结构。

（3）数据交换　数据交换是网络的核心，在数据通信系统中通常采用线路交换、报文交换和分组交换 3 种方式。

1）线路交换方式。线路交换通过网络中的节点在两个站之间建立一条专用的通信线路。从通信资源角度来看，就是按照某种方式动态地分配传输线路的资源。具体过程为：建立通道→传输数据→拆除通道。

线路交换数据的优点是：数据传输迅速可靠，并能保持原有的序列；缺点是：一旦通信双方占用通道后，即使不传输数据，其他节点也不能使用，造成资源浪费。这种方式适用于时间要求较高且连续批量地传输数据。

2）报文交换方式。报文交换方式的传输对象是报文，长度不限且可变，报文中包括要发送的正文信息、收发站的地址及其他控制信息。数据传送过程采用存储 / 转发的方式，不需要在两个站之间建立一条专用通路。

报文交换的优点是：效率高，通道可以复用且需要时才分配通道，可以方便地把报文发送到多个目的节点；建立报文优先权，让优先级高的报文先传送。缺点是：延时长，不能满足实时交互式的通信要求；有时节点收到的报文太多，以至于不得不丢弃或阻止某些报文，因此这种方式对中继节点存储容量的要求较高。

3）分组交换方式。分组交换方式与报文交换类似，只是交换的单位为报文分组，且限制了每个报文分组的长度，即将报文分成若干个报文组。每个分组前都加上一个分组头，用以指明该分组发往何地址，然后由交换机根据每个分组的地址标志将它们转发至目的地。

分组交换的优点是：转发延时短，数据传输灵活；缺点是：在目的节点要对分组进行重组，增加了系统的复杂性。

（4）差错控制　差错控制是指在数据通信过程中发现或纠正差错，并把差错限制在尽可能小的、允许的范围内。检错码能自动发现差错。纠错码不仅能发现差错，而且能自动纠正差错。检错和纠错的能力是用冗余的信息量和降低系统效率为代价的。

1）常用的简单编码。

① 奇偶校验码。通过增加冗余位使得码字中“1”的个数为奇数或偶数的编码方法，是一种检错码。

② 二维奇偶监督码。二维奇偶监督码又称方阵码，对水平（行）方向上的码元和竖直（列）方向上的码元实施奇偶监督，可以检错，也可以纠正一些错误。

③ 恒比码。码字中 1 的数目与 0 的数目保持恒定比例的编码称为恒比码。在检测时，只计算接收的码元中 1 的个数是否与规定的相同，就可判断有无错误。

2）线性分组码——汉明码。汉明码是一种可以纠正一位错的高效率线性分码组，它能将无效码字恢复成距离它最近的有效码字。

2. 网络互连设备

（1）中继器　中继器负责在两个节点的物理层按位传递信息，完成信号的复制、调整和放大功能，以此来延长网络的长度。中继器不对信号进行校验处理。

（2）网桥　网桥工作在数据链路层，对帧进行存储转发，有效地连接两个局域网；使本地通信限制在本网段内，并转发相应信号至另一网段；通常用于连接数量不多的、同一类型的网段。

（3）路由器　路由器工作在网络层，具有判断网络地址和选择路径的功能，能在多网络互连环境中建立灵活的连接；主要功能是路由选择，常用于多个局域网、局域网与广域网以及异构网络的互连。

（4）网关　网关工作在传输层以上，是最复杂的网络互连设备，仅用于两个高层协议不同的网络互连，网关对收到的信息重新打包，以适应目的端系统的需求。网关具有从物理层到应用层的协议转换能力，主要用于异构网的互连、局域网与广域网的互连，不存在通用的网关。

3. 现场总线控制网络

现场总线控制网络用于完成各种数据采集和自动控制任务，是一种特殊的、开放的计算机网络，是工业企业综合自动化的基础。从现场总线节点的设备类型、传输信息的种类、网络所执行的任务、网络所处的环境等方面看，现场总线控制网络都有别于其他计算机网络。

（1）现场总线控制网络的节点　现场总线网络的节点分散在生产现场，大多是具有计算与通信能力的智能测控设备。

节点可以是普通的计算机网络中的 PC 或其他种类的计算机、操作站等设备，也可以是嵌入式 CPU。现场总线网络就是把单个分散的、有通信能力的测控设备作为网络节点，按照网络的拓扑结构连接而成的网络系统。各节点之间可以相互沟通信息、共同配合完成系统的控制任务，如图 1-11 所示。

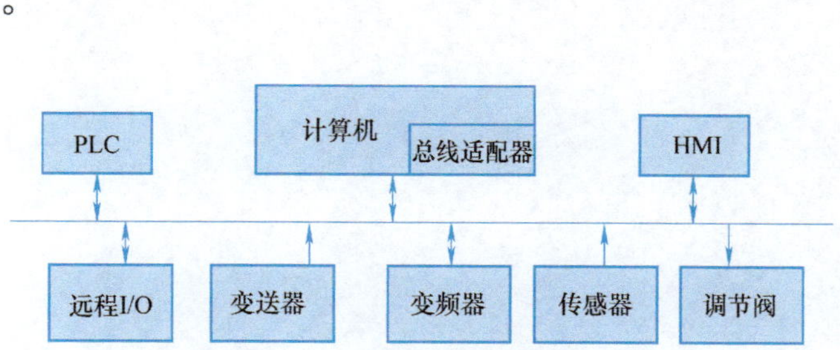

图1-11　现场总线控制网络连接示意图

（2）现场总线控制网络的任务

1）将控制系统中现场运行的各种信息传送到控制室，使现场设备始终处于远程监控中。

2）控制室将各种控制、维护、参数修改等命令送往位于生产现场的测量控制设备中，使生产现场的设备处于可控状态中。

3）与操作端、上层管理网络实现数据传输与信息共享。

思考与练习

1. 控制系统的发展经历了哪几代？

2. 什么是现场总线？现场总线有什么特点？

3. 常用的现场总线有哪些？各有什么特点？

4. 什么是数据传输率？它的单位是什么？

5. 简述串行通信和并行通信的优缺点。

6. 工业通信网络有哪几种拓扑结构？

7. 简述单工通信、半双工通信、全双工通信的区别。

8. 工业通信网络中的通信接口标准有哪些？

9. 工业通信网络的控制方式有哪些？

10. 采用光缆传输数据有哪些优势？

11. 列出几种网络互连设备，并说明其功能。

12. 简述现场总线控制网络的主要任务。

第2章

CHAPTER 2

PROFIBUS现场总线通信系统的组建

2.1 PROFIBUS基础

PROFIBUS 是过程现场总线（Process Field Bus）的简称，是面向工厂自动化和流程自动化的一种国际性现场总线标准，1987 年由西门子、ABB 等 13 家公司和 5 家研究机构按照 ISO/OSI 参考模型联合开发并制定。

PROFIBUS 是一种国际化、开放式、不依赖于设备生产商的现场总线标准，是唯一集成了 H1（过程）和 H2（工厂自动化）的现场总线，广泛应用于制造业自动化、流程工业自动化和楼宇、交通电力等其他领域自动化。PROFIBUS 是一种用于工厂自动化车间级监控和现场设备层数据通信与控制的现场总线技术，可实现现场设备层到车间级监控的分散式数字控制和现场通信网络，从而为实现工厂综合自动化和现场设备智能化提供了可行的解决方案。PROFIBUS 作为一种现场总线标准，在世界市场上已被普遍接受并得到广泛运用。

PROFIBUS 主要有以下几个优点：

1）可减少硬件（I/O 模块、终端块、隔离栅）的种类和数量，可实现更容易、更快捷和低成本安装，大幅减少安装费用。

2）可节省工程费用，方便组态（对所有设备只需一套工具），容易保养和维修，系统起动快捷。

3）制造灵活性强，减少故障时间，诊断数据准确、可靠，可实现可靠的数字传输。

PROFIBUS 系统由主站和从站组成。主站能够控制总线、决定总线的数据通信。当主站得到总线控制权时，没有外界请求也可以主动发送信息。从站没有控制总线的权力，但可以对接收到的信息给予确认，或者当主站发出请求时回应主站信息。

2.1.1 PROFIBUS的分类

PROFIBUS 由三个兼容部分组成，即 PROFIBUS-DP（Decentralized Periphery）、PROFIBUS-PA（Process Automation）及 PROFIBUS-FMS（Fieldbus Message Specification），可以满足工业现场的多种要求，这三个部分在工厂网络中的应用层作用如图 2-1 所示。

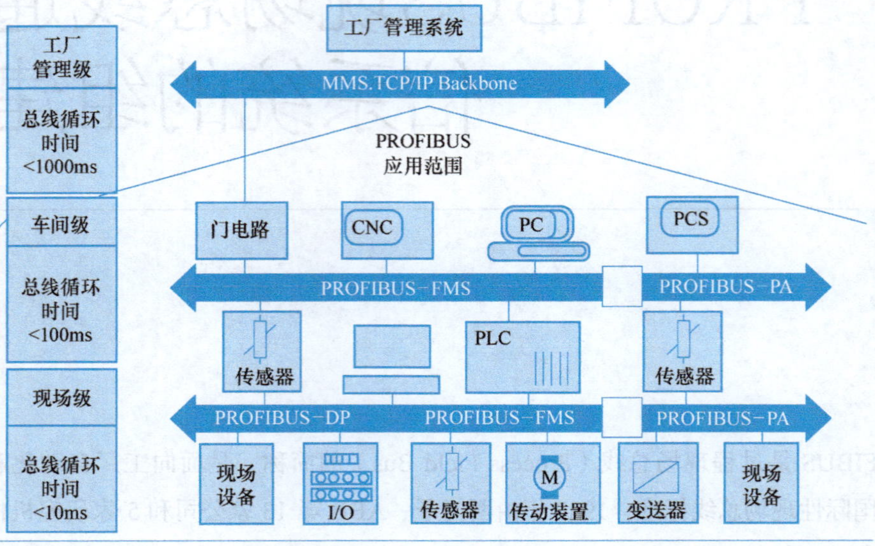

图2-1　PROFIBUS的应用范围

PROFIBUS-DP 是一种高速低成本通信，用于设备级控制系统与分散式 I/O 设备通信。

PROFIBUS-PA 专为过程自动化设计，可使传感器和执行机构连接在一根总线上，并有本质安全规范。

PROFIBUS-FMS 用于车间级监控网络，是一个令牌结构、实时的多主网络。

1. PROFIBUS-DP的特点

1）代替 PLC/PC 与 I/O 设备之间昂贵的导线，减少组态和维护费用。

2）传输快速，传输 1KB 的输入数据和 1KB 的输出数据所需时间 <2 ms。

3）被所有主要的 PLC 制造商支持。

4）单主和多主网络。

5）每个站的输入和输出数据最多可达 244B。

2. PROFIBUS-PA的特点

1）基于扩展的 PROFIBUS-DP 协议和 IEC 61158-2 传输技术，适用于代替现今的 4~20mA 技术。

2）仅用一根双绞线进行数据通信和供电，可进行控制、调节和监视。

3）可靠的串行数字传输，通过串行总线连接仪器仪表与控制系统。

4）适用于本质安全的应用区域，PROFIBUS-PA 行规保证了互操作性和互换性仪器仪表的维护和诊断信息，如图 2-2 所示。

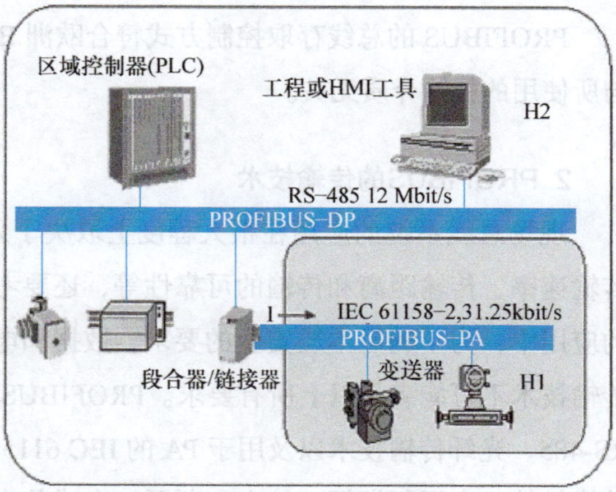

图2-2　PROFIBUS-PA的典型配置系统

3. PROFIBUS-FMS的特点

1）FMS 最适合车间级智能主站间通用的、面向对象的通信。

2）FMS 提供了一个制造报文规范（Manufacturing Message Specification，MMS，ISO9506）功能子集，主要应用于区域内大量的数据传输，例如程序、数据块等若干个分散过程部分集成到一个公共过程中智能站间的通信，如图 2-3 所示。

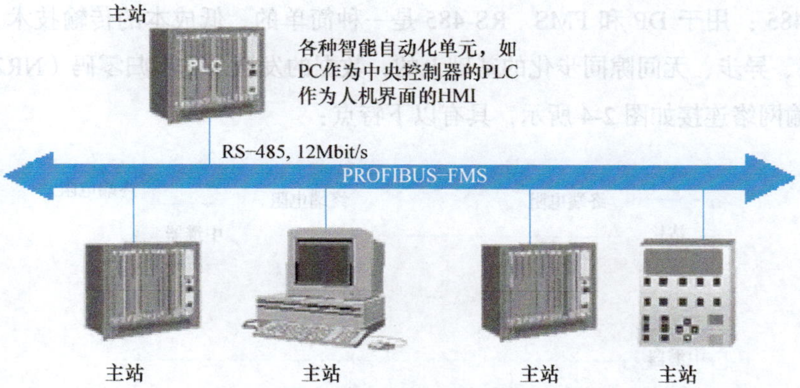

图2-3　典型的PROFIBUS-FMS系统

2.1.2　PROFIBUS的通信协议

1. PROFIBUS通信协议概述

PROFIBUS-DP、PROFIBUS-FMS 和 PROFIBUS-PA 均使用一致的总线通信协议，介质存取控制必须确保在任何时刻只能由一个站点发送数据，PROFIBUS 协议的设计要满足介质控制的两个基本要求：一是同一级 PLC 或主站之间的通信必须使每一个主站在确定的时间范围内能获得足够的机会来处理自己的通信任务；二是主站和从站之间应尽可能快速而准确地完成数据的实时传输。因此 PROFIBUS 使用混合的总线存取控制机制来实现上述目标，包括用于主站之间通信的令牌方式和用于主站与从站之间通信的主从方式。

在一个主站获得了令牌之后，可以拥有总线的控制权，而且此时在整个总线上必须是唯一的，在一个总线系统内，最大可以使用的站地址范围是0~126，也就是说一个总线系统最多可以有127个节点。这种总线控制存取控制方式可以有3种系统配置：主-主系统（令牌方式）、纯主-从通信系统（主从方式）以及两种方式的组合。

PROFIBUS的总线存取控制方式符合欧洲EN50170 V.2规定的令牌总线程序和主-从程序，与所使用的传输介质无关。

2. PROFIBUS的传输技术

现场总线系统的应用在很大程度上取决于采用哪种传输技术，既要考虑传输的拓扑结构、传输速率、传输距离和传输的可靠性等，还要考虑成本低廉、使用方便等因素；在过程自动化的应用中，为了满足本质安全的要求，数据和电源必须同在一根传输媒介上传输，因此单一的传输技术不可能满足以上所有要求。PROFIBUS提供了三种传输技术类型，用于DP和FMS的RS-485、光纤传输技术以及用于PA的IEC 61158-2的传输技术。PROFIBUS使用两端有终端的总线拓扑，在运行期间，接入和断开一个或几个站不会影响其他站的工作，即使在本质安全区也如此。

（1）RS-485：用于DP和FMS RS-485是一种简单的、低成本的传输技术，传输过程是建立在半双工、异步、无间隙同步化的基础上的，数据的发送采用不归零码（NRZ），此种技术属于H2。传输网络连接如图2-4所示，具有以下特点：

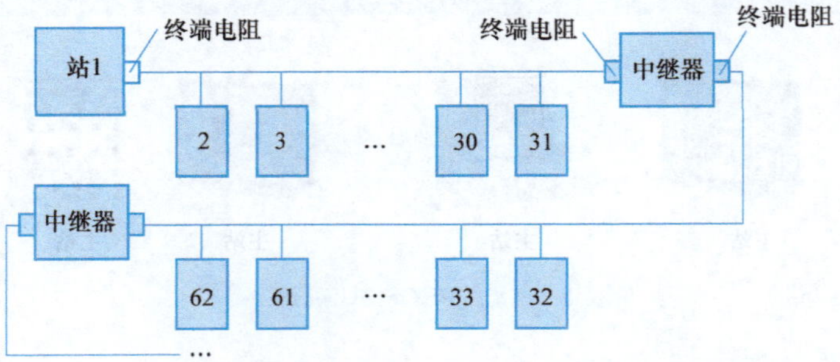

图2-4　使用中继器连接各点总线段

1）所有设备都连接在总线结构中，每个总线段的开头和结尾均有一个终端电阻，为确保操作运行不发生错误，两个总线终端电阻必须要有电源。

2）传输介质为双绞屏蔽电缆。有A、B两种不同的电缆，其中B型的电缆是早期产品，现在已基本不用。近年来新安装的系统中均使用性能较好的A型电缆，其外表为紫色。

3）每个总线段最多可以连接32个站。如果超过32个或需要扩大网络区域，可以使用中继器来连接各个总线段。使用中继器最多可用到127个站，串联中继器一般不超过3个。

4）RS-485 总线采用 9 针 D 形接头。D 形接头包括插头和插座，插座在总线站一侧，插头与 RS-485 设备相连。9 针 D 形接头中各引脚定义见表 2-1，外形如图 2-5 所示。

表 2-1　D 形接头的引脚定义

引脚号	信号名称	含　义
1	SHIELD	屏蔽或功能地 24V
2	M24	输出电压的地（辅助电源）
3	RxD/TxD-P	接收、发送数据 - 正，B 线
4	CNTR-P	方向控制信号 P
5	DGND	数据基准电位（地）
6	VP	供电电压（正）
7	P24	24V 输出电压（辅助电源）
8	RxD/TxD-N	接收、发送—负，A 线
9	CMTR-N	方向控制信号 N

5）传输速率为 9.6kbit/s~12Mbit/s。

6）最大传输距离。总线的最大传输距离取决于传输速率，范围为 100~1000m。最大传输距离和传输速率的对应关系见表 2-2，若有中继器，距离可延长到 10km。

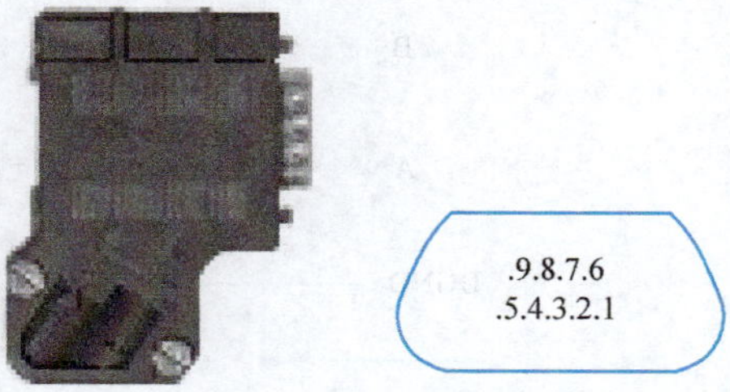

图2-5　9针D形接头示意图

表 2-2　传输速率所对应的最大传输距离

传输速率 /（kbit/s）	9.6	19.2	93.75	187.5	500	1500	12000
最大传输距离 /m	1200	1200	1200	1000	400	200	100

PROFIBUS 的 RS-485 总线电缆由一对双绞线组成，这两根数据线常视为 A 线和 B 线。

B 线对应于数据接收 / 发送的正端，即 RxD/TxD-P 脚，A 线则对应于数据接收 / 发送的负端，即 RxD/TxD-N 脚，在每一个典型的 PROFIBUS 的 D 形接头内部都有 1 个备用的终端电阻和 2 个偏置电阻，其电路连接如图 2-6 所示，由 D 形接头外部的一个微型拨码开关来控制是否接入。此开关关断时不接入终端电阻。

由于总线上接入的所有设备在非通信状态下均处于高阻状态（三态门），此高阻态可能导致总线处于不确定的电平状态而容易损坏电流驱动部件。为避免此情况，一般应在电路中对称使用两个 390Ω 的总线偏置电阻，分别把 A、B 数据线通过这两个总线偏置电阻连接到 VP（第 6 脚，5V）和 DGND（第 5 脚）上，使总线的稳态（静止）电平保持在一个稳定值。RS-485 总线的连接结构如图 2-7 所示。

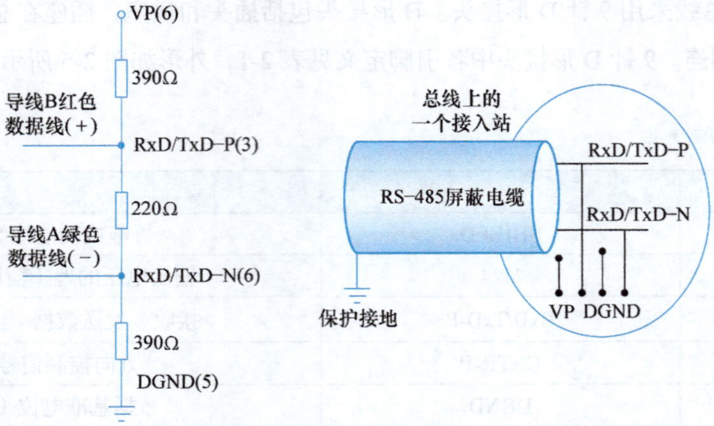

图2-6　D形接头的内部电阻及其总线电缆连接

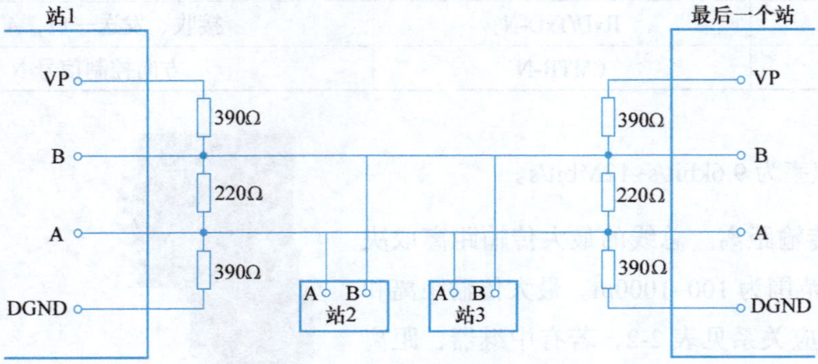

图2-7　RS-485总线连接结构

（2）IEC 61158-2：用于 PA　IEC 61158-2 传输技术能满足化工、石化等行业对工作环境的要求，可保证本质安全，并通过总线向现场设备供电。这是一种位同步协议，可进行无电流的连续传输，通常称为 H1。

PA 总线电缆的终端各有一个无源的 *RC* 电路终端器，如图 2-8 所示。一个 PA 总线最多可连接 32 个站点，总线的最大长度取决于电源、传输介质的类型和总线站点的电流消耗。

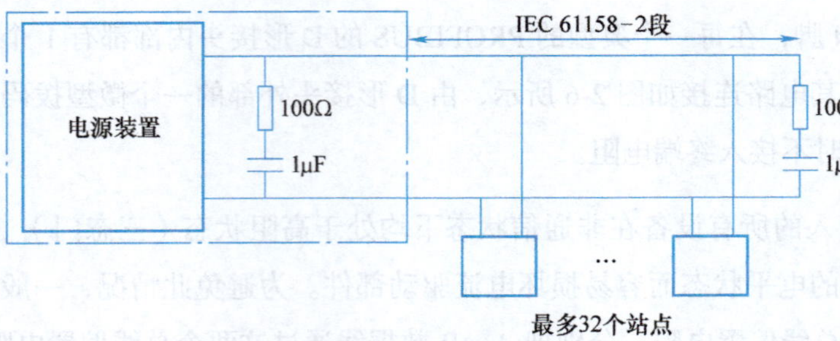

图2-8　PA总线的结构

（3）光纤：用于 DP 和 FMS　在电磁干扰很大的环境或传输距离很远的网络中，为了防止干扰和信号衰减，可选用光纤传输技术。光纤传输技术是一种采用玻璃作为传输介质，以光的形式传递信息的技术。光纤电缆对电磁干扰不敏感并能保证总线上站与站的电气隔离，允许PROFIBUS 系统站之间的最大距离达 15km。

PROFIBUS 总线访问协议（第二层）对三种 PROFIBUS 版本（FMS/DP/PA）均相同，这使得通信透明，FMS/DP/PA 网络区域容易组合，因为 FMS/DP 使用相同的物理介质，所以它们能组合在同一根电缆上。许多厂商提供专用总线插头，可将 RS-485 信号转换成光纤信号，或将光纤信号转换成 RS-485 信号，故在同一系统中可同时使用 RS-485 传输技术和光纤技术，提高系统的抗干扰性和稳定性。

2.1.3 PROFIBUS系统的配置

PROFIBUS 系统的硬件由主站、从站、网络部件和网络工具等组成。其中，网络部件包括通信介质如光缆、电缆等，总线连接器如中继器、RS-485 总线连接器等，以及用于连接串行通信的以太网、传感器 / 执行器（Actuator Sensor Interface，AS-I）、电气安装总线（Electrical Installation Bus，EIB）等网络系统的网络转换器；网络工具包括 PROFIBUS 网络配置和诊断的软件与硬件，用于网络的安装与调试。

1. 现场设备的分类

图 2-9 所示为一个简单的 PROFIBUS 系统。

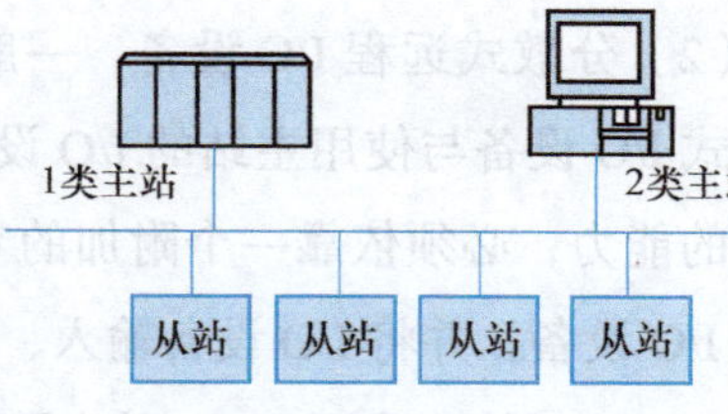

图2-9 简单的PROFIBUS系统

（1）根据现场设备是否具有 PROFIBUS 接口分

1）现场设备都不具有 PROFIBUS 接口。目前多数国产现场设备都不具有现场总线通信能力，不能直接接入现场总线系统。进行技术改造时，全面更换或更新设备费用太高，可以采用远程 I/O 设备作为总线接口，将正在使用的非智能仪表和执行机构、输入、输出设备信号与远程 I/O 设备相连，远程 I/O 设备通过现场总线与中央控制器相连。如果现场设备能分组，组内设备又相对集中，选用这种模式能更好地发挥现场总线技术的优点。

2）所有设备都有 PROFIBUS 接口。这是一种理想状况，可以使现场设备直接通过 PROFIBUS 接口接入总线系统，形成总线网络系统。但这种方案的设备和系统成本很高。

3）部分设备有 PROFIBUS 接口。这是目前现场总线系统中最普遍存在的形式，系统可以采用具有 PROFIBUS 接口现场设备与分散式 I/O 设备混合使用的方法。

（2）根据现场设备在控制系统中的作用不同分

1）1 类主站（DPM1）。这类设备是中央控制器，有能力控制若干从站，完成总线通信控制、管理及周期性数据访问。无论 PROFIBUS 采用何种结构，1 类主站都是系统必需的。比较典型的 DPM1 有 PLC、PC 等。

2）2 类主站（DPM2）。其主要作用是管理 1 类主站的组态数据和诊断数据的设备，同时具有 1 类主站通信的能力，用于完成各站点的数据读写、系统组态、监控、故障诊断等。常用的 DPM2 设备有编程器、操作员工作站和触摸屏等。

3）从站。从站是对数据和控制信号进行输入 / 输出的现场设备，提供 I/O 数据并分配给 1 类主站，从站在主站的控制下完成组态、参数修改和数据交换等。从站由主站统一编址，接收主站指令，按主站的指令驱动 I/O 设备，并将 I/O 设备的输入及故障信息反馈给主站。从站可以是 PLC 一类的控制器，可以是不具有程序存储和程序执行功能的分散式 I/O 设备，也可以是一些有智能接口的现场仪表、变频器等。

2. PROFIBUS从站的配置

一个 PROFIBUS 系统中的从站一般可有如下 3 种配置类型。

（1）由 PLC 或其他智能控制器作为 PROFIBUS 系统中的一个从站　PLC 自身有完整的控制系统，PLC 执行程序并按指令驱动 I/O 设备，当 PLC 上带有 PROFIBUS 接口时，可直接将 PLC 用作 PROFIBUS 的从站，此时在 PLC 当中有一段固定的区域作为 PROFIBUS 网络通信的共享数据区，主站可通过此数据区直接控制从站的 PLC 的 I/O 设备。

（2）分散式远程 I/O 设备　一般的分散式 I/O 设备是由主站统一编码，主站编程时使用分散式 I/O 设备与使用主站的 I/O 设备是一样的。分散式远程 I/O 设备不具有程序存储和程序执行的能力，必须依靠一个附加的专用通信适配器接收 PROFIBUS 系统的数据，按主站指令驱动 I/O 设备，并将 I/O 设备输入、输出及故障诊断等信息返回给主站。此类设备可直接连入 PROFIBUS 系统，或用 ASIC 从电路板级开始设计一个附加的 PROFIBUS 通信接口。

（3）智能现场设备　本身已带有 PROFIBUS 接口的现场设备，可直接连入 PROFIBUS 系统，由组态软件在线完成系统的配置，实现数据交换等功能。

3. PROFIBUS系统主站的配置

根据实际需要，PROFIBUS 系统的主站有以下几种配置形式：

1）PLC 或其他控制器作为 1 类主站，不设监控站。这种结构类型中，在调试阶段需要一台编程设备，PLC 或其他控制器完成总线的通信管理、从站数据读写以及从站远程参数化工作，如图 2-10 所示。

2）用 PLC 或其他控制器作为 1 类主站，监控站通过串口与 PLC 相连。这种结构类型中，监控站不是 2 类主站，不能直接读取从站数据、完成远程参数化的工作。监控站所需的数据只能从 PLC 读取，如图 2-11 所示。

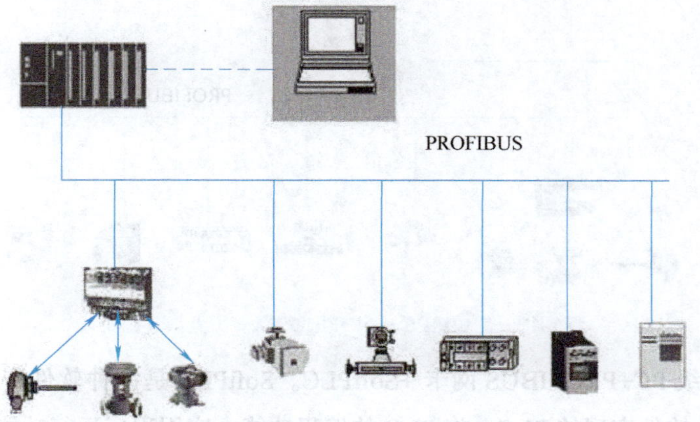

图2-10 PLC作为1类主站，不设监控站

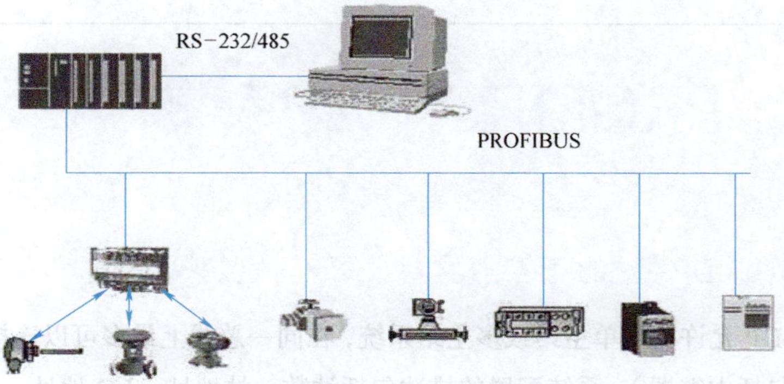

图2-11 PLC作为1类主站的监控站与PLC相连

3）用PLC或其他控制器作为1类主站，监控站连接在PROFIBUS上。这种结构类型中，监控站作为2类主站运行，可实现远程编程、参数设置及在线监控功能，如图2-12所示。

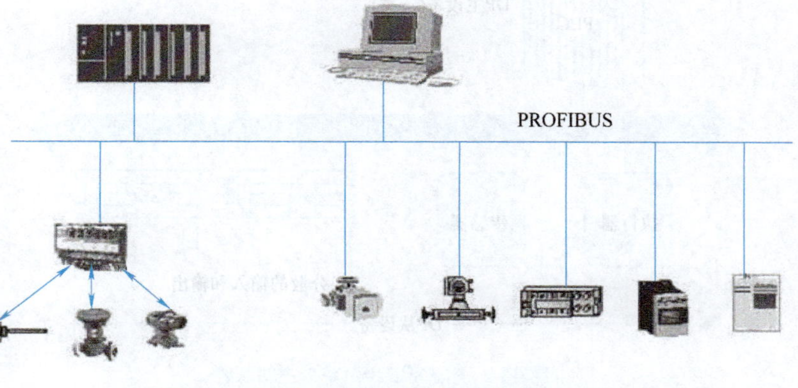

图2-12 PLC作为1类主站，监控站作为2类主站

4）用工业级PC+PROFIBUS网卡作为1类主站。这种结构类型中，PC既是主站又是监控站，是成本最低的配置方案。但是一旦PC发生故障，将会导致整个系统瘫痪，所以要求PC可靠性高，能长时间连续运行，最好是工业级PC，如图2-13所示。

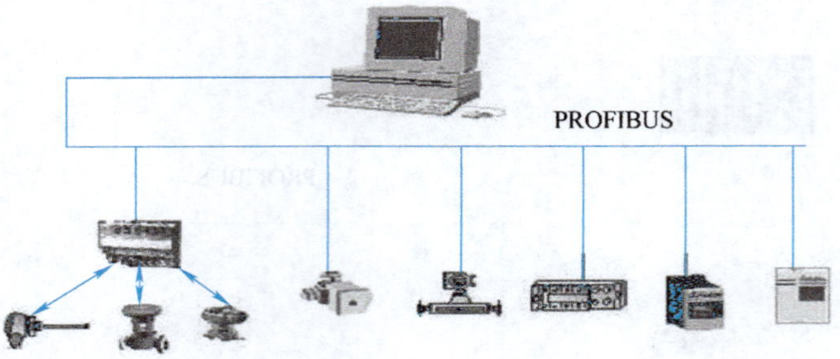

图2-13　工业级PC+PROFIBUS网卡作为1 类主站

5）采用工业级 PC+PROFIBUS 网卡 +SoftPLC。SoftPLC 是一种软件产品，可以将通用型 PLC 改造成一台由软件实现的 PLC，将 PLC 的编程功能、应用程序运行功能、操作监控站的图形监控功能都集成到一台 PC 上，形成集 PLC 与监控站于一体的控制工作站。

2.2　PROFIBUS-DP系统

2.2.1　PROFIBUS-DP系统的网络结构

PROFIBUS-DP 允许构成单主站或多主站系统，在同一总线上最多可以连接 127 个站点（站号为 0~126，不包括中继器）。系统配置的描述包括站数、站地址、I/O 地址、I/O 数据格式、诊断信息格式及所使用的总线参数。PROFIBUS-DP 单主站系统中，在总线系统运行阶段，只有一个活动主站，如图 2-14 所示的 PROFIBUS-DP 单主站系统 PLC 作为主站。

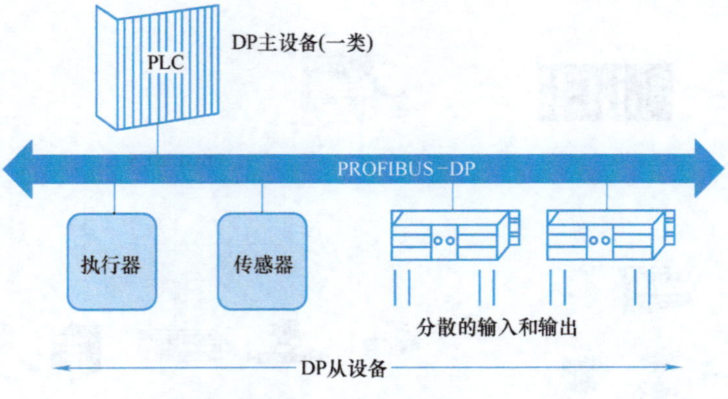

图2-14　PROFIBUS-DP单主站系统

PROFIBUS-DP 多主站系统的总线上连接有多个主站。总线上的主站与各自的从站构成相互独立的子系统。如图 2-15 所示，任何一个主站均可读取 DP 从站的 I/O 映像，但只有一个 DP 主站允许对 DP 从站写入数据。

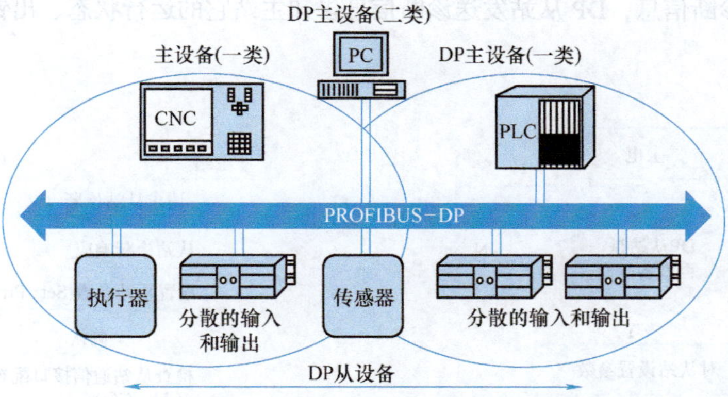

图2-15 PROFIBUS-DP多主站系统

2.2.2 PROFIBUS-DP系统的工作过程

PROFIBUS-DP 系统从通电到进行数据交换的正常工作状态可分为 4 个阶段。

1. 主站和从站的初始化

系统上电后，主站和从站进入 Offline 状态并进行自检。主站需要加载总线参数集，从站需要加载相应的诊断数据等信息。

2. 令牌环的建立

初始化完成以后，主站开始监听总线令牌。主站准备好后进入总线令牌环，即处于听令牌状态。在一定时间内，主站如果没有听到总线上有信号传递，就开始自己生成令牌并初始化令牌环；然后，该主站对全体可能的主站地址做一次状态询问，根据收到应答的结果确定 LAS 和本站所管辖站的地址范围 GAP。GAP 是指从本站地址 TS 到令牌环中的后继地址 NS 之间的地址范围，LAS 的形成标志着逻辑令牌环初始化完成。

3. 主站与从站通信的初始化

主站与 DP 从站交换用户数据之前，必须设置从站的参数并配置从站的通信接口。主从站通信初始化的流程如图 2-16 所示。在主从站通信初始化过程中，实际上交换了参数数据、通信接口配置参数以及诊断数据，交换过程如图 2-17 所示。参数数据包括预先给从站的一些本地、全局参数以及一些特征、功能。参数报文的长度不能超过 244B，重要的参数包括状态参数、看门狗定时器参数、从站制造商的标识符、从站分组及用户定义的从站参数等。交换通信接口配置数据的过程是：DP 从站使用标识符来描述 I/O 数据，标识符规定了用户数据交换时 I/O 字节或字的长度以及数据的一致刷新要求，在检查通信接口配置时，DP 主站发送标识符给从站，来检查从站中实际存在的 I/O 区域是否与标识符所设定的一致，如果检查通过，则进入主从用户数据交换阶段。交换诊断数据的过程是：在启动阶段，DP 主站使用诊断请求报文来检查是否存在 DP 从站和从站是否准备接收报文，从站提交的诊断数据包括符合 EN 50170 标准的诊断及该从站专用的外部诊断信息，DP 从站发送诊断信息告知主站它的运行状态、出错时间以及出错原因等。

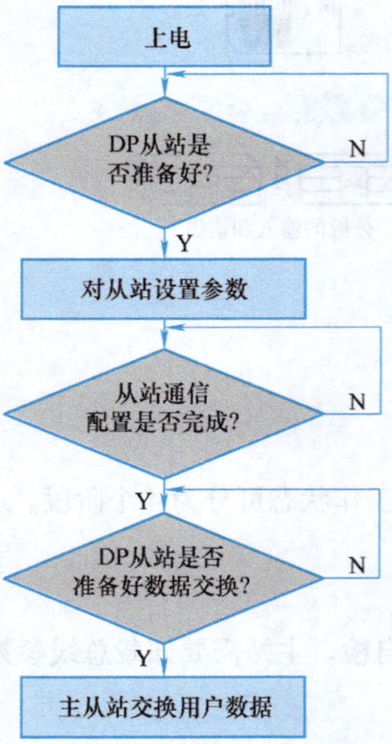

图2-16　主从站通信初始化流程图

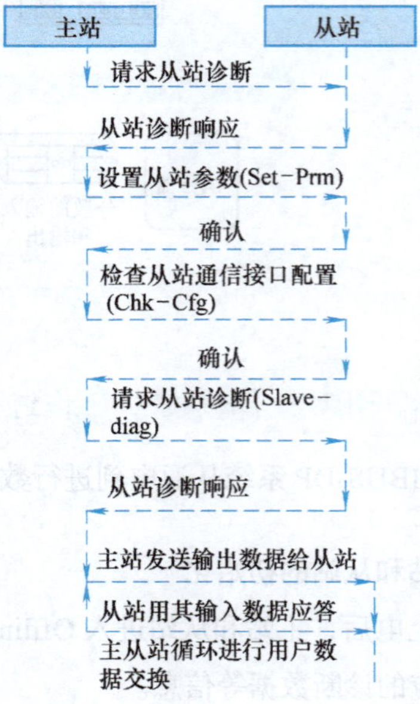

图2-17　数据交换过程

4. 交换用户数据通信

在交换用户数据期间，DP 从站只响应对其设置参数且通信接口配置检查正确的主站发来的用户数据，主从站可双向交换最多 244B 的用户数据。在此阶段，如果从站出现故障或其他诊断信息，中断正常的用户数据交换；DP 从站将应答时的报文服务级别从低优先级改变为高优先级来告知主站当前有诊断报文中断或其他状态信息；然后 DP 主站发出诊断请求，请求从站的实际诊断报文或状态信息。处理后，DP 从站和主站返回到交换用户数据状态。

2.3　PROFIBUS-DP现场总线通信系统的组建

2.3.1　S7–300 PLC单站的硬件组态

1. S7-300/400 PLC简介

（1）S7-300 概述　S7-300 是模块化的中小型 PLC，适用于中等性能的控制要求，品种繁多的 CPU 模块、信号模块和功能模块能满足各种领域的自动控制任务，用户可以根据系统的具体情况选择合适的模块，维修时更换模块也很方便。S7-300 PLC 有 350 多条指令，包括位逻辑指令、比较指令、定时指令、计数指令、整数和浮点数运算指令等。CPU 的集成系统提供了中断处理和诊断信息等系统功能。

（2）S7-300 PLC 系统的组成　S7-300 采用模块化设计结构，各种单独的模块之间灵活组合便于扩展。

1）中央处理单元（CPU）。CPU 用于存储和处理用户程序，控制 I/O 模块。各种 CPU 有不同的性能。CPU 前面板上有状态故障指示灯、存储卡插槽、模式选择开关、通信接口和 24V 电源端子。

S7-300 PLC 有各种性能的 CPU 可供使用。例如，标准 CPU 提供范围广泛的基本功能可以根据控制要求进行模块化设计；紧凑型 CPU 本机集成了 I/O 模块，并带有高速计数、频率测量、定位和 PID 调节等功能，部分 CPU 还集成了点到点或 PROFIBUS 通信接口。S7-300 PLC 的 CPU 模块可分为以下几种类型：

① 标准型 CPU，包括 CPU 312、CPU 314 、CPU 315-2DP、CPU 315-2DP/PN、CPU 317-2DP、CPU 317-2DP/PN 和 CPU 319-3DP/PN。

② 紧凑型 CPU，包括 CPU 312C、CPU 313C、CPU 313C-PTP、CPU 313C-2DP、CPU 314C-PTP 和 CPU 314C-2DP。

③ 技术功能型 CPU，包括 CPU 315T-2DP 和 CPU 317T-2DP。

④故障安全型 CPU，包括 CPU 315F-2DP、CPU 315F-2PN/DP、CPU 317F-2DP 和 CPU 317F-2PN/DP。

⑤ SIPLUS 户外型 CPU，可以在 –25～70℃和存在有害气体的环境下运行。

2）电源模块（PS）。电源模块用于将交流 120/230V 电源转换为直流 24V 电源，为 CPU 模块和 I/O 模块供电。它的额定输出电流有 2A、5A 和 10A 三种，过载时模块上的 LED 指示灯闪烁。

3）信号模块（SM）。信号模块包括数字量输入 / 输出模块（DI/DO）和模拟量输入 / 输出模块（AI/AO），每个模块上有一个背板总线连接器，现场的信号连接到前连接器的端子上。

4）功能模块（FM）。功能模块是智能信号的处理模块，不占用 CPU 资源，对于来自现场设备的信号进行控制和处理，并将信息传给 CPU。它们负责处理 CPU 无法以规定的速度完成的任务，以及对实时性和存储容量要求很高的控制任务，如高速计数、定位操作和闭环控制等。

5）通信模块（CP）。通信模块用于 PLC 之间、PLC 与计算机和其他智能设备之间的通信。

6）接口模块（IM）。多机架时，IM 用于连接主机架和扩展机架。

7）导轨。铝制导轨用来固定和安装 S7-300 PLC 的各种模块。

（3）S7-300 PLC 控制系统的安装　S7-300 PLC 控制系统由多种模块部件组成，各模块安装在 DIN 标准导轨上，并用螺钉固定。这种结构很可靠，能满足电磁兼容要求。背板总线集成各个模块，通过总线连接器插在模块的背后，使背板总线连成一体。在一个机架上，除了电源模块、CPU 模块和接口模块，最多可安排 8 个模块，包括信号模块、功能模块和通信模块。如果需要使用的模块超过 8 个，就需要增加扩展模块。除了中央机架，S7-300 PLC 最多可增加 3 个扩展机架，每个扩展机架可插除了电源模块和接口模块的 8 个模块，4 个机架最多可安装 32 个模块。

机架的最左边是1号槽，最右边是11号槽，电源模块总是在1号槽的位置，中央机架（0号机架）的 2 号槽上是 CPU 模块，3 号槽被接口模块固定占用，即使没有扩展机架无接口模块，3 号槽也不允许占用；信号模块、功能模块及通信模块依次使用 4~11 号槽，如图 2-18 所示。S7-300 PLC 控制系统可以用外部开关电源代替电源模块使用，接口模块仅在扩展机架时使用。

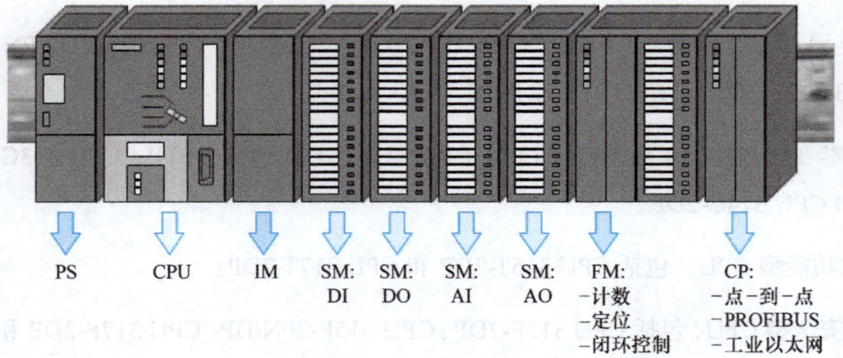

图2-18　S7-300各模块的安装

（4）CPU 的开关与指示灯（图 2-19）

1）模式选择器。

MRES：存储器复位模式。该位置不能保持，当开关在此位置释放时，将自动返回到 STOP 位置。将钥匙从 STOP 模式切换到 MRES 模式时，可复位存储器，使 CPU 回到初始状态。

STOP：停机模式。在此模式下，CPU 不执行用户程序，但可以通过编程设备（如装有 STEP 7 的 PG、装有 STEP 7 的计算机等）从 CPU 中读出或修改用户程序。在此位置可以拔出钥匙。

RUN：运行模式。在此模式下，CPU 执行用户程序，还可以通过编程设备读出、监控用户程序，但不能修改用户程序。

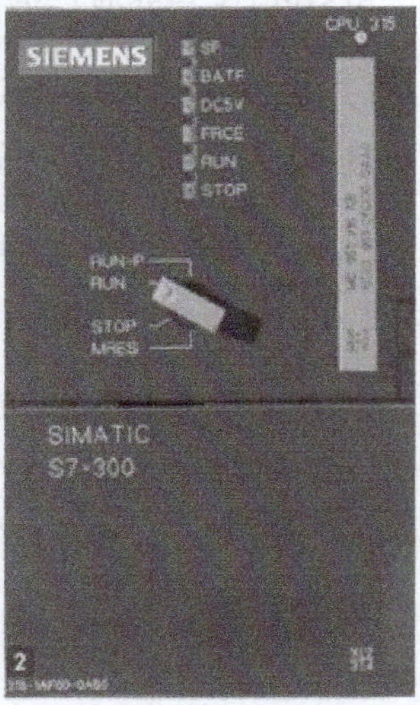

图2-19　开关与指示灯

RUN-P：编程运行模式。在此模式下，CPU 不仅可以执行用户程序，在运行的同时，还可以通过编程设备（如装有 STEP 7 的 PG、装有 STEP 7 的计算机等）读出、修改、监控用户程序。

2）指示灯。

SF（红色）：系统出错 / 故障指示灯。CPU 硬件或软件错误时亮。

BATF（红色）：电池故障指示灯（只有 CPU 313 和 314 配备）。当电池失效或未装入时，指示灯亮。

DC5V（绿色）：5V 电源指示灯。CPU 和 S7-300 总线的 5V 电源正常时亮。

FRCE（黄色）：强制作业有效指示灯。至少有一个 I/O 设备处于被强制状态时亮。

RUN（绿色）：运行状态指示灯。CPU 处于 “RUN” 状态时亮，LED 在 “Startup” 状态以 2Hz 频率闪烁，在 “HOLD” 状态以 0.5Hz 频率闪烁。

STOP（黄色）：停止状态指示灯。CPU 处于 “STOP”“HOLD” 或 “Startup” 状态时亮。在存储器复位时，LED 以 0.5Hz 频率闪烁；在存储器置位时，LED 以 2Hz 频率闪烁。

BUS DF（BF）（红色）：总线出错指示灯（只适用于带有 DP 接口的 CPU）。总线出错时亮。

SF DP：DP 接口错误指示灯（只适用于带有 DP 接口的 CPU），当 DP 接口故障时亮。

2. STEP7编程软件

（1）STEP7 编程软件的功能　S7-300 系列 PLC 的编程软件是 STEP7。STEP7 编程软件用文件块的形式管理用户编写的程序及程序运行所需的数据，组成结构化的用户程序。这样的结构可以使程序的组织明确，结构清晰，易于修改。

STEP7 编程软件用于 SIMATIC S7、C7、M7 和基于 PC 的 WinAC，为它们提供组态、编程和监控等服务，主要完成以下功能：

1）组态硬件，即为机架中的模块分配地址和设置模块的参数。

2）程序编辑器，使用编程语言编写用户程序。

3）符号编辑器，用于管理全局变量。

4）组态通信连接、定义通信伙伴和连接特性。

5）下载和上传用户程序等。

（2）STEP7 编程软件的安装步骤

1）运行 STEP7 V5.5 安装目录下的 SETUP.EXE。

2）选择需要安装的项目，建议全部安装。

3）按提示逐步安装所有项目。

4）进行通信接口设置。

5）安装完成后重新启动计算机。

（3）STEP7 编程软件的授权　STEP7 编程软件安装好之后并不能立即使用，只有安装了授权之后才能正常使用。授权时要选择长授权。

3. STEP7编程软件的编程步骤

STEP7 V5.5 是专用于 SIMATIC S7-300/400 PLC 站的组态创建及设计 PLC 控制程序的标准软件。首先运行 STEP7 V5.5 软件，在该软件下建立用户自己的文件，此后根据需要，再对 SIMATIC S7-300 PLC 站进行组态，并下载到 S7-300 PLC 中，随后可使用 STEP7 V5.5 软件中的梯形逻辑、功能块图或语句表对需要的程序进行编制，还可应用 STEP7 V5.5 软件对程序进行调试和实时监视。图 2-20 所示为使用 STEP7 编程软件的基本编程步骤。

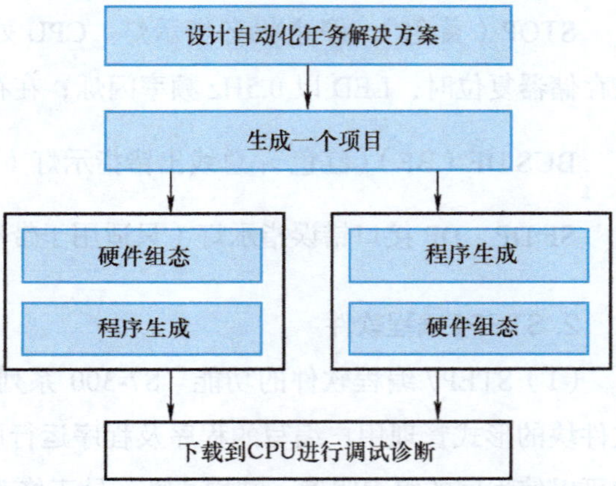

图2-20　使用STEP7编程软件的基本编程步骤

建议先硬件组态，这样 STEP7 在硬件组态编辑器中会显示可能的地址。

（1）启动 SIMATIC 管理器并建立一个新项目　首先在计算机中必须建立用户自己的文件，选择“File”→“New”，在“Name”文本框中输入项目名称，如图 2-21 所示。

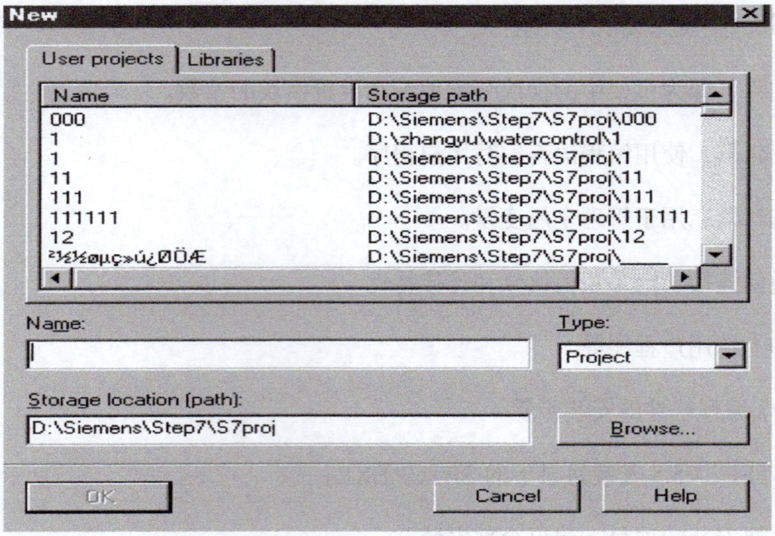

图2-21　建立新项目

（2）硬件组态　组态如图 2-22 所示的 S7-300 PLC 控制系统。

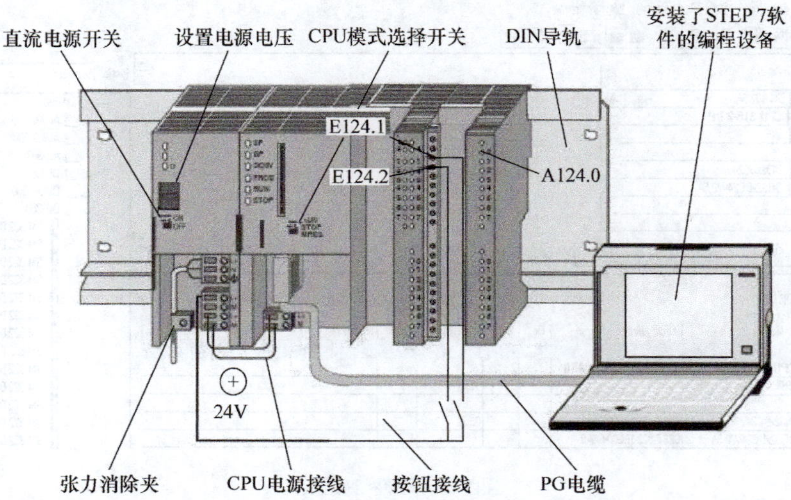

图2-22　S7-300 PLC控制系统

对 S7-300 PLC 进行组态，一般设备都需有其组态文件，西门子常用设备的组态文件存在 STEP7 V5.5 软件中，其选择路径如下："Insert"→"Station"→"SIMATIC 300 Station"；选定 "SIMATIC 300(1)" 的 "Hardwork" 右边 "Profi"→"Standard"→"SIMATIC 300"（图 2-23），将轨道、电源、CPU、I/O 模块组态到硬件中：

插入轨道：选中 "RACK-300" → " Rail"。

插入电源：选中 "(0) UR" 中的 "1"，插入电源模块 "PS-300" → "PS 307 5A"。

插入 CPU：选中 "(0) UR" 中的 "2"，插入 CPU 模块 "CPU-300" → "CPU 315-2DP"。

插入 I/O 模块：选中 "(0) UR" 中的 "4"，插入输入模块（DI）："SM-300" → "DI-300" → "SM 321 DI32×DC24V"；选中 "(0) UR" 中的 "5"，插入输出模块（DO）："SM-300" → "DO-300" → "SM 322 DO32×DC24V/0.5A"。

注意："(0) UR" 中的 "3" 是不组态的。组态完后，保存并编译，如图 2-24 所示。关闭硬件组态窗口。

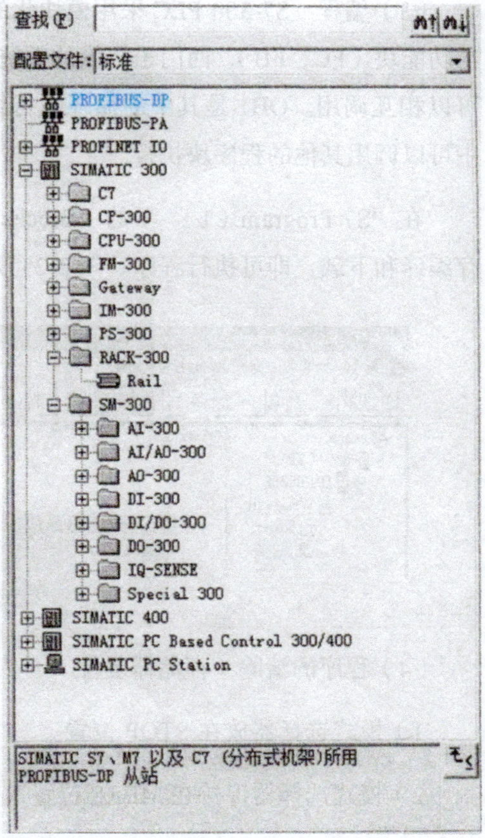

图2-23　硬件目录

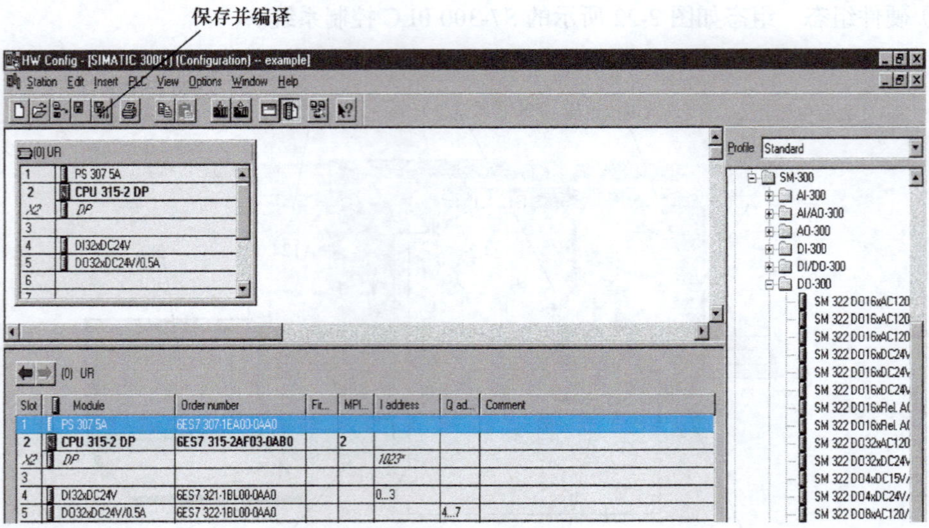

图2-24　硬件组态保存

注意：图 2-24 中的订货号必须与硬件实物订货号相同。实际组态时应视具体情况而定，即有什么硬件就组态什么硬件，没有实物的不要组态。

（3）编程　S7-300 PLC 采用模块化的编程结构，包含有通用的组织块（OB）、通用的功能与功能块（FC、FB）、西门子提供的系统功能块（SFC、SFB）和数据块（DB），各个模块之间可以相互调用。OB1 是其中的循环执行组织块，程序首先并一直在 OB1 中循环运行，在 OB1 中可以调用其他的程序块执行。

在“S7 Program（1）”下的“Blocks”中，选定并打开“OB1”，用梯形逻辑图编程，再保存编译和下载，即可执行程序。图 2-25 所示为编程界面。

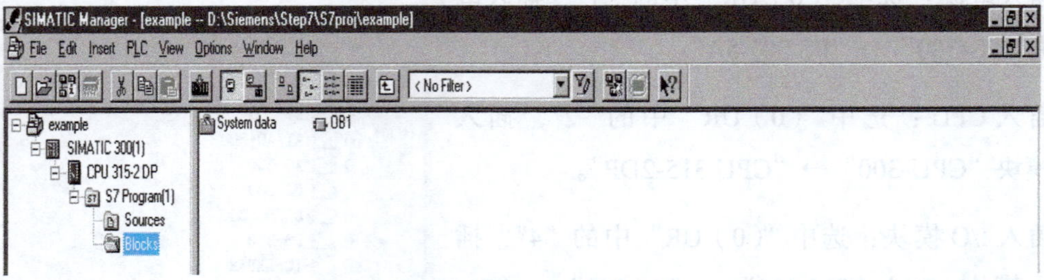

图2-25　编程界面

（4）程序的清除（存储器复位）

1）模式选择器放在 STOP 位置。

2）模式选择器保持在 MERS 位置，直到 STOP 指示灯闪烁两次（慢速）。

3）松开模式选择器（自动回到 STOP 位置）。

4）模式选择器保持在 MERS 位置（STOP 指示灯快速闪烁）。

5）松开模式选择器（自动回到 STOP 位置）。

（5）运行并监控　将 CPU 置于 STOP 模式，下载整个 SIMATIC 300 Station。再将 CPU 置于 RUN 模式，打开监控，程序运行状态可以在 OB1 上监视到。

4. S7-300 PLC单站的硬件组态

（1）配置要求　组态模块包括 PS 电源模块、CPU 模块和一个信号模块，如图 2-26 所示。在组态时，依据模块的型号和订货号进行组态。具体参数见表 2-3。

图2-26　组态模块

表 2-3　参数配置表

名　称	型　号	订 货 号
电源模块	PS307 10A	307-1KA01-0AA0
CPU 模块	CPU315-2DP	315-2AF00-0AB0
信号模块	DI16/DO16 × DC24V	323-1BL00-0AA0

（2）组态过程

1）创建工程。单击 “File” → “ New”，新建一个工程项目 “TEST”，如图 2-27 所示，单击 “确定” 按钮，生成如图 2-28 所示的新工程 “TEST”。

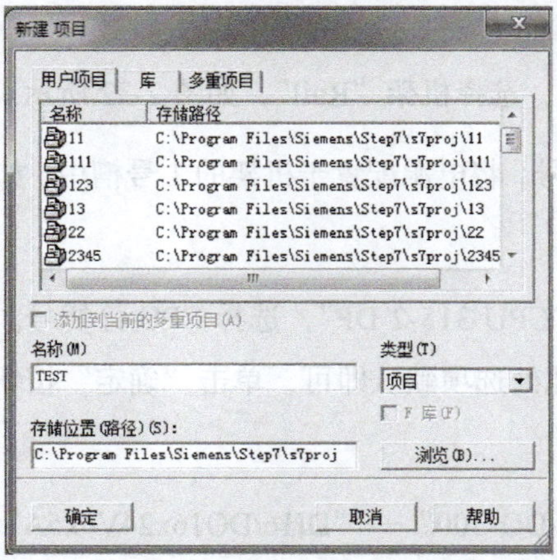

图2-27　新建工程

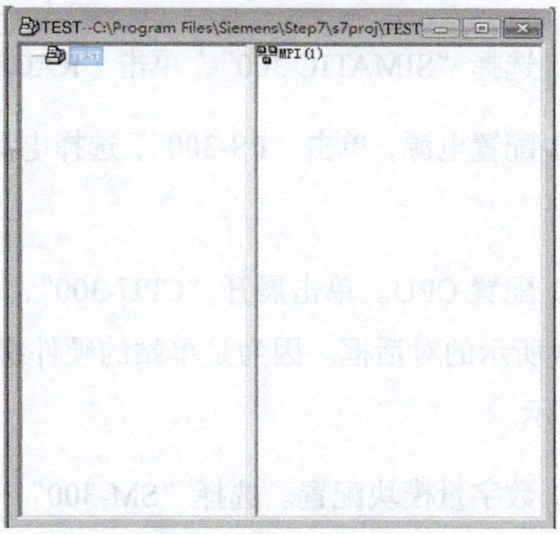

图2-28　生成一个工程

2）建立 S7-300 PLC 工作站。用鼠标右键单击工程名“TEST”，选择“插入新对象”→“SIMATIC 300 站点”，如图 2-29 所示。生成新的 SIMATIC 300 站点如图 2-30 所示。

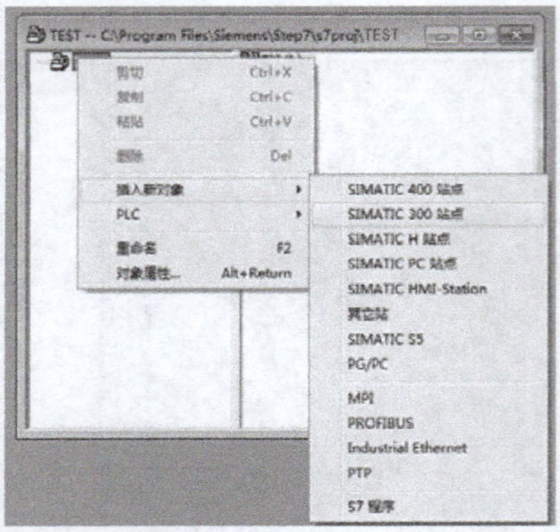

图2-29 插入新对象

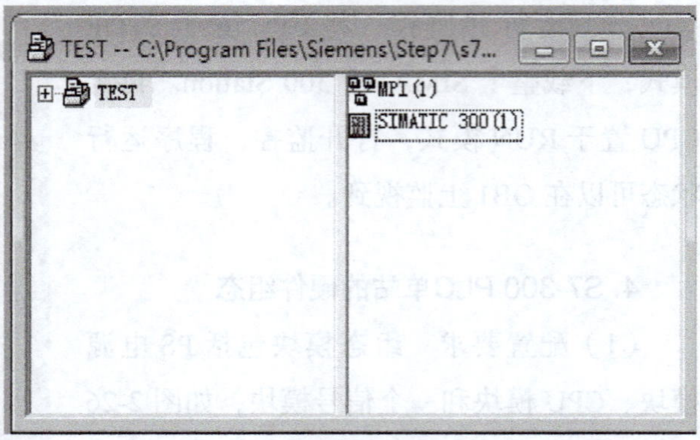

图2-30 生成S7-300站点

3）单击展开“TEST”，双击“Hardware”（硬件）图标，进入硬件组态环境（图 2-31），即可开始硬件组态。

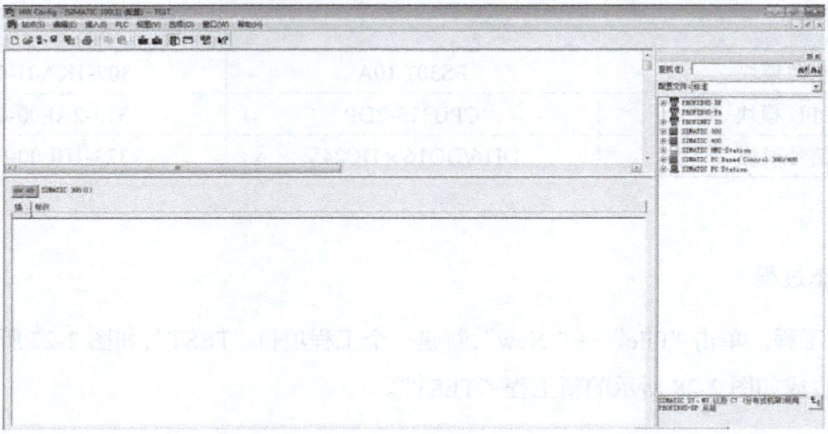

图2-31 硬件组态环境界面

4）选择“SIMATIC 300”，单击“RACK-300”，选择机架“Rail”，如图 2-32 所示。

5）配置电源，单击“PS-300”，选择电源订货号，将电源配置于机架的 1 号槽中，如图 2-33 所示。

6）配置 CPU。单击展开“CPU-300”，选择“CPU 315-2 DP”，选择 CPU 订货号。弹出如图 2-34 所示的对话框。因为是单站的硬件组态，此处选项默认即可，单击“确定”按钮，如图 2-35 所示。

7）数字量模块配置。选择“SM-300”→“DI/DO-300”→“DI16/DO16x24V/0.5A”并将其置于机架的第 4 个槽中，如图 2-36 所示。第 3 个槽只能安装机架接口模块。单击“保存和编译”按钮。

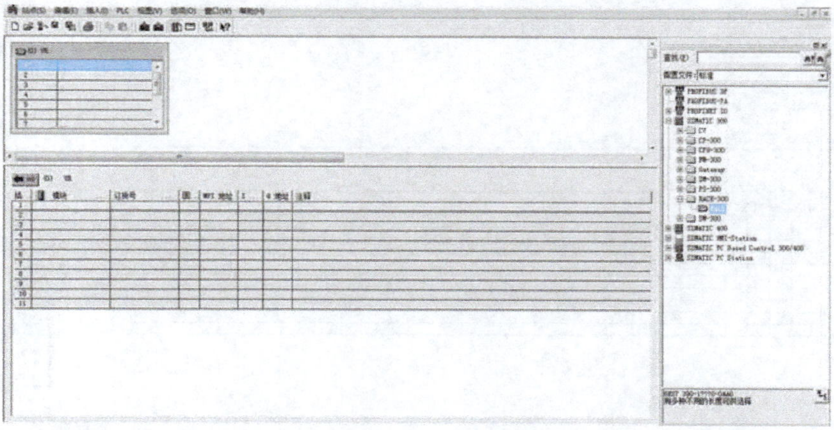

图2-32 生成机架

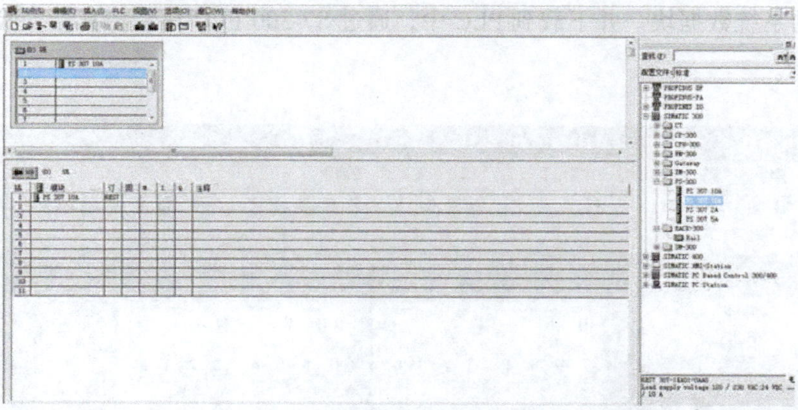

图2-33 组态电源模块

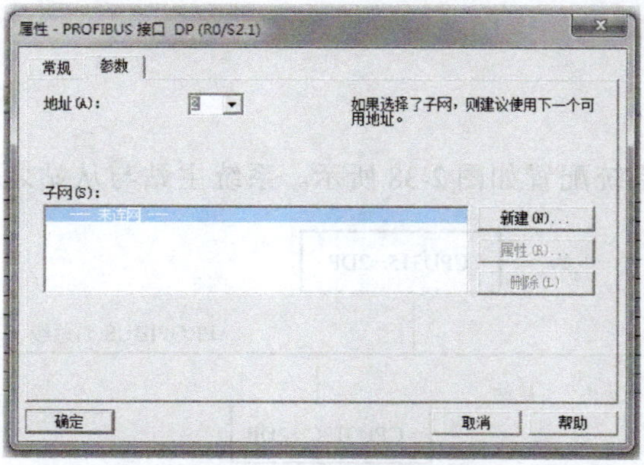

图2-34 DP接口的属性组态界面

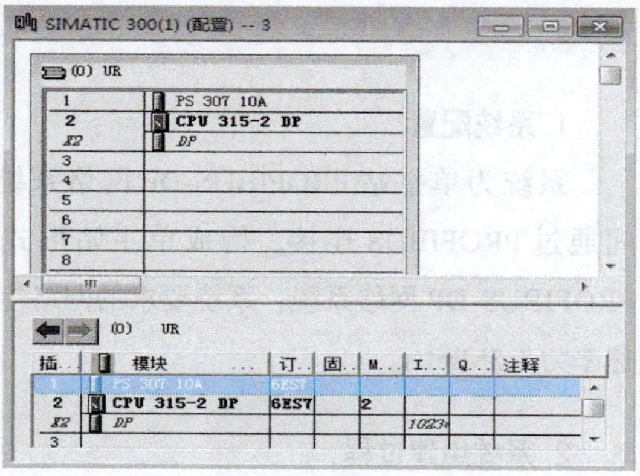

图2-35 配置CPU

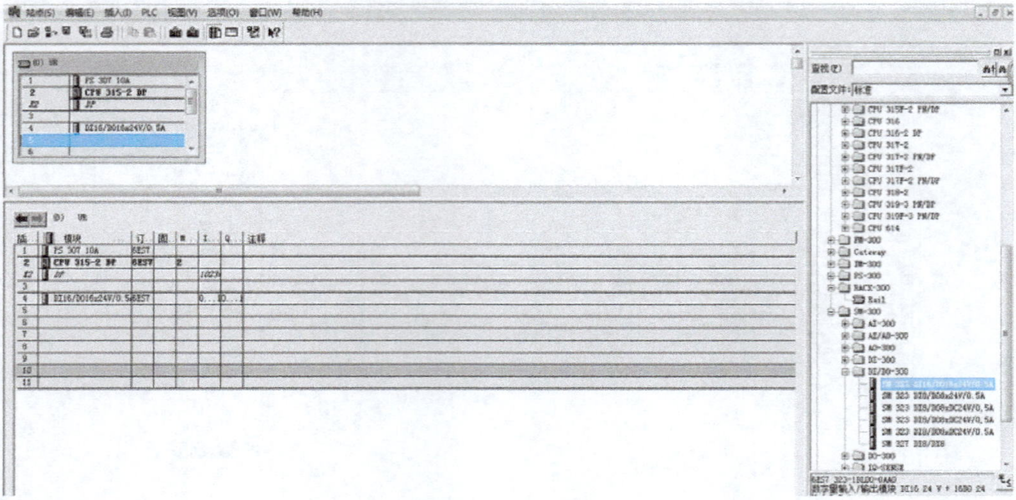

图2-36　组态信号模块

（3）组态结果验证　在任务管理器中，打开 OB1 数据块，编写程序，并将 OB1 数据块和刚才组态好的系统数据块一并下载到 PLC 中，通过 S7-300 PLC 自带仿真器，验证组态结果，如图 2-37 所示。

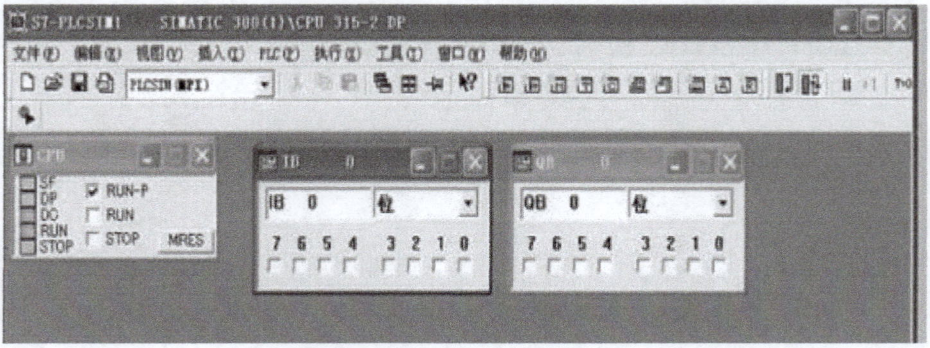

图2-37　S7-300 PLC仿真器

2.3.2　S7-300 PLC之间的PROFIBUS-DP现场总线通信系统的组建

1. 系统配置

系统为单主站 PROFIBUS-DP 网络系统，系统配置如图 2-38 所示。系统主站与从站之间通过 PROFIBUS 连接，构成单主站形式的 PROFIBUS-DP 网络系统，系统要求的网络传输速率为 1.5Mbit/s。

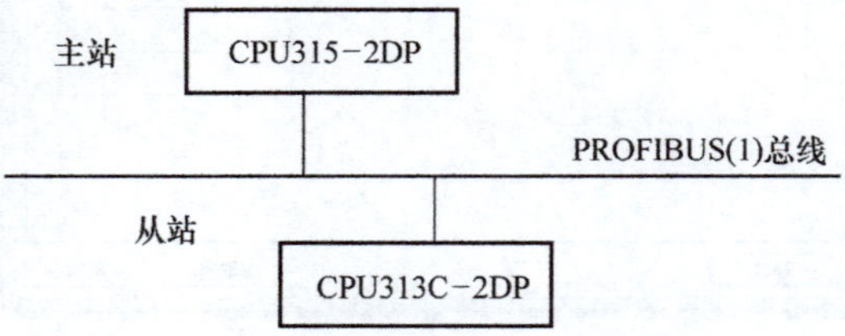

图2-38　系统配置

2. 系统组建过程

（1）配置系统参数及 I/O 地址（见表 2-4）

表 2-4　参数配置表

站	站类型	站地址	模块类型	主站 I/O 地址	从站 I/O 地址
主站	S7-300 PLC	2	CPU 315-2DP		
			DI16/DO16×24V/0.5A	I0.0~I1.7 Q0.0~Q1.7	
从站	S7-300 PLC	4	CPU 315-2DP		
			DI16/DO16×24V/0.5A		I0.0~I1.7 Q0.0~Q1.7
	数据交换地址			Q10.0~Q10.7	I10.0~I10.7
				I10.0~I10.7	Q10.0~Q10.7

数据的交换：

主站的数据发送区 QB10 ⟶ IB10 从站 2 的数据接收区

主站的数据接收区 IB10 ⟵ QB10 从站 2 的数据发送区

（2）从站的硬件组态　为了便于建立系统，如果系统中有一个从站是 S7-300 PLC 智能从站，一般情况下先组建智能从站。

从站的电源等配置方法同前。设置从站参数，双击图 2-39 中的 DP 栏，弹出的对话框如图 2-40 所示。单击“工作模式”选项卡，将本站设为 DP 从站。暂时不能进行组态，要等主站的硬件组态完成后，在主站网络中一并进行两站之间通信组态设置。

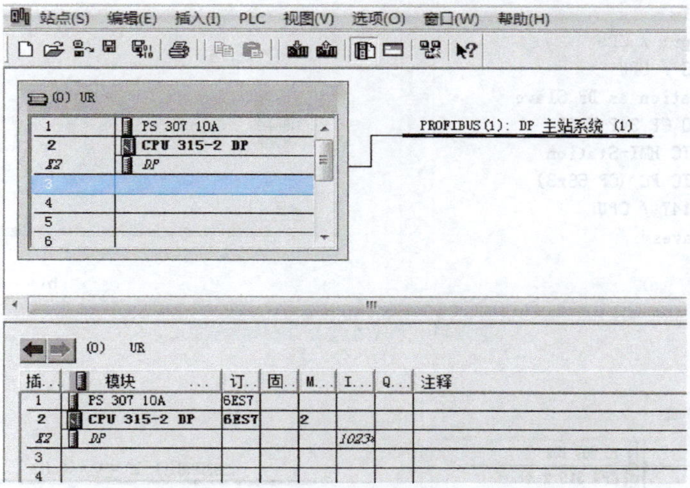

图2-39　从站的硬件组态界面

（3）主站配置　主站配置过程与从站大致相同，不同之处在于在配置 CPU 时，直接选择已经建立的“PROFIBUS（1）”网络，站地址改为“2”。

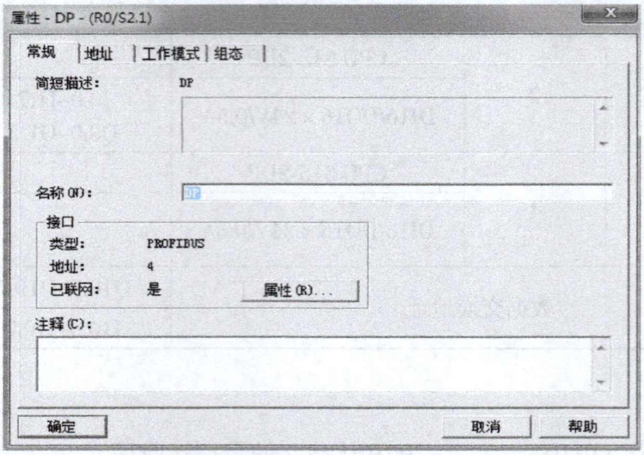

图2-40　DP网络工作模式的组态

（4）网络组建　在硬件目录中，选择“PROFIBUS-DP”→“Configured Stations”。如图 2-41a 所示，将 CPU 31x 拖到网络线上。如图 2-41b 所示，选择从站，连接并确定。这样就将从站连接到网络上了，如图 2-42 所示。

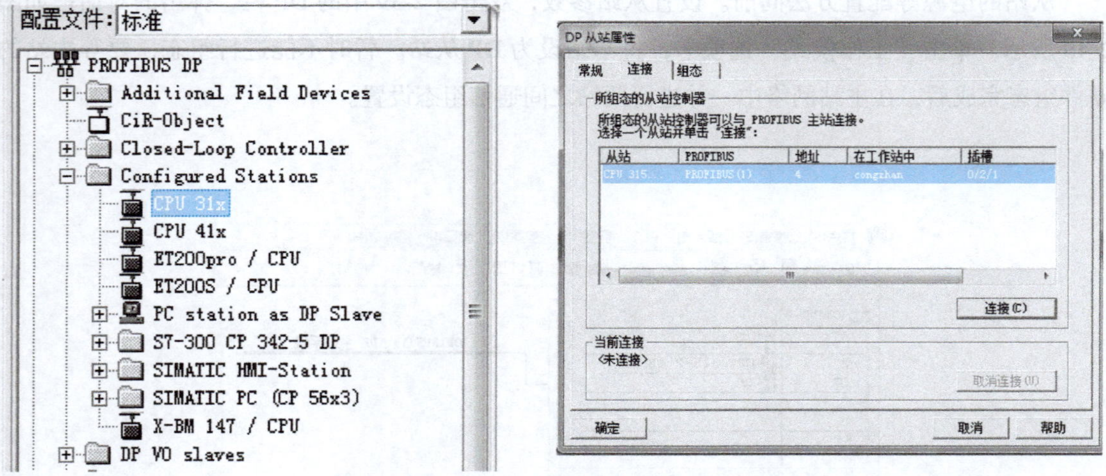

a)　　　　　　　　　　　　　　　b)

图2-41　从站组态到DP总线界面

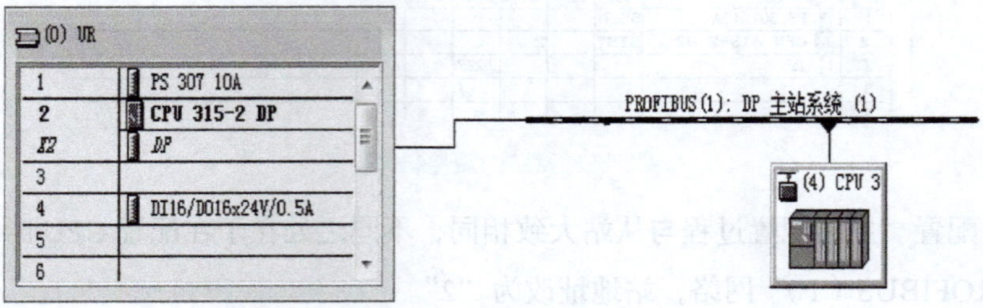

图2-42　网络组建界面

双击从站，在弹出的“DP 从站属性”对话框中单击“组态”并单击“新建”按钮，在弹出的“DP 从站属性 - 组态 - 行 1”对话框中，进行通信信息的组态，如图 2-43 所示进行设置。最后单击“确定”按钮即完成了通信的组态。

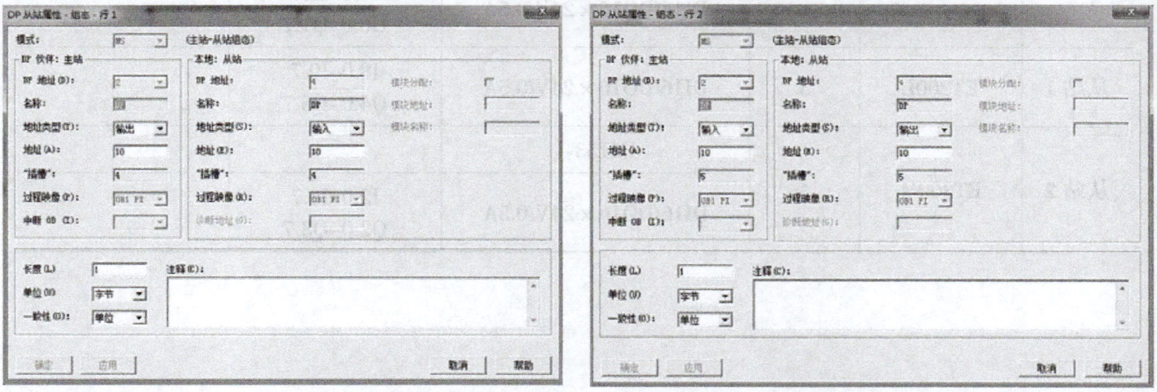

a) b)

图2-43 通信信息组态界面

（5）程序编制　分别编制主站程序和从站程序。

（6）进行硬件连接　将硬件组态和程序下载至 PLC，验证程序。

2.3.3 S7-300 PLC和远程I/O站之间的PROFIBUS-DP现场总线通信系统的组建

1. 系统配置

系统为单主站 PROFIBUS-DP 网络系统，系统配置如图 2-44 所示，即一个 S7-300 PLC（CPU 315-2DP）主站、一个固定式的 I/O 从站（ET200L）以及一个可扩展的 I/O 从站（ET200M，IM153-1 接口）。系统主站与从站之间通过 PROFIBUS 连接，构成单主站形式的 PROFIBUS-DP 网络系统，系统要求的网络传输速率为 1.5Mbit/s。

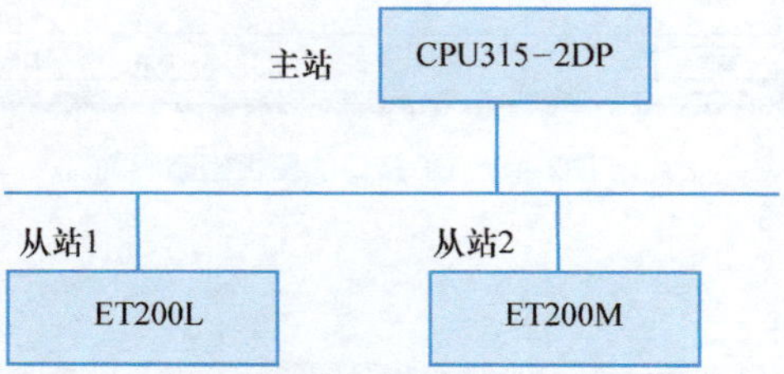

图2-44 系统配置

2. 配置过程

（1）配置系统参数及 I/O 地址（见表 2-5）

（2）主站的硬件组态　主站的电源等配置方法同前。配置 CPU 时，在弹出的对话框（图 2-45）中，单击“新建”按钮，如图 2-46 所示。可修改名称，也可默认。单击“网络设置”选项卡，进行 PROFIBUS-DP 网络设置，如图 2-47 所示。单击“确定”按钮，生成一个 PROFIBUS（1）网络，并将站地址改为“2”，如图 2-48 所示。单击“确定”按钮，生成如图 2-49 所示网络系统。

表 2-5　参数配置表

站	站类型	站地址	模块类型	主站 I/O 地址	从站 I/O 地址
主站	S7-300 PLC	2	CPU 315-2DP		
			DI16/DO16 × 24V/0.5A	I0.0~I1.7 Q0.0~Q1.7	
从站 1	ET200L	3	DI16/DO16 × 24V/0.5A	I8.0~I9.7 Q4.0~Q5.7	
从站 2	ET200M	4	IM153-1		
			DI16/DO16 × 24V/0.5A	I2.0~I3.7 Q2.0~Q3.7	

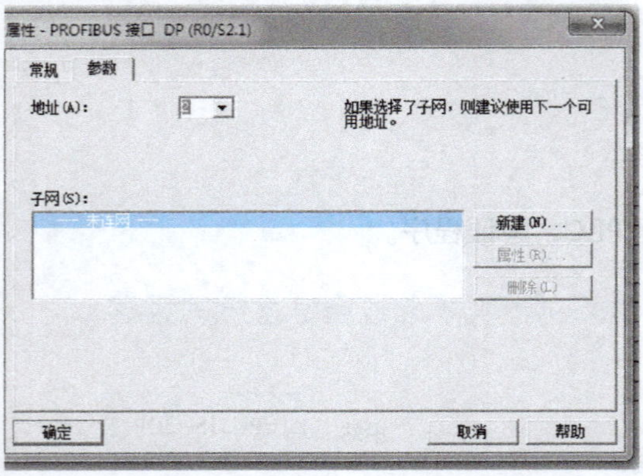

图2-45　DP接口的属性组态界面

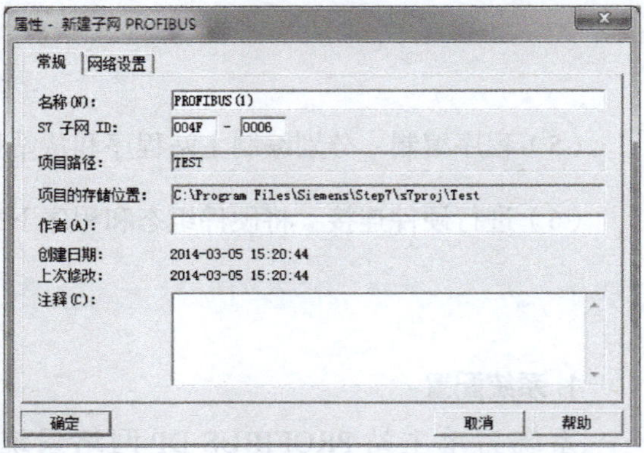

图2-46　DP属性常规设置界面

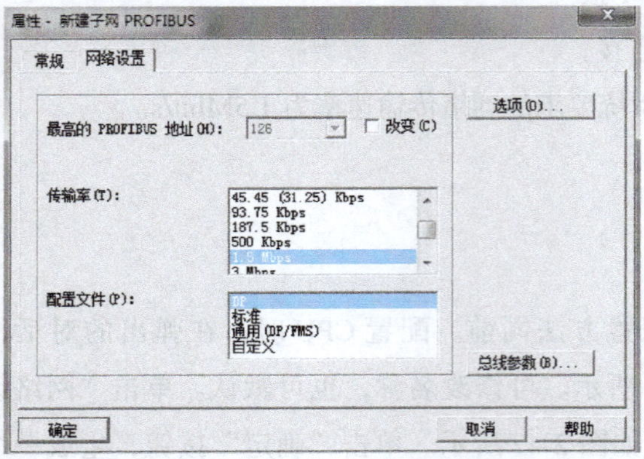

图2-47　DP网络的通信速率及协议组态界面

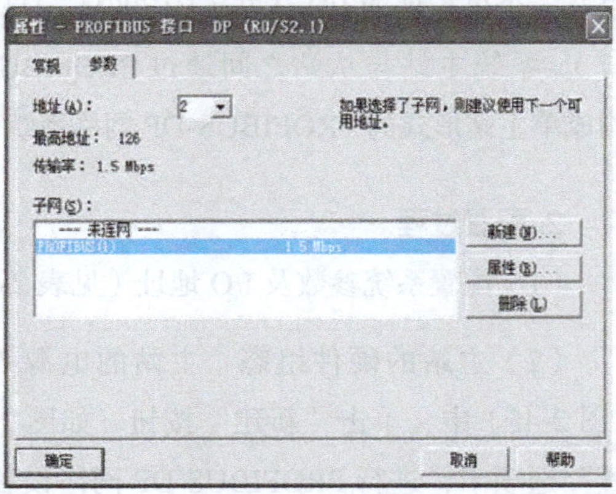

图2-48　主站地址设置界面

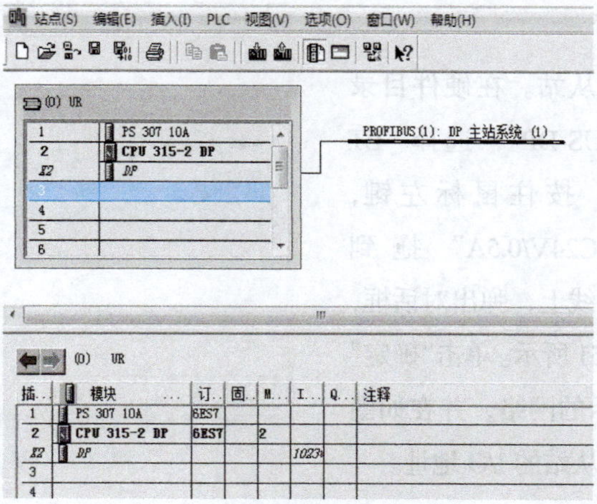

图2-49　主站的硬件组态界面

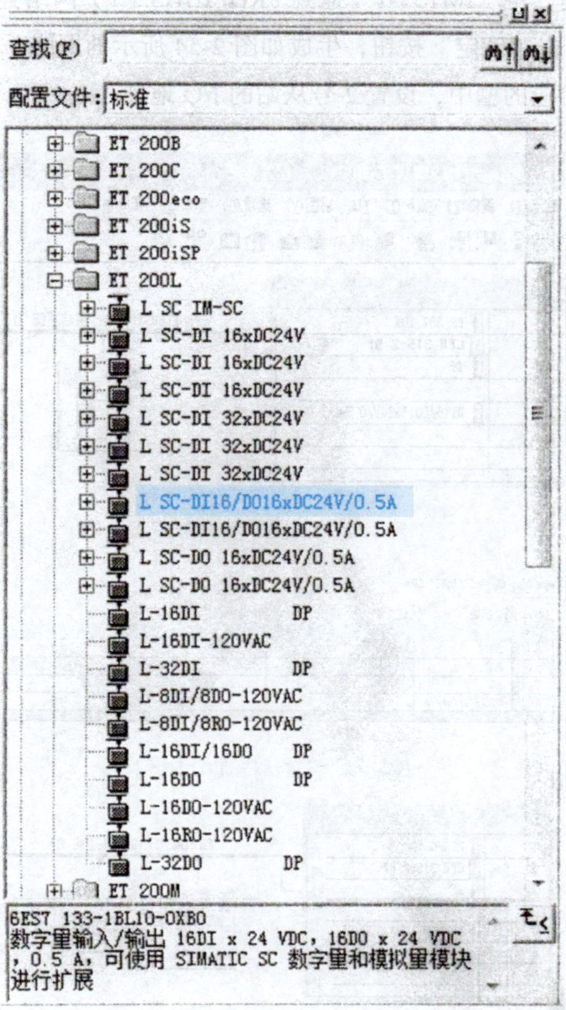

图2-50　硬件目录

（3）从站的硬件组态

1）连接主站和1号从站。在硬件目录中，单击展开“PROFIBUS-DP”，选择“ET 200L”，如图2-50所示。按住鼠标左键，将“L SC-DI 16/DO16 × DC24V/0.5A” 拖到PROFIBUS（1）网络连接线上，弹出对话框，并将地址设为“3”，如图2-51所示。单击“确定”按钮，生成如图2-52所示的网络，并在如图2-53所示的属性栏中设置从站的I/O地址。

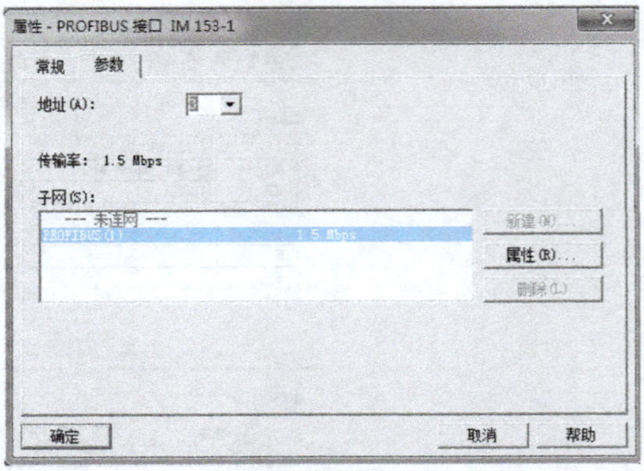

图2-51　1号从站地址设置

2）连接主站和2号从站。在硬件目录中，单击展开“PROFIBUS-DP”，选择“ET 200M”，按住鼠标左键，将“IM153-1”拖到PROFIBUS（1）网络连接线上，弹出对话框，并将地址设为“4”。单击“确定”按钮，生成如图2-54所示的网络。单击IM153-1模块，并将DI/DO模块拖入到相应的槽中，设置2号从站的I/O地址。

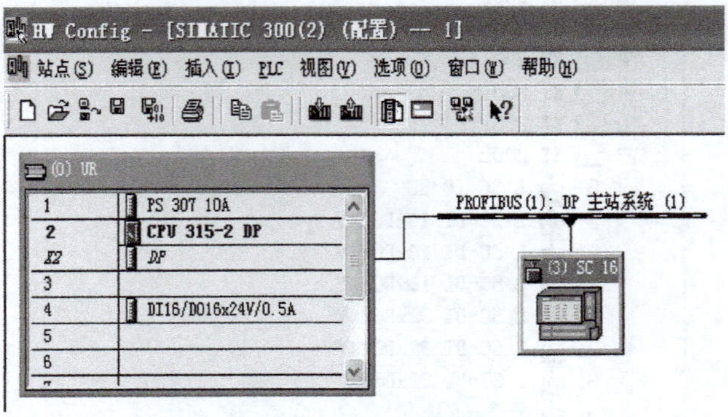

图2-52　主站硬件组态界面

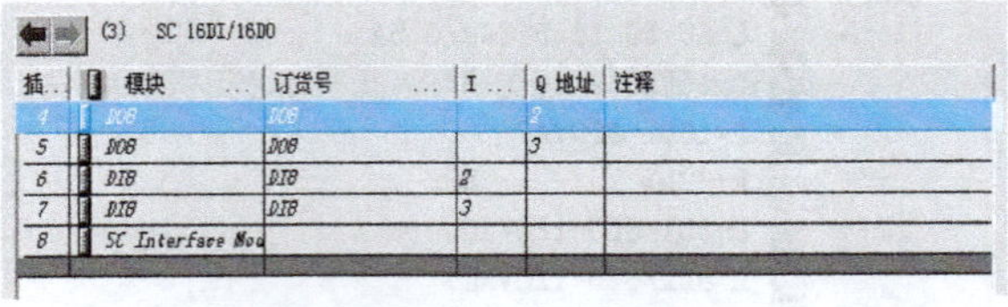

图2-53　设置从站的I/O地址

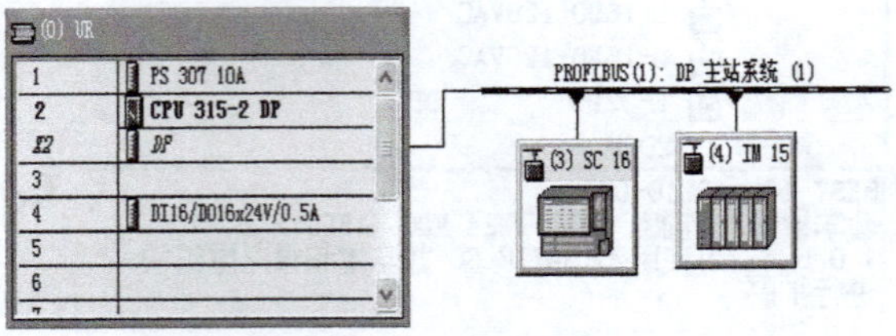

图2-54　主站硬件组态界面

（4）程序编制　分别编制主站程序和从站程序。

（5）进行硬件连接 将硬件组态和程序下载至PLC，验证程序。

2.3.4 S7-300 PLC与S7-200 PLC之间PROFIBUS-DP现场总线通信系统的组建

S7-200 PLC 不支持 DP 通信协议，自身也不带 PROFIBUS-DP 接口，不能直接作为从站，但可以通过添加 EM 277 模块手动设置 DP 地址，将 S7-200 PLC 作为从站连接到 PROFIBUS-DP 网络中。S7-200 PLC 不能通过本体集成的通信接口进行 PROFIBUS-DP 通信，需要第三方设备集成和 GSD 文件。

1. EM277模块

EM 277 PROFIBUS-DP 模块是智能模块，其 RS-485 接口是隔离型的，端口比特率为 9.6kbit/s~12Mbit/s，能自适应系统的通信速率。作为 DP 从站，EM277 接受来自主站的 I/O 组态，向主站发送和接收数据；主站也可以读写 S7-200 PLC 的 V 存储区，每次可以与 EM 277 交换 1~128B。

2. PROFIBUS的GSD文件

GSD 文件是不同生产厂商为其产品提供电子设备数据库的文件，对 PROFIBUS-DP 设备的特性（如波特率、信息长度、诊断信息等）进行详细说明，目的是将不同厂商生产的 PROFIBUS-DP 设备集成在一起。

GSD 文件包含通信通用的规范和设备专用的规范，其文件结构可以分为以下 3 个部分：

1）一般规范：包括生产厂商的信息设备的名称、硬件和软件的版本状况，所支持的传输速率，可能的监视时间间隔以及在总线连接器上的信号分配等。

2）与 DP 主站有关的规范：包含所有与主站有关的参数，如最大可连接的从站个数、上装和下载选项等。这部分内容不能用于从站设备。

3）与 DP 从站有关的规范：包括与从站有关的信息，如 I/O 通道的数量和类型。通过读 GSD 文件到组态程序中，用户可以获得最合适的设备专用通信特性。为了支持设备商，PROFIBUS 网站上有 GSD 文件编辑、检查程序可供下载，便于用户创建和检查 GSD 文件，也有专用的 GSD 文件库供相关设备的用户下载使用。

3. 系统的构建

S7-300 与 S7-200 PLC 通过 EM277 进行 PROFIBUS-DP 通信，PROFIBUS-DP 的所有组态工作由主站完成。在 S7-200 系统中不需要对通信进行组态和编程，只需要将要进行通信的数据整理存储在 V 存储区，与 S7-300 组态的 EM277 从站时的硬件 I/O 地址相对应就可以了。

（1）系统配置要求 单主站 PROFIBUS-DP 网络系统采用 PROFIBUS-DP 通信方式实现 S7-200 PLC 与 S7-300 PLC 之间的数据通信，如图 2-55 所示。设定 S7-300 PLC 的数据接收区地址为 IB10、IB11，发送区地址为 QB10、QB11；设定 S7-200 PLC 的数据接收区地址为 VB100、VB101，发送区地址为 VB102、VB103，如图 2-56 所示。

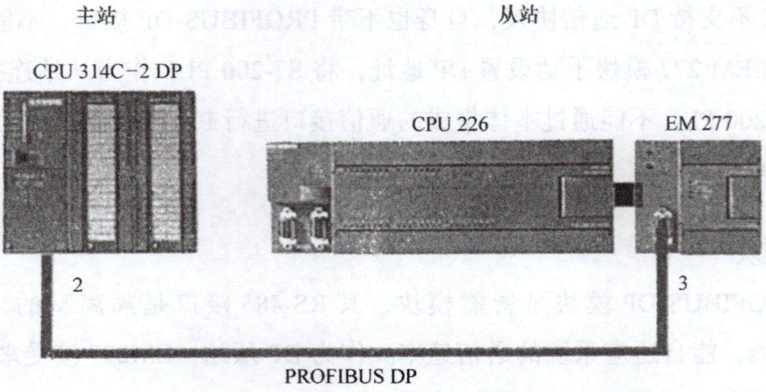

图2-55　系统外部接线图

（2）系统构建

1）配置系统参数及 I/O 地址（见表 2-6）。

2）主站的硬件组态：主站的 CPU 等配置方法同前，配置完主站的 CPU 和 DI/DO 模块后，就要导入 GSD 文件。单击“选项”→“安装 GSD 文件”，如图 2-57 所示。

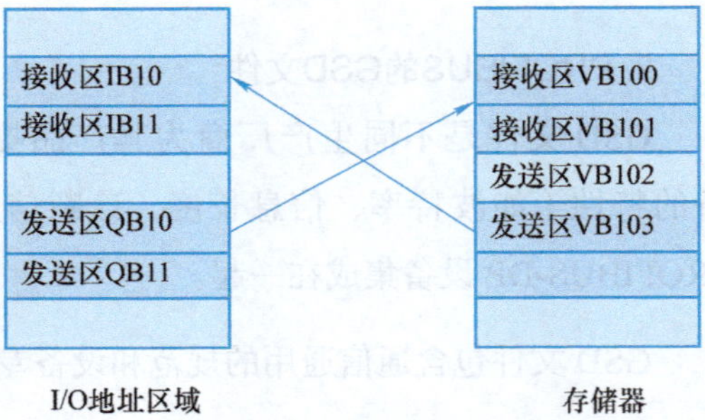

图2-56　数据的交换

选择并安装 GSD 文件，如图 2-58 所示。

表 2-6　参数配置表

站	站类型	站地址	模块类型	主站 I/O 地址	从站 I/O 地址
主站	PLC	2	CPU 315-2DP DI16/DO16×24V/0.5A	I0.0~I1.7 Q0.0~Q1.7	
从站 1	PLC	3	EM277 CPU 224XP		I0.0~I1.5 Q0.0~Q1.1
数据交换地址				IB10、IB11	VB102、VB103
				QB10、QB11	VB100、VB101

安装完成后，就可以将 EM277 模块挂在 PROFIBUS-DP 网络中，如图 2-59 所示。按住鼠标左键，将 EM277 拖到 PROFIBUS（1）网络连接线上，如图 2-60 所示。

根据通信字节数，选择一种通信方式，如图 2-61 所示，这里选择了 2 字节输入 /2 字节输出的方式，并将 I/O 地址设为 10、11。

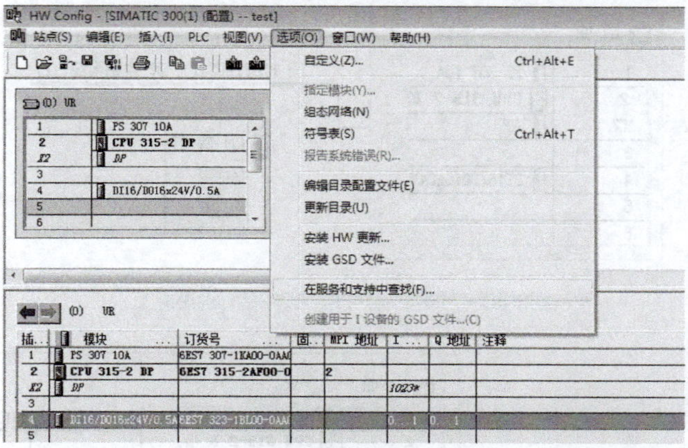

图2-57　安装GSD文件

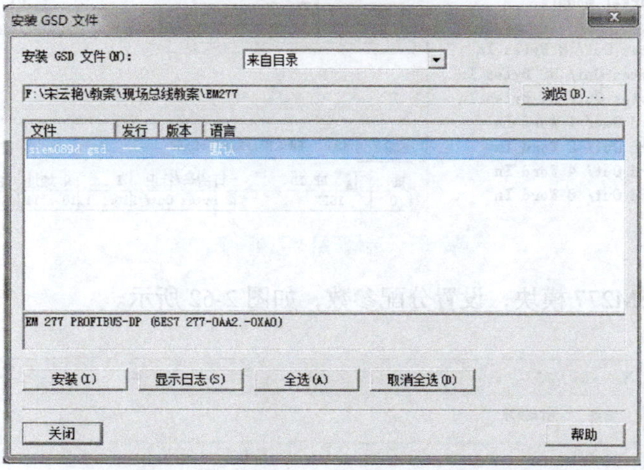

图2-58　导入EM277的GSD文件

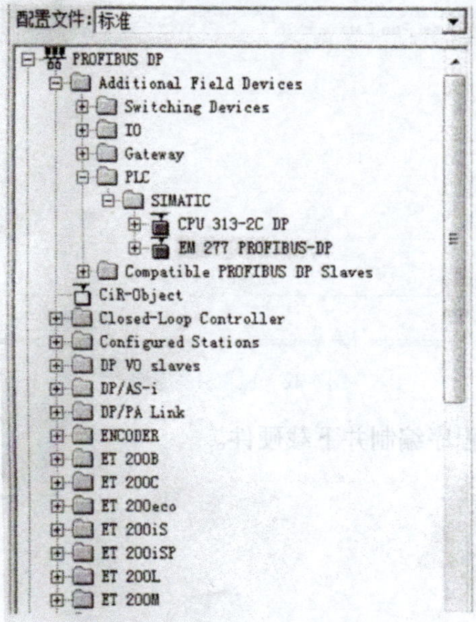

图2-59　设备列表中出现EM277模块

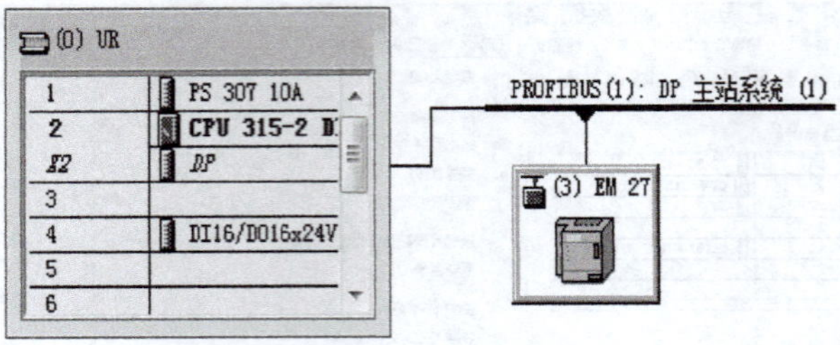

图2-60　从站EM277连接到网络连接线上

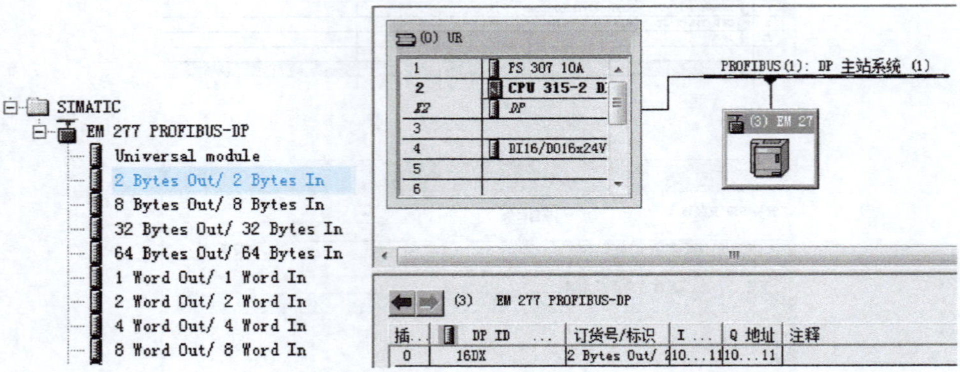

图2-61　选择EM277的通信方式

双击网络中的EM277模块，设置分配参数，如图2-62所示。

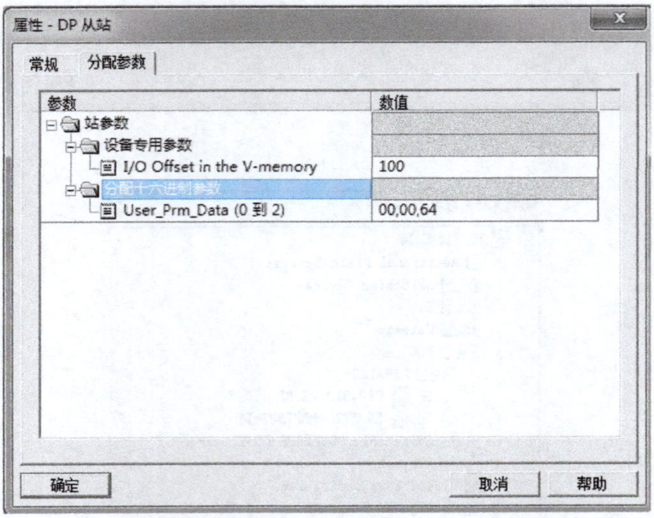

图2-62　设置分配参数

3）检验S7-300 PLC的程序编制并下载硬件。

4）从站的设置步骤如下：

① 关闭模块的电源。

② 在EM277上设置已经定义的PROFIBUS-DP地址。

③ 打开模块电源。

5）在 S7-200 PLC 中编写程序，将进行交换的数据存放于 VB100~VB103，对应 S7-300 PLC 的 QB10、QB11 和 IB10、IB11。打开 STEP7 中的变量表和 STEP7 MicroWin32 的状态表进行监控。

2.3.5 S7-300 PLC与MM420 变频器之间PROFIBUS-DP现场总线通信系统的组建

1. 控制要求

PLC 作为系统的控制器，根据系统控制要求，采用变频器控制电动机。系统配置情况如下：

1）1 类主站为 S7-300 PLC，CPU 型号为 CPU 314C-2DP，订货号为 314-6CG03-0AB0 V2.6，电源型号为 PS307 2A。

2）带 DP 接口的 MM420 变频器从站，相关参数如下：

订货号：6SE6420-2UC17-5AA1。

输入电压范围：（200~240）×（1 ± 10%）V。

输出频率范围：0~650Hz。

适配电动机功率：0.75kW。

3）计算机作为监控站，通过 MPI 电缆与 S7-300 PLC 连接，以对 S7-300 PLC 进行编程。对 PROFIBUS-DP 网络进行组态和通信设置。

2. 系统构建

（1）PROFIBUS 总线系统硬件的连接和参数配置

1）正确连接主站和变频器之间的总线电缆，包括必要的终端电阻和各段网络。

2）总线电缆必须是屏蔽电缆，其屏蔽层必须与电缆插头 / 插座的外壳相连。

3）变频器的从站地址（参数 P0918）必须正确设置，使它与 PROFIBUS 主站配置的从站地址相一致。变频器常用的操作模式有如下 3 种类型：

① BOP 面板操作。一般先设定 P0010=30，P970=1，把其他参数复位，然后设定 P0010=0，P0700=1，P1000=1。

② 外部（通过端子排）输入控制。一般先设定 P0010=30，P970=1，把其他参数复位，然后设定 P0010=0，P0700=2，P1000=2。

③ PROFIBUS 总线控制。一般先设定 P0010=30，P970=1，把其他参数复位，然后设定 P0010=0，P0700=6，P1000=6。本例中变频器设置为 PROFIBUS 总线控制状态。

（2）硬件组态

1）主站的配置。主站的配置方法与前面主站配置方法一样，配置界面如图 2-63 所示。

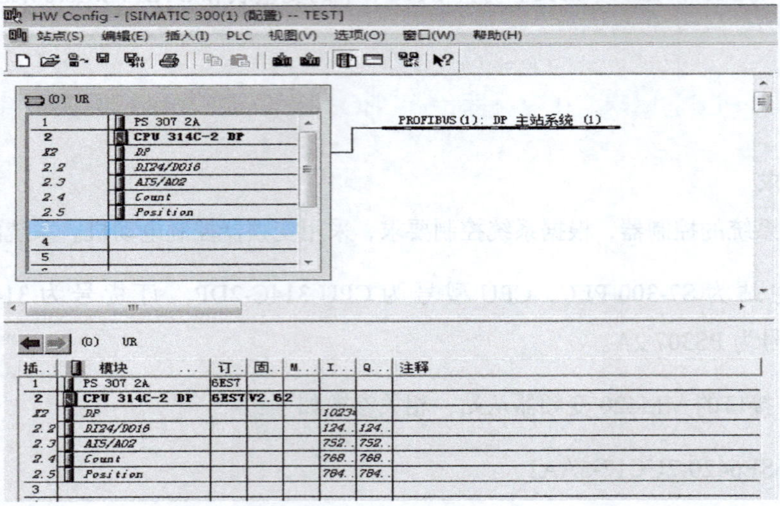

图2-63　主站配置界面

2）从站的配置。在 PROFIBUS 总线配置完成后，用鼠标右键单击图 2-63 中的总线图标，弹出快捷菜单（图 2-64）。选择“插入”→“对象”后，弹出可以接入总线硬件的分类文件夹。选择“SIMOVERT”→“MICROMASTER4”，如图 2-65 所示。设置 MM420 的地址为“4”、工作方式为“4PKW，2PZD（PPO1）”，MM420 从站配置完成。通信报文格式的含义是报文中有 4 个字的参数识别值（PKW），有两个字的过程数值（PZD）。I/O 模块的地址已由 STEP7 软件自动分配，如图 2-66 所示。MM420 主站接收的数据存放在 IB264~IB267 中，共两个字；MM420 发送给主站的数据区地址为 Q264~Q267，共两个字。最后编译并保存，完成硬件的组态。

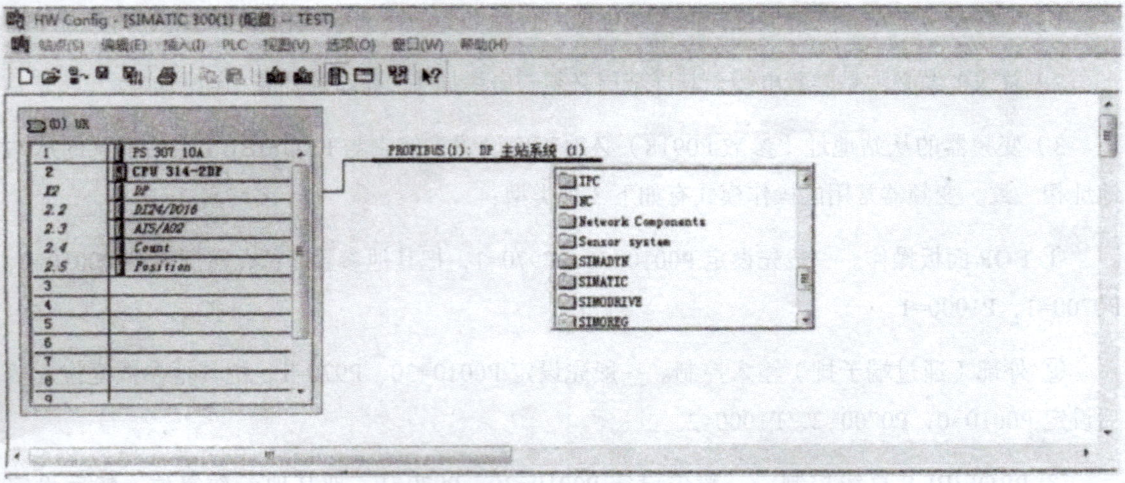

图2-64　右键单击总线图标弹出的快捷菜单

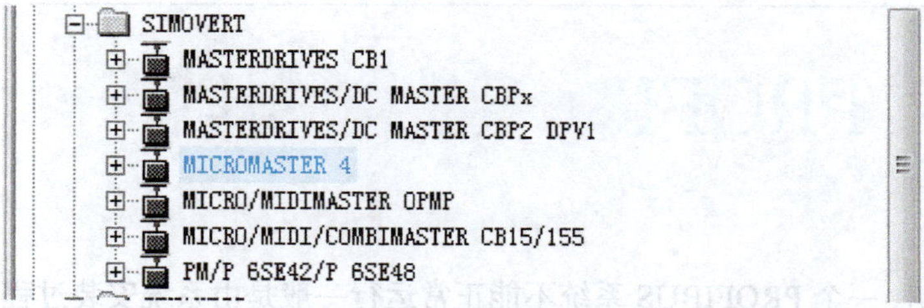

图2-65　MM420 从站的选择

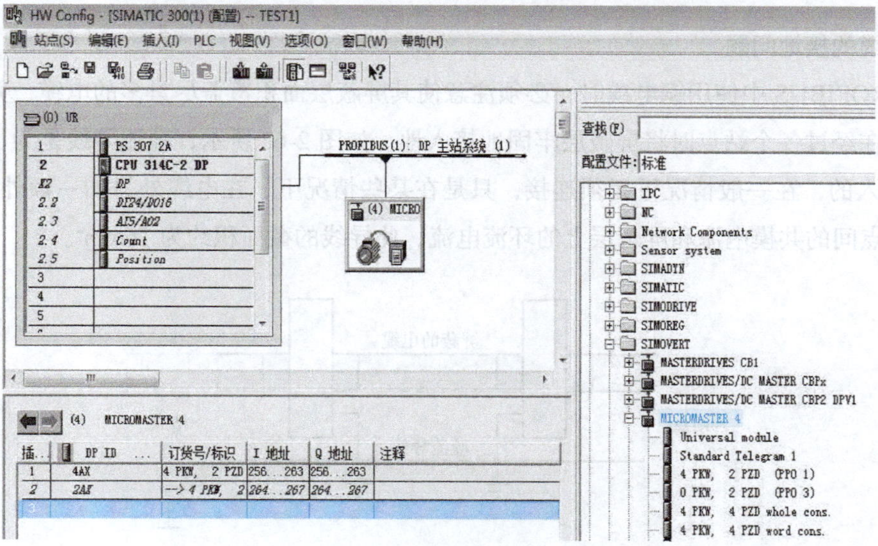

图2-66　MM420 从站的组态

MM420 变频器 PROFIBUS 站地址的设定在变频器的通信板上（CB）完成，通信板上有一排按钮用于设置地址，每个按钮对应“8-4-2-1”码的数据，所有按钮处于“ON”位置所对应的数据相加的和就是站地址。站地址必须和 STEP7 软件中硬件组态的地址一致，否则不能通信。

以上步骤完成后，选择“站点”（Station）菜单，执行“保存并编译”（Save and compile）命令，保存并编译硬件组态，完成硬件的组态。单击“站点”→“一致性检查”（Consistency Check），如果弹出“无错误”（No Error）对话框，则可以将整个硬件组态下载到 PLC。

3）程序的编写和下载。系统采用 STEP7 软件编写程序，编程语言可以选择梯形图、语句表或功能图块。通常用户程序由组织块、功能块和数据块构成。

根据控制要求完成 STEP7 软件中系统功能程序的编制后，需要将程序下载到 PLC 的 CPU 中，这就需要通过合适的适配器或通信卡来通信。这里使用 PC、MPI 适配器和 PLC 通信。

PC/MPI 通过 RS-232C 接口把运行 STEP7 软件的计算机和 PLC 连接起来，实现两者之间的通信，从而将系统的硬件组态和功能程序下载到 S7-300 PLC 中。

2.4 PROFIBUS系统的维护

工程实践表明，一个 PROFIBUS 系统不能正常运行一般是由系统安装过程中的问题引起的，其出错情况一般有如下几种。

1. 电缆的接地问题

当 PROFIBUS 中使用铜电缆时，必须注意使其屏蔽层面积覆盖尽量多的电缆，并使用电缆夹条将其在经过各个站点时将屏蔽层牢固地接入地。如图 2-67 所示，疏流导线是为了形成共模干扰而引入的，在一般情况下无须连接，只是在某些情况下，在电缆外另加一额外疏流导线，以消除各点间的共模电流和屏蔽层上的环流电流，此导线的截面积约为 16mm^2。

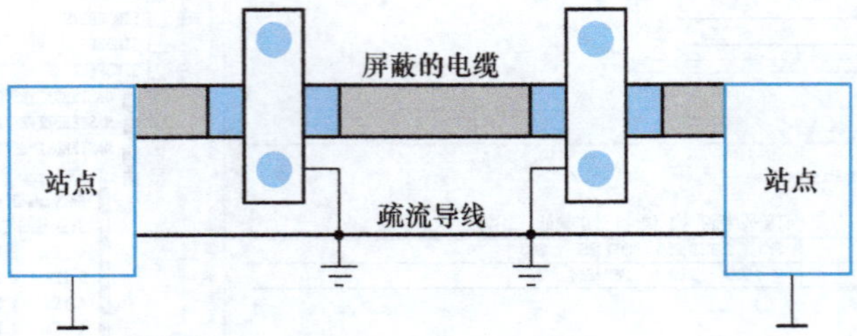

图2-67 屏蔽电缆的接地示意图

2. A、B线径的混淆

在连接每一个站点时，注意不要混淆 DP 和 PA 电缆的两根 A、B 线径，应该准确地接入 D 形接头的相应端上。如果在某一个站点上 A、B 线径的接入颠倒了，则此站点不能被正确接入总线，系统认不出此站点。

一般此类错误仅影响本站点的接入，不影响电缆后面各站点的接入。但实践中发现，这种错误偶尔也会影响后面的所有站点，使其不能被系统找到。

连接安装相关的其他常见问题如下：

1）导线与接头端子未接触好。

2）电缆屏蔽层没有与地连接好。

3）在接头内部连线时发生短路。

4）接入的抗干扰端子的电阻太多了，一般只需在电缆的两端各接入一个，在某些情况下（尤其是在室内短路的范围试验时）可以不用终端电阻。

5）电缆间的最短距离没有保证。

图 2-68 表示为一个多网段的 PROFIBUS 系统中终端电阻接入示意图，其中有箭头处表示应该加入终端电阻。

另一个需要注意的问题是总线上两点间的最短距离，此问题截至目前并没有一个标准的答案。经过 PROFIBUS 授权验证过的设备站点接入系统时，只要导线连接正确，并没有最小距离的限制。

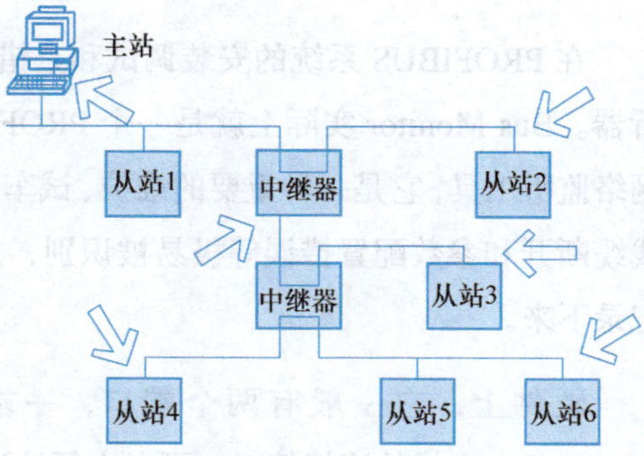

图2-68　终端电阻接入示意图

3. 运行期间的常见错误

运行期间常见的错误有以下几种：

1）地址设置出错。

2）错误的初始化功能和组态参数配置。

3）INDENT 标识号错。

4）WATCHDOG 的时间值对从站来说太小。

5）对多段的 PROFIBUS 系统，当要扩展新的线段时，还可使用总线连接器，它类似一个 T 形电缆接头，有一个输入端、两个输出端，其中内部已有一个终端电阻，使用此连接器可以人为接地或断开其内部的终端电阻，使站点的设备失效，从而可以逐个站点地排查一个大系统中的错误站点。

在新建一个系统时，建议不要安装结束后立即将从站设备全部接入系统且运行，而应该在主站已经能正常工作，能形成一个最小的系统后，将从站逐个接入系统总线，且不断调整和测试主站上的组态软件，使每一个新接入的从站能与主站通信。

对于那些在物理上（如用 DIP 开关）不能设置地址的从站设备，其接入系统时的默认地址均为 126。该地址可在该设备连入系统后由主站的组态软件用“SET-SLAVE-ADDRESS”指令修改。在此类设备上必须设计有“非挥发性存储器”，如 FLASH ROM 等，确保在掉电后能保留地址等参数。

当同时有多个这样不能外置地址的设备要接入系统时，必须逐个地将这些默认地址为 126 的设备连接到系统总线上，且马上赋以新的地址，以免同时接入这类设备时造成地址的冲突。

另外，对那些能由用户设置地址的从站设备来说，不要再同时使用主站上的组态工具去改变从站设备的地址，而应该使用其原有地址，同时在它的初始化阶段中要将 WATCHDOG 功能临时关闭。

4. PROFIBUS的网络监听器

为了防止安装过程中产生错误，还可以使用各种检查设备，如手持的网络查错设备、Bus Monitor 等。

在 PROFIBUS 系统的安装调试和查错过程中，一个不可或缺的工具是 Bus Monitor 总线监听器。Bus Monitor 实际上就是一个 PROFIBUS 的网络（协议分析）监听器，类似现有的许多网络监听工具，它是一种重要的维护、试车、发现并修理故障的工具。通常的故障例如地址冲突、线缆断开和参数配置错误等极易被识别，意外的错误诸如过载、通信错误等也都可以被捕获并记录下来。

硬件上，它一般有两个端口，一端是一个 PROFIBUS 的标准 D 形接头或额外的与 PROFIBUS 电缆的连接接口，可以方便地连入 PROFIBUS 的总线，另一端是与 PC 相连的接口，有 PCMCIAH 卡、PCI 和 ISA 几种不同的接口。对 PC 来说，此总线监听器可被看成是一个 I/O 外设。在相应的监听软件支持下，监听捕捉 PROFIBUS 总线上发生的所有事件并记录所传输的所有数据帧，但不参与总线上的活动，其本身也无分配的 PROFIBUS 地址。

图 2-69 所示为 SOFTING 公司的 ANALYZER。它的 PC 端采用 ISA 接口，另一端外加了一个加密狗。

PROFITRACE 是另一款基于 USB 口工作的、功能强大的 PROFIBUS 高速网络分析仪，如图 2-70 所示，它是 PROFIBUS 监控技术系列产品中最新一代。这种分析仪通过协议实现和电子测量仪器间的智能连接，大大地方便了系统维护和查错。

图2-69　PROFIBUS ANALYZER 外观图

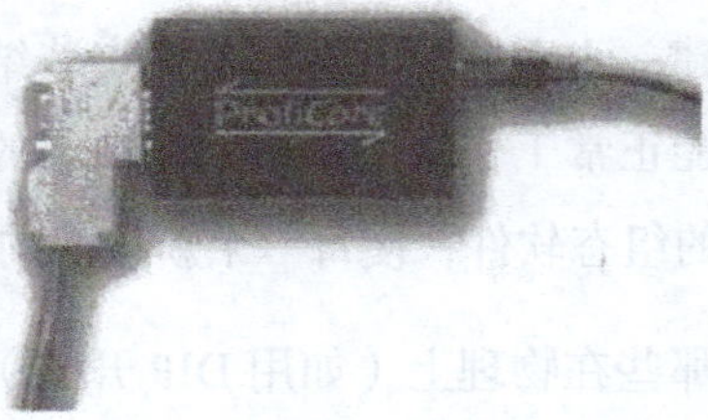

图2-70　PROFITRACE示意图

思考与练习

1. 简述 PROFIBUS 现场总线的定义及分类。

2. PROFIBUS 存取控制方式有哪几种系统配置？

3. PROFIBUS-DP、PROFIBUS-FMS、PROFIBUS-PA 有哪些区别？有哪些共同点？

4. 现场设备如何分类？

5. 在 PROFIBUS 网络中，1 类主站起什么作用？哪些设备可以作为 1 类主站？

6. 在 PROFIBUS 网络中，2 类主站起什么作用？哪些设备可以作为 2 类主站？

7. 在 PROFIBUS 网络中，从站设备起什么作用？哪些设备可以作为从站？

8. PROFIBUS 网络中从站设备可以分为哪几类？列举几种能用作为 PROFIBUS 网络从站的设备名称。

9. 什么是 GSD 文件？它有什么作用？如何安装 GSD 文件？

10. 硬件组态有什么作用？包括哪些内容？

11. EM277 通信模块有哪些特性？在 PROFIBUS 控制系统中起哪些作用？

12. 简述 S7-200 PLC 作为从站时的配置步骤。

13. 用 PROFIBUS 控制西门子变频器 MM420，应如何设置变频器参数？

14. 查阅资料，写出两个在实际生产中应用 PROFIBUS 实现控制的系统。

第3章 CHAPTER 3

CC-Link现场总线通信系统的组建

3.1 CC-Link 基础

CC-Link 是控制与通信链路系统（Control & Communication Link）的简称，可以同时高速处理控制和信息数据。1996 年，三菱电机以“多厂家设备环境、高性能、省配线”理念开发、公布和开放了现场总线 CC-Link。CC-Link 具有性能卓越、用途广泛、使用简单、节省成本等突出优点。CC-Link 的数据容量大，通信速度多级可选择，是一个复合的、开放的、适应性强的网络系统，能够适应从较高的管理层网络到较低的传感器层网络的不同范围。

3.1.1 CC-Link的性能特点

1. 高速度、大容量的数据传送

可设定介于 156kbit/s 到 10Mbit/s 间可选择的 5 种通信速度之一。总长度由最大通信速度决定。每个循环传送数据为 24B，有 150B 用于通信传送。8B（64bit）用于位数据传送，16B（4 点 RWr、4 点 RWw）用于字传送。每次链接扫描的最大容量是 2048bit 和 512W。在 64 个远程 I/O 站的情况下，链接扫描时间为 3.7ms。稳定快速的通信速度是 CC-Link 的最大优势。CC-Link 有足够卓越的性能应用于大范围的系统。当应用 10Mbit/s 的通信速度时，最大通信距离是 100m；当通信速度为 156kbit/s 时，最大通信距离为 1200m。如果使用中继器，还可以扩展网络的总长度。通信电缆的长度可以延长到 13.2km。

2. 多种拓扑结构

拓扑结构有多点接入、T 形分支、星形结构 3 种类型，利用电缆及连接器能将 CC-Link 元件接入任何机器和系统。

3. CC-Link使分布控制成为现实

CC-Link 同样用于低价的中间控制层网络。所有的本地站和智能站可以访问循环数据，如到达从站或来自从站的 RX、RY、RWr、RWw，但不可改变这数据。使用这些循环数据可以保证高速的应答和稳定的刷新时间，使中间控制通信、中央控制系统变成现实。有些应用中要求有控制层和元件层两种网络，这样的系统可以仅仅只用 CC-Link。CC-Link 每个站有固定的循环数据的范围，可能使循环数据受到限制。

4. 自动刷新功能、预约站功能

以 PLC 作为 CC-Link 的主站，由主站模块管理整个网络的运行和数据刷新，主站模块与 PLC 的 CPU 的数据刷新参数在主站参数中设置，可将所有的网络通信数据和网络系统监视数据自动刷新到 PLC 的 CPU 中，不需要编写刷新程序，也不必考虑 CC-Link 主站模块缓冲寄存区的结构和数据类型与缓冲区的对应关系，简化编程指令，减少程序运行步骤，缩短扫描周期，保证系统实时运行。预约站功能在系统的可扩展性上显示出极大的优越性，也为系统开发提供了极大的方便。预约站功能指 CC-Link 网络组态时，可以事先将暂时不挂接到网络上而计划将来挂接到网络上的 CC-Link 设备的系统信息（站类型、占用数据量和站号等）在主站中登录，而且可以将相关程序编写好，这些预约站挂接到网络中后，便可以自动投入运行，不需要重新进行网络组态。在预约站没有挂接到网络中时，CC-Link 同样可以正常运行。

5. 完善的RAS功能

RAS 是 Reliability（可靠性）、Availability（有效性）、Serviceability（可维护性）的缩写。备用主站功能、在线更换功能、通信自动恢复功能、网络监视功能和网络诊断功能提供了一个可以信赖的网络系统，帮助用户在最短的时间内恢复网络系统。

6. 优异的抗噪性能和兼容性

为了保证多厂家网络的良好的兼容性，一致性测试是非常重要的。通常只是对接口部分进行测试。而且，CC-Link 的一致性测试程序包含了噪声测试。因此，所有 CC-Link 兼容产品具有高水平的抗噪性能。除了产品本身具有卓越的抗噪性能，光缆中继器给网络系统提供了更加可靠、更加稳定的抗噪能力。

7. 互操作性和即插即用

CC-Link 给合作厂商提供了描述每种类型产品的数据配置文档，这种文档称为内存映射表，用来定义控制信号和数据的存储单元（地址）。合作厂商可按照这种映射表的规定，进行 CC-Link 兼容性产品的开发。以模拟量 I/O 映射表为例，在映射表中位数据 RX0 被定义为“读准备好信号”，字数据 RWr0 被定义为模拟量数据。由不同的 A 公司和 B 公司生产的同样类型的产品，在数据的配置上是完全一样的，用户根本不需要考虑在编程和使用上 A 公司与 B 公司的不同，另外，如果用户换用同类型的不同公司的产品，程序基本不用修改，可实现“即插即用”连接设备。

8. 瞬时传送功能

CC-Link 的底层通信协议遵循 RS-485，采用主从通信方式。一个 CC-Link 系统必须有一个主站且只能有一个主站，主站负责控制整个网络的运行。但为防止主站出现故障而导致整个系统瘫痪，CC-Link 允许设置备用主站，即当主站出现故障时，系统可自动切换到备用主站上。

CC-Link 的通信形式可分为两种方式：循环通信和瞬时传送。

1）循环通信：主要采用广播—轮询的方式进行通信。主站将刷新的数据（RY/RW）发送到所有站，与此同时，轮询从站 1；从站 1 对主站的轮询做出响应（RX/RWr），同时将该响应告知其他从站；然后主站轮询从站 2（此时并不发送刷新数据），从站 2 给出响应，并将该响应告知其他站。以此类推，循环往复。循环通信的数据传输率非常高。最多发送 2048bit 和 512W。

2）瞬时通信：采用专用指令实现一对一的通信。这种通信方式适用于循环通信的数据量不够，或需要传送比较大的数据（最大 960B）的场合。

3.1.2 CC-Link的应用领域

CC-Link 有广阔的应用领域，包括半导体、电子、汽车、纺织、水处理、楼宇自动化、医药、冰箱、空调、立体仓库、机械设备制造、机场、化学、食品、搬运、印刷及烟草等行业。

1. 汽车组装生产线

汽车组装生产线用 CC-Link 总线可以节省配线。系统用 CC-Link 连接了机器人、伺服驱动器、变频器和指示设备。在旧的系统中，这些设备采用并行的电缆连接，在 PLC 和变频器之间需要大量的并行电缆，需要花费大量的接线时间，而且在接线过程中极易出现错误。另外，在变频器和电动机之间需要又粗、又长且较昂贵的电源电缆。CC-Link 可以帮助用户节省接线时间并减少接线中的错误，因为 CC-Link 只需要简单的串行电缆连接 PLC 和变频器，不需要大量的电缆。而且，变频器可以放置在电动机附近，用户可以大幅度减少变频器和电动机之间电源电缆的长度。

2. 电气设备生产线

电气设备生产线应用 CC-Link 可以节省安装空间。监视和操作变频器可通过 CC-Link 用人机界面实现；旧设备中，用控制盘和电源盘实现。在此系统中，变频器安装在电动机附近，所以在 CC-Link 系统中电源盘是不必要的，用户可以节省大约 60% 的安装空间。

3. 机电一体化设备

机电一体化设备中使用 CC-Link 可实现分布式控制。CC-Link 可以用于内部控制网络。用户可以将 PLC 安装在线上的任意位置，并独立地对每台 PLC 进行编程和调试，最后只需要调试各 PLC 之间的连接信号，使系统程序的调试变得非常简单。如果用户想改变一些设备或添加一些设备，只需要改变应用程序即可达到目的。CC-Link 是用于局域控制的低廉的网络。

4. CC-Link用于分布式控制（半导体制造设备）

CC-Link 是高性能、稳定的循环通信系统，能够快速准确地接收和发送实时监视必要的处理数据。换句话说，CC-Link 是一种传感器、执行器网络，使实时监视的实时处理控制成为现实。更多的分布式控制系统可以采用 CC-Link 实现。通常由 1 个主站控制所有的子站，如果用 3 个主站实现控制，每个块包含一些子站，可以独立安装，总共可节省大约 60% 的启动时间。

5. 大规模设备（空气调节系统）

CC-Link 在地铁空调系统中应用广泛。实现对分布在地铁车站长达几百米的设备的准确控制是非常重要的，CC-Link 用双绞线最大距离可达到 1200m，如果用光中继器可将电缆总长度延伸到 7600 m。每台设备的内存映射关系已经由内存映射表明确规定，模拟量 I/O 模块的内存的第一个地址表示模拟量转换出的数字量的值。在内存映射表中，如果其他供应商的设备要求预留出空间，由于内存分配的方法是相同的，用户可以用同样的映射表很方便地将程序编写和调试完成。在这个系统中，PLC 是主站，控制从设备的开关量 I/O 模块、模拟量 I/O 模块等，CC-Link 长距离的连接不仅把地铁，而且将广泛分布的空调系统紧密地联系起来。内存映射表可以节省大约 50% 的接线工作。

3.2　CC-Link系统结构

3.2.1　CC-Link系统的网络结构

1. CC-Link系统中站的类型

CC-Link 系统中站大致可以分为 4 种类型。

（1）主站　主站安装在基板上，它管理 / 控制整个 CC-Link 系统，通过网络模块与从站进行数据通信。主站的 PLC 类型不同，使用的网络模块也不同。

（2）本地站　本地站安装在基板上，与主站或其他本地站进行通信，本地站的网络模块与主站的网络模块相同，主 / 本地站的选择由参数设置决定。

（3）远程站　远程站是指 I/O 模块、特殊功能模块及其他设备。远程站又分为远程 I/O 站（I/O 模块）和远程设备站（如特殊功能模块、变频器或带有从站模块的 PLC 等）。

（4）智能设备站　智能设备站是能够通过瞬时传送或信息传送来执行数据通信的站，如RS-232C接口模块、显示器等。

2. CC-Link系统的结构

一般情况下，CC-Link系统网络由1个主站和64个从站组成，网络中的主站由三菱FX系列以上的PLC或计算机担当，从站可以是远程I/O模块、特殊功能模块、带有CPU的PLC本地站、人机界面、变频器等智能现场设备，整个系统通过屏蔽双绞线连接。

远程I/O站和远程设备站可与主站连接，其中远程I/O站仅处理位信息，而远程设备站可以处理位信息，也可处理字信息。

CC-Link系统是通过专用的通信模块和电缆将分散的I/O模块及特殊功能模块、智能设备等连接起来的，并通过主站的PLC的CPU来控制和协调这些模块的工作，将每个模块分散到被控设备现场。在传输线路两端的站上还需要连接终端电阻，以防止线路终端的信号反射。CC-Link提供了110Ω和130Ω两种终端电阻。当使用CC-Link专用电缆时，终端站选用110Ω电阻；当使用CC-Link专用高性能电缆时，终端站选用130Ω电阻。CC-Link系统结构如图3-1所示。

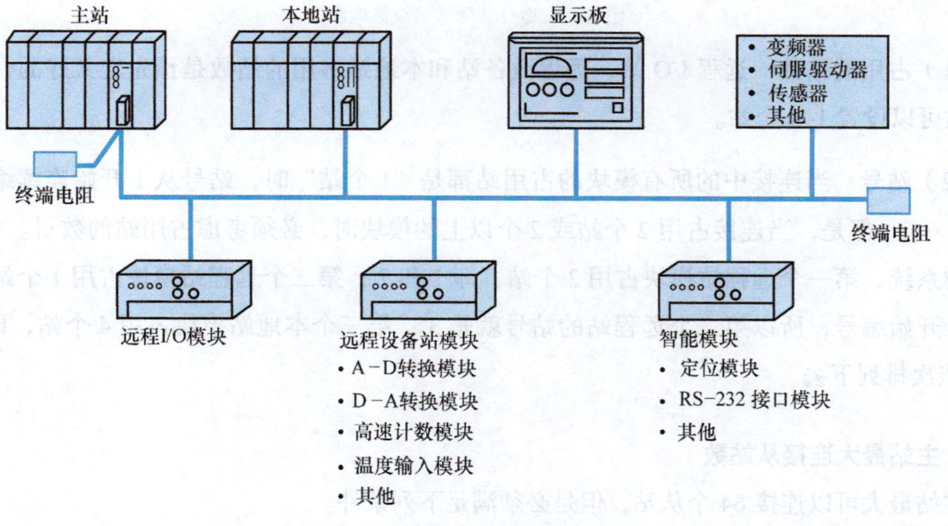

图3-1　CC-Link系统结构

3.2.2　CC-Link系统的性能规格

1. 传输速率

CC-Link系统网络的最大传输距离与相应的传输速率有关，它们之间的关系见表3-1。

2. 从站占用的站数、站号和模块数

1个从站占用的站数不能超过4个。模块数是指物理连接中的模块数目，站数是指模块所占用的站数，例如图3-2中第5块模块的模块数是5，占用1个站，其站号为9。

表 3-1 传输速率与最大传输距离之间的关系

传输速率	最大传输距离 /m
156kbit/s	1200
625kbit/s	900
2.5Mbit/s	400
5Mbit/s	160
10Mbit/s	100

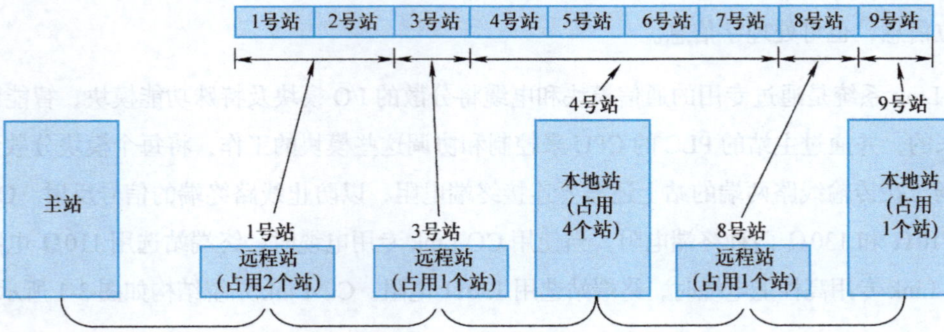

图3-2 CC-Link网络系统结构配置

（1）占用的站数 远程 I/O 站、远程设备站和本地站占用的站数是预先定义好的，但一个本地站可以设置 1~4 个站。

（2）站号 当连接中的所有模块的占用站都是“1 个站”时，站号从 1 开始连续编号（1，2，3，…）。但是，当连接占用 2 个站或 2 个以上的模块时，必须考虑占用站的数目。如图 3-2 所示的系统，第一个远程站模块占用 2 个站，即 1 和 2；第二个远程站模块占用 1 个站，就要从 3 号开始编号，所以第二个远程站的站号就是 3；第三个本地站模块占用 4 个站，即 4、5、6、7 依次排列下去。

3. 主站最大连接从站数

主站最大可以连接 64 个从站，但是必须满足下列条件。

（1）$(1\times A)+(2\times B)+(3\times C)+(4\times D)<64$

A：占用 1 个站的模块数目。

B：占用 2 个站的模块数目。

C：占用 3 个站的模块数目。

D：占用 4 个站的模块数目。

（2）$16\times a+54\times b+88\times c<2304$

a：远程 I/O 站的数目，$a < 64$；

b：远程设备站的数目，$b < 42$；

c：本地站、备用主站或智能设备站的数目，$c < 26$。

4. 每个系统的最大链接点数

远程 I/O 站（RX，RY）：32 点（本地站 30 点）。

远程寄存器（RWw）：256 点（主站→远程设备站 / 本地站 / 智能设备站 / 备用主站）。

远程寄存器（RWr）：256 点（远程设备站 / 本地站 / 智能设备站 / 备用主站→主站）。

5. 从站链接的点数

远程 I/O 站（RX，RY）：2048 点。

远程寄存器（RWw）：4 点（主站→远程设备站 / 本地站 / 智能设备站 / 备用主站）。

远程寄存器（RWr）：4 点（远程设备站 / 本地站 / 智能设备站 / 备用主站→主站）。

3.2.3 CC-Link系统的运行设置

CC-Link 系统运行时的必要设置分为两大类：硬件设置（设置开关、电缆等）和软件设置（参数、程序）。

1. 硬件设置

硬件设置的步骤如图 3-3 所示。

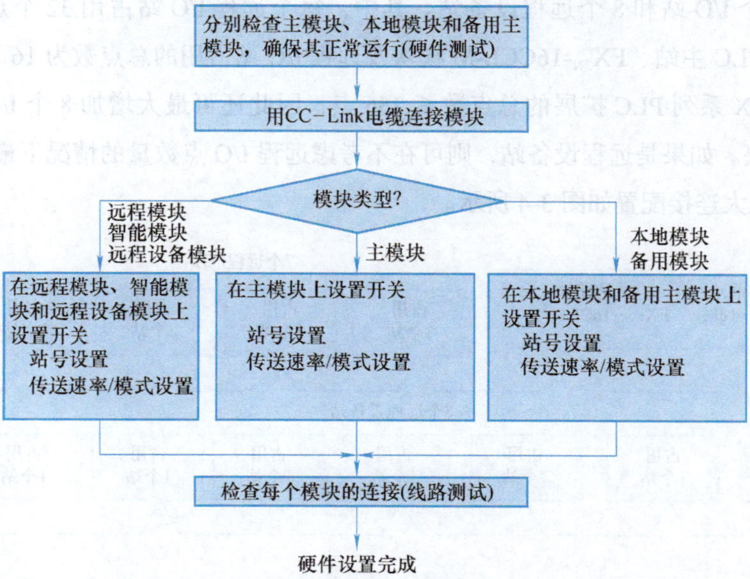

图3-3 硬件设置步骤流程图

2. 软件设置

建立 CC-Link 系统进行软件设置时需要两个基本设置：网络参数和自动刷新参数。

（1）网络参数　在主模块上设置连接模块数、重试次数和自动恢复模块数等。

（2）自动刷新参数　数据在 CC-Link 的软元件（RX/RY 等）和 CPU 软元件（X/Y/M/D 等）之间更新。

3.3 基于三菱FX系列PLC的CC-Link现场总线通信系统的组建

3.3.1 基于三菱FX系列PLC的CC-Link现场总线通信系统配置

三菱常用的网络模块有 CC-Link 通信模块 FX_{2N}-16CCL-M、FX_{2N}-32CCL，CC-Link/LT 通信模块 FX2N-64CL-M，CC-Link 远程 I/O 链接模块 FX_{2N}-16Link-M 和 AS-i 网络模块 FX2N-32ASI-M 等。

CC-Link 主站模块 FX_{2N}-16CCL-M 是特殊扩展模块，它将与之相连的 FX 系列 PLC 作为 CC-Link 的主站。主站在整个网络中是控制数据链接系统的站。

FX2N-32CCL 是将 PLC 连入 CC-Link 网络的接口模块，可连接 FX 系列的小型 PLC 并作为远程设备站，从而形成简单的分散系统。

当 FX 系列 PLC 作为主站单元时，只能以 FX_{2N}-16CCL-M 作为主站通信模块。整个网络最多可连接 7 个 I/O 站和 8 个远程设备站。其中，每个远程 I/O 站占用 32 个点，主站模块占用 8 个点，则 PLC 主站、FX_{2N}-16CCL-M 模块及远程 I/O 站占用的总点数为 $16 + 8 + 32\times 7 = 248$ 个。由于 FX 系列 PLC 扩展的总点数≤256 点，因此还可最大增加 8 个 I/O 点或相当于 8 个点的特殊模块。如果是远程设备站，则可在不考虑远程 I/O 点数量的情况下最多连接 8 个站。CC-Link 总线最大连接配置如图 3-4 所示。

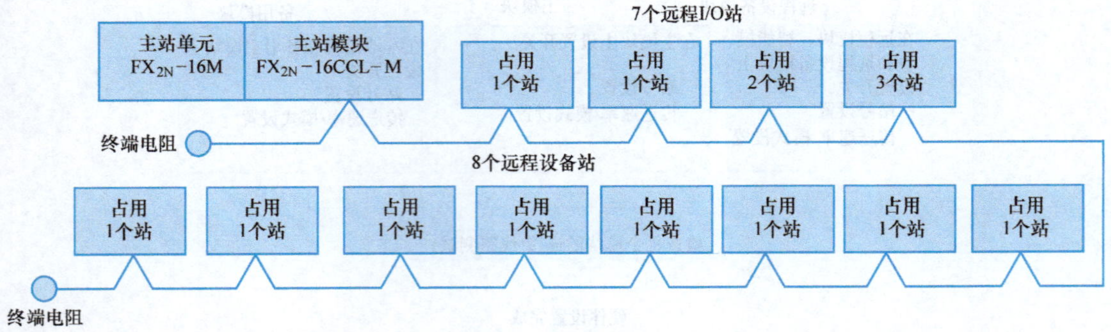

图3-4　CC-Link总线网络的最大连接配置

3.3.2 主站模块FX_{2N}-16CCL-M

1. FX_{2N}-16CCL-M 模块的结构（图3-5）

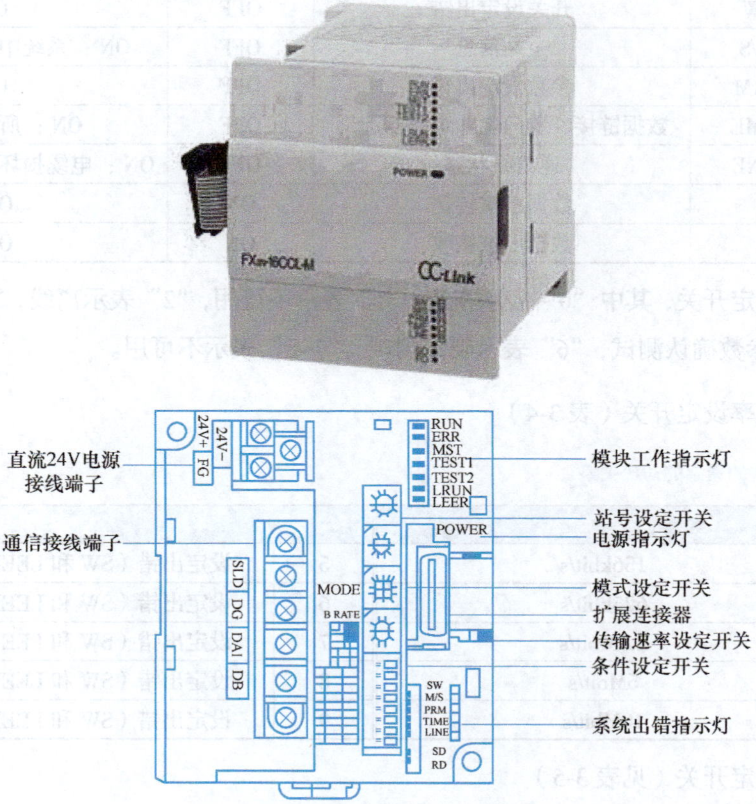

图3-5　FX_{2N}-16CCL-M模块图

1）模块工作指示灯。各模块工作指示灯的作用见表 3-2。

表 3-2　模块工作指示灯作用

LED 名称	概　　述	LED 状态	
		正常	出错
RUN	模块工作正常	ON	OFF：“看门狗”定时器出错
ERR	通过参数设置站的通信状态	OFF	ON：通信错误出现在所有站 闪烁：通信错误出现在某些站

2）电源指示灯。模块由外部直流 24V 电源供电，电源正常时指示灯亮。

3）系统出错指示灯。系统出错指示灯的作用见表 3-3。

4）站号设定开关。“00”为 FX_{2N}-16CCL-M 模块专用，如果设置为“65”或者更大的数值，则“SW”和“LERR”指示灯状态为 ON。

表 3-3　系统出错指示灯的作用

LED 名称		描　述	LED 状态	
			正常	出错
ERROR	SW	开关设定出错	OFF	ON
	M/S	主站信息	OFF	ON：系统中不止一个主站
	PRM	参数设定出错	OFF	ON
	TIME	数据链接“看门狗”定时器起动	OFF	ON：所有站出错
	LINE	通信线状态	OFF	ON：电缆损坏或传输线受干扰
SD		数据已被传送	ON	OFF
RD		数据已被接收	ON	OFF

5）模式设定开关，其中“0”表示在线，“1”表示不可用，“2”表示离线，“3”“4”表示测试，“5”表示参数确认测试，“6”表示硬件测试，“7~F”表示不可用。

6）传输速率设定开关（表 3-4）

表 3-4　开关值与传输速率的对应关系

开关值	传输速率	开关值	传输速率
0	156kbit/s	5	设定出错（SW 和 LEER 灯变为 ON）
1	625kbit/s	6	设定出错（SW 和 LEER 灯变为 ON）
2	2.5Mbit/s	7	设定出错（SW 和 LEER 灯变为 ON）
3	5Mbit/s	8	设定出错（SW 和 LEER 灯变为 ON）
4	10Mbit/s	9	设定出错（SW 和 LEER 灯变为 ON）

7）条件设定开关（见表 3-5）

表 3-5　条件设定开关 SW 状态描述

SW 序号	设定描述	开关状态	
		ON	OFF
1	不可用	常 OFF	
2	不可用		
3	不可用		
4	数据链接有错误的输入数据状态	HLD（保持）	CLR（清除）
5	不可用	常 OFF	
6			
7			
8			

8）通信接线端子。采用 CC-Link 专用电缆实现数据的链接，其中终端的 SLD 和 FG 在内部已经连接。

9）主模块的直流 24V 电源接线端子。

10）下一级扩展连接器，用于连接扩展模块。

2. FX_{2N}-16CCL-M模块的接线

FX_{2N}-16CCL-M 模块的电源供电方式如图 3-6 所示，外部接线如图 3-7 所示。

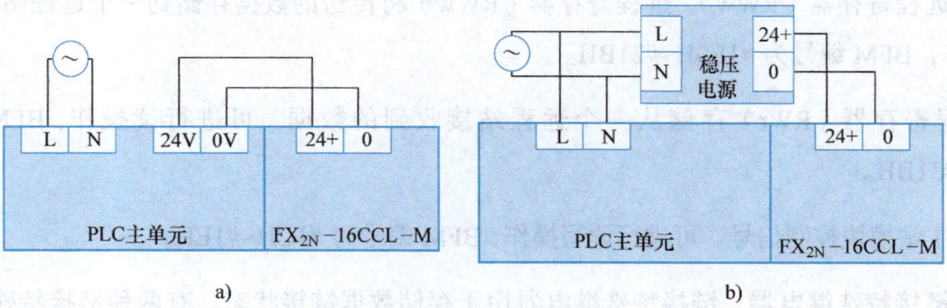

图3-6 主站模块供电方式

a）FX_{2N}-16CCL-M 电源由 PLC 的主单元供给 b）FX_{2N}-16CCL-M 电源由外部电源供给

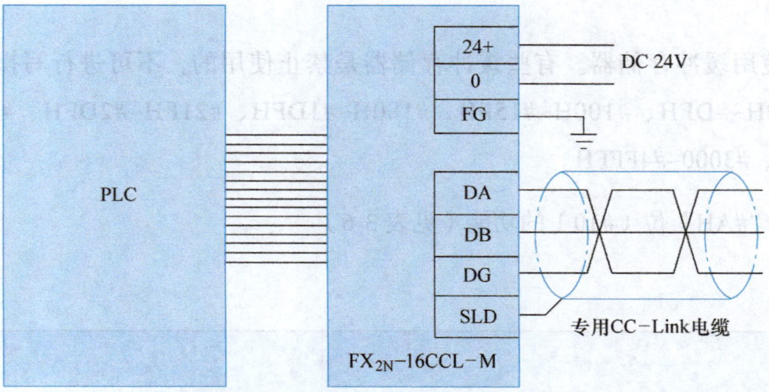

图3-7 FX_{2N}-16CCL-M 模块的外部接线

3. FX_{2N}-16CCL-M 模块的缓冲存储器

FX_{2N}-16CCL-M 模块和 PLC 之间采用缓冲存储器（BFM）进行数据交换，使用 FROM/TO 指令进行数据的读 / 写。当电源断开时，缓冲存储器的内容会恢复到默认值。

（1）缓冲存储器 在主站模块中，各个缓冲存储器的相关信息如下（其中读写是相对于主站 CPU 的）：

1）参数信息区域。参数信息区域的作用是存储信息，进行数据链接，能够进行读 / 写操作，BFM 编号为 #0H~#9H、#CH~#1BH、#20H~#2FH。

2）I/O 信号。I/O 信号的作用是控制主站模块的 I/O 信号，可进行读写操作，BFM 编号为 #AH~#BH。

3）远程输入（RX）/ 输出（RY）。远程输入（RX）存储来自一个远程站的输入状态，进行读操作，BFM 编号为 #E0H~#FDH。

远程输出（RY）将输出状态存储到一个远程站中，进行写操作，BFM 编号为 #160H~#17DH。

4）远程寄存器（RWw）。远程寄存器（RWw）将传送的数据存储到一个远程站中，可进行写操作，BFM 编号为 #1E0H~#21BH。

远程寄存器（RWr）存储从一个远程站接收到的数据，可进行读操作，BFM 编号为 #2E0H~#31BH。

5）主站模块控制信号。可进行读写操作，BFM 编号为 #1CH~#1EH。

6）链接特殊继电器。链接特殊继电器用于存储数据链接状态。有两种链接特殊继电器：链接特殊继电器（SB）和链接特殊继电器（SW），进行的操作是读还是写由设备来决定。链接特殊继电器（SB）的 BFM 编号为 #5E0H~#5FFH，链接特殊继电器（SW）的 BFM 编号为 #600H~#7FFH。

7）禁止使用缓冲存储器。有些缓冲存储器是禁止使用的，不可进行写操作，BFM 编号为 #1FH、#30H~#DFH、#100H~#15FH、#180H~#1DFH、#21FH~#2DFH、#320H~#5DFH、#800H~#9FFH、#3000~#4FFFH。

（2）BFM “#AH” 位（#10）的功能（见表 3-6）

表 3-6　BFM “#AH” 位的功能

读取位 / 写入位	FROM 指令（PLC←主站模块）输入信号名称	TO 指令（PLC→主站模块）输出信号名称
b0	模块错误	刷新指令
b1	上位站的数据链接状态	禁止使用
b2	参数设定状态	禁止使用
b3	其他站的数据链接状态	禁止使用
b4	接收模块复位完成	要求模块复位
b5	禁止使用	禁止使用
b6	通过缓冲存储器的参数使数据链接正常启动	要求通过缓冲器的参数来启动数据链接
b7	通过缓冲存储器的参数使数据链接异常启动	禁止使用
b8	通过 E^2PROM 的参数使数据链接正常启动	要求通过 E^2PROM 的参数来启动数据链接
b9	通过 E^2PROM 缓冲存储器的参数使数据链接异常启动	禁止使用
b10	正常完成参数记录到 E^2PROM 中去	要求将参数记录到 E^2PROMM 中
b11	异常完成参数记录到 E^2PROM 中去	禁止使用
b12	禁止使用	禁止使用
b13	禁止使用	禁止使用
b14	禁止使用	禁止使用
b15	模块准备就绪	禁止使用

4. 参数信息区域

在主从站进行通信时，通过设定缓冲存储器中的参数数据信息实现数据链接，所设定的内容记录到 E^2PROM 中。从站内模块基本上不需要进行参数设置，在数据链接时只需启动相应的输出点即可执行数据链接。所需设定的内容主要是针对主站模块内 BFM 参数的设置，BFM 中的参数设定内容见表 3-7。

表 3-7 BFM 中的参数设定内容

BFM 编号	内　容	作　用	默认值
#00H	禁止使用	—	—
#01H	连接模块的数量	设定所连接的远程站模块的数量（包括保留的站）	8
#02H	重试的次数	设定对出故障站的重试次数	3
#03H	自动返回模块的数量	设定在一次链接扫描过程中可以返回到系统中的远程站模块的数量	1
#04H~#05H	禁止使用	—	—
#06H	预防 CPU 死机的操作规格	当主站 PLC 出现错误时，规定数据链接的状态	0（停止）
#07H~#09H	禁止使用	—	—
#CH~#FH	禁止使用	—	—
#10H	保留站的规格	设定保留站	0（无规格）
#11H~#13H	禁止使用	—	—
#14H	错误无效站的规格	规定出故障的站	0（无规格）
#15H~#1BH	禁止使用	—	—
#1CH	FROM/TO 指令存取出错时的判断时间	设定 FROM/TO 指令存取出错时的判断时间（单位为 10ms）	200ms
#1DH	允许外部存取的范围	当对一个不可连接的站或者地址进行存取时，输入“1”	0
#1EH	模块代码	明确 FX_{2N}-16CCL-M 的模块代码	K7510
#1FH	禁止使用	—	—
#20H~#2EH	从站信息	设定所连接站和保留站的类型	站类型：远程 I/O 站和远程设备站 占用的站数：1~4 站号码：1~15

说明：

1）#10H 表示保留站的规格，对被包括在所连接的远程模块数量中，但实际上并不连接的远程站进行规定，使这些站不被视为“数据链接故障站”。

但是要注意，一是当远程站被设定为保留站时，这个站不能执行任何数据链接；二是将要被保留站的站号码位设为 1，若一个远程站占用多个站，则将站号码设定开关中设定站号码的那个位启动即可。图 3-8 所示系统中将 4 号站和 9 号站设为保留站，以备后用。

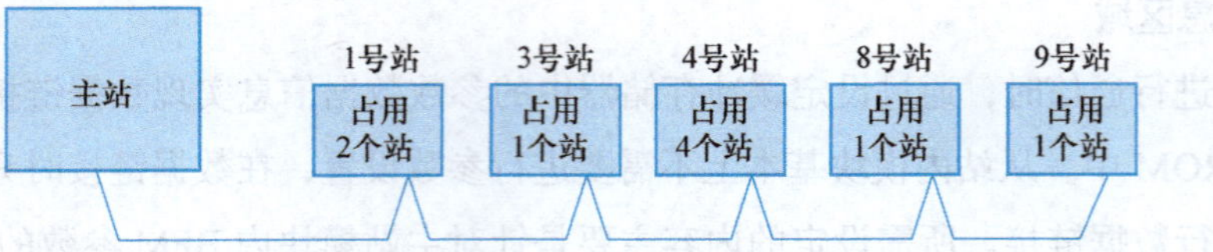

	b15	b14	b13	b12	b11	b10	b9	b8	b7	b6	b5	b4	b3	b2	b1	b0
BFM#10H	0	0	0	0	0	0	0	1	0	0	0	0	1	0	0	0

图3-8 保留站的设置

2）#20H~#2EH 表示从站的信息，设定符合所有连接的远程站和保留站的站类型，一共可以设置 15 个从站。其数据结构如图 3-9 所示。

b15	b14	b13	b12	b11	b10	b9	b8	b7	b6	b5	b4	b3	b2	b1	b0

图3-9 从站信息数据结构

b0~b7：设定站号，1~15（01H~0EH）。

b8~b11：每个站占用的站数，1：占用 1 个站；2：占用 2 个站；3：占用 3 个站；4：占用 4 个站。

b12~b15：站的类型，0：远程 I/O 站；1：远程设备站。

例如，图 3-10a 所示的系统配置，将站的信息设置表示出来。结果如图 3-10b 所示。

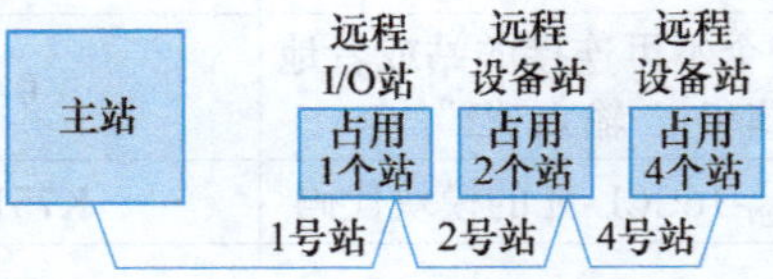

a)

BFM编号	站类型	占用的站数	站号
#20H	0H	1H	01H
#21H	1H	2H	02H
#22H	1H	4H	04H

b)

图3-10 站信息设置实例

a）系统配置 b）站信息设置

5. 远程输入（RX）和远程输出（RY）

远程输入（RX）与远程输出（RY）区域用于存储通信时链接的位信息数据，每个站输入和输出都使用 2 个字。在链接扫描过程中，主站和从站之间可以分别相互传送 32 个 I/O 状态的输入和输出。

图 3-10 所示系统主站和从站之间的远程输入关系见表 3-8，远程输出关系见表 3-9。

表 3-8 远程输入（RX）关系对应表

主站			1 号站远程 I/O 站（占用 1 个站）	2 号站远程设备站（占用 2 个站）	4 号站远程设备站（占用 4 个站）
站号	地址	远程输入寄存器（RX）			
1	E0H	RX0F~RX00	1 号站占用（2 个字）		
	E1H	RX1F~RX10			
2	E2H	RX2F~RX20		2 号站占用（4 个字）	
	E3H	RX3F~RX30			
3	E4H	RX4F~RX40			
	E5H	RX5F~RX50			
4	E6H	RX6F~RX60			4 号站占用（8 个字）
	E7H	RX7F~RX70			
5	E8H	RX8F~RX80			
	E9H	RX9F~RX90			
6	EAH	RXAF~RXA0			
	EBH	RXBF~RXB0			
7	ECH	RXCF~RXC0			
	EDH	RXDF~RXD0			
…	…				
15	FCH	RX1CF~RX1C0			
	FDH	RX1DF~RX1D0			

表 3-9 远程输出（RY）关系对应表

主站			1 号站远程 I/O 站（占用 1 个站）	2 号站远程设备站（占用 2 个站）	4 号站远程设备站（占用 4 个站）
站号	地址	远程输出寄存器（RY）			
1	160H	RY0F~RY00	1 号站占用（2 个字）		
	161H	RY1F~RY10			
2	162H	RY2F~RY20		2 号站占用（4 个字）	
	163H	RY3F~RY30			
3	164H	RY4F~RY40			
	165H	RY5F~RY50			
4	166H	RY6F~RY60			4 号站占用（8 个字）
	167H	RY7F~RY70			
5	168H	RY8F~RY80			
	169H	RY9F~RY90			
6	16AH	RYAF~RYA0			
	16BH	RYBF~RYB0			
7	16CH	RYCF~RYC0			
	16DH	RYDF~RYD0			
…	…				
15	17CH	RY1CF~RY1C0			
	17DH	RY1DF~RY1D0			

注意：

1）如果一个站的输入或输出没有 2 个字，仍要进行分配，有一部分是空闲的。

2）远程 I/O 设备只有输入开关量而没有输出开关量，在分配 RX 和 RY 时仍要同时分配这两者。

6. 远程寄存器（RWw/RWr）

远程寄存器 RWw/RWr 用来实现主站和从站之间的数据信息的传递，每个站分别使用 4 个字用于写入 / 读出数据，主从站之间远程寄存器（RWw/RWr）关系分别见表 3-10 和表 3-11，不管远程站是否用到远程寄存器，其对应的远程寄存器地址关系是固定不变的，系统不能随便占用和使用。

表 3-10　主从站之间远程寄存器（RWw）关系对应表

主　站			1 号站远程 I/O 站（占用 1 个站）	2 号站远程设备站（占用 2 个站）	4 号站远程设备站（占用 4 个站）
站号	地址	远程寄存器（RWw）			
1	1E0H	RWw0			
	1E1H	RWw1			
	1E2H	RWw2			
	1E3H	RWw3			
2	1E4H	RWw4			
	1E5H	RWw5			
	1E6H	RWw6			
	1E7H	RWw7		2 号站占用（8 个字）	
3	1E8H	RWw8			
	1E9H	RWw9			
	1EAH	RWwA			
	1EBH	RWwB			
4	1ECH	RWwC			
	1EDH	RWwD			
	1EEH	RWwE			
	1EFH	RWwF			
5	1F0H	RWw10			
	1F1H	RWw11			4 号站占用（16 个字）
	1F2H	RWw12			
	1F3H	RWw13			
6	1F4H	RWw14			
	1F5H	RWw15			
	1F6H	RWw16			
	1F7H	RWw17			

（续）

主　站			1号站远程I/O站（占用1个站）	2号站远程设备站（占用2个站）	4号站远程设备站（占用4个站）
站号	地址	远程寄存器（RWw）			
7	1F8H	RWw18			
	1F9H	RWw19			4号站占用（16个字）
	1FAH	RWw1A			
	1FBH	RWw1B			
…	…				
15	218H	RWw38			
	219H	RWw39			
	21AH	RWw3A			
	21BH	RWw3B			

表3-11　主从站之间远程寄存器（RWr）关系对应表

主　站			1号站远程I/O站（占用1个站）	2号站远程设备站（占用2个站）	4号站远程设备站（占用4个站）
站号	地址	远程寄存器（RWr）			
1	2E0H	RWr0			
	2E1H	RWr1			
	2E2H	RWr2			
	2E3H	RWr3			
2	2E4H	RWr4			
	2E5H	RWr5			
	2E6H	RWr6			
	2E7H	RWr7		2号站占用（8个字）	
3	2E8H	RWr8			
	2E9H	RWr9			
	2EAH	RWrA			
	2EBH	RWrB			
4	2ECH	RWrC			
	2EDH	RWrD			
	2EEH	RWrE			
	2EFH	RWrF			
5	2F0H	RWr10			
	2F1H	RWr11			4号站占用（16个字）
	2F2H	RWr12			
	2F3H	RWr13			
6	2F4H	RWr14			
	2F5H	RWr15			
	2F6H	RWr16			
	2F7H	RWr17			

（续）

主站			1号站远程I/O站（占用1个站）	2号站远程设备站（占用2个站）	4号站远程设备站（占用4个站）
站号	地址	远程寄存器（RWr）			
7	2F8H	RWr18			4号站占用（16个字）
	2F9H	RWr19			
	2FAH	RWr1A			
	2FBH	RWr1B			
…	…				
15	318H	RWr38			
	319H	RWr39			
	31AH	RWr3A			
	31BH	RWr3B			

7. 站数对应的远程点数和远程寄存器编号的关系

每个单元占用站数对应的远程点数和远程寄存器编号的关系见表3-12。

表3-12　远程点数和远程寄存器编号对应表

站数	类型	远程输入	远程输出	写远程寄存器	读远程寄存器
1	用户区	RY00~RY0F 16个点	RY00~RY0F 16个点	RWw0~RWw3 4个点	RWr0~RWr3 4个点
	系统区	RY10~RY1F 16个点	RY10~RY1F 16个点	—	—
2	用户区	RY00~RY2F 48个点	RY00~RY2F 48个点	RWw0~RWw7 8个点	RWr0~RWr7 8个点
	系统区	RY30~RY3F 16个点	RY30~RY3F 16个点	—	—
3	用户区	RY00~RY4F 80个点	RY00~RY4F 80个点	RWw0~RWw11 12个点	RWr0~RWr11 12个点
	系统区	RY50~RY5F 16个点	RY50~RY5F 16个点	—	—
4	用户区	RY00~RY6F 112个点	RY00~RY6F 112个点	RWw0~RWw15 16个点	RWr0~RWr15 16个点
	系统区	RY70~RY7F 16个点	RY70~RY7F 16个点	—	—

3.3.3　从站模块FX_{2N}–32CCL

1. FX_{2N}-32CCL模块的性能

1）FX_{2N}-32CCL可作为一特殊模块连接在FX_{0N} /FX_{1N} /FX_{2N}/ FX_{2NC}系列小型PLC上，作为CC-Link的一个远程设备站，连线采用双绞屏蔽电缆。

2）使用FROM/TO指令通过对FX_{2N}-32CCL的缓冲存储器进行读/写数据，完成与FX_{0N}/

FX_{1N}/FX_{2N}/FX_{2NC} 系列 PLC 的通信。

3）FX_{2N}-32CCL 占用 FX 系列 PLC 中的 8 个 I/O 点数，站号为 1~64，站数为 1~4。

4）传输速率与最大传输距离之间的关系见表 3-1。

5）每站的远程 I/O 占用点数为 32 个输入点和 32 个输出点。但最终站的高 16 点作为 CC-Link 系统专用的系统区。每站的远程寄存器数目为 4 个点的 RW_w 写区域和 4 个点的 RWr 读区域。

2. FX_{2N}-32CCL模块与CC-Link系统的连接

将 FX_{2N} 系列 PLC 与 FX_{2N}-32CCL 从站接口模块相连在 CC-Link 系统中充当远程设备站，如图 3-11 所示。一个系统中最多可以使用 4 个 FX_{2N}-32CCL 模块。连接电缆采用三菱公司推荐的屏蔽双绞电缆。

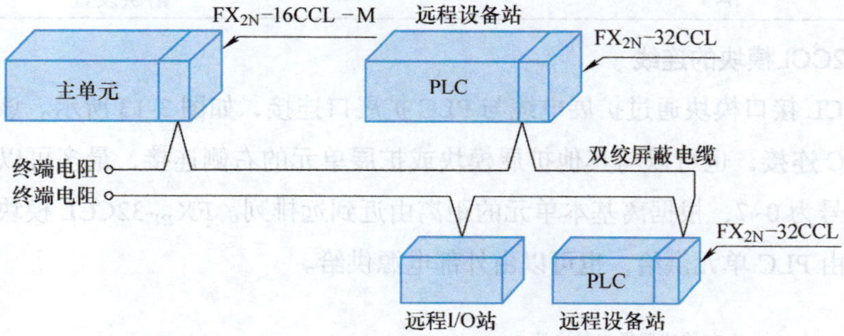

图3-11　具有FX_{2N}-32CCL模块的CC-Link系统

3. FX_{2N}-32CCL接口模块的结构

FX_{2N}-32CCL 接口模块结构如图 3-12 所示，其中外部直流 24 V 电源规格为：24 ×（1 ± 10%）V，50mA。

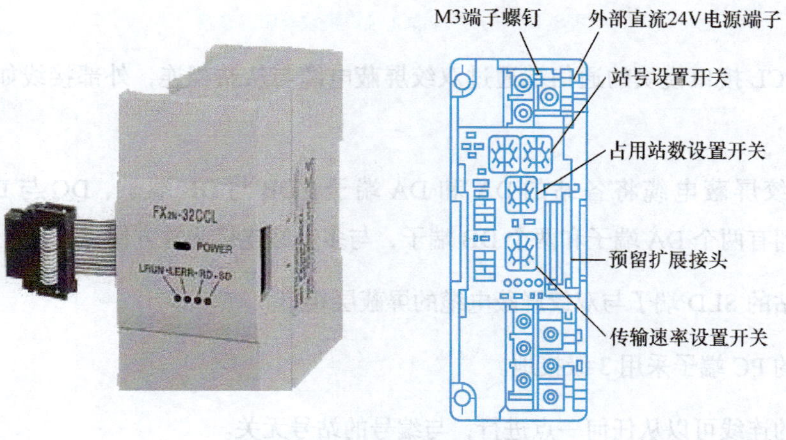

图3-12　FX_{2N}-32CCL模块的结构

站号由旋转开关设置，编号为1~64，PLC断电时设置，PLC重新上电后才有效。如果在PLC带电的情况下改变旋转开关的位置（站数的旋转开关除外），LERR LED指示灯就会点亮闪烁。占用站数由旋转开关设置，0代表1个站，1代表2个站，2代表3个站，3代表4个站，4~9代表不使用。

传输速率由旋转开关设置，设置情况见表3-13。

表3-13 传输速率的设置

旋转开关位置	对应的传输速率
0	156kbit/s
1	625kbit/s
2	2.5Mbit/s
3	5Mbit/s
4	10Mbit/s
5~9	错误设置

4. FX_{2N}-32CCL模块的连线

FX_{2N}-32CCL接口模块通过扩展电缆与PLC扩展口连接，如图3-13所示。该模块可以直接与$FX_{0N/1N2N}$PLC连接，也可以与其他扩展模块或扩展单元的右侧连接，最多可以连接8个特殊单元，单元编号为0~7，根据离基本单元的距离由近到远排列。FX_{2N}-32CCL模块需要提供直流24V电源，可由PLC单元供给，也可以由外部电源供给。

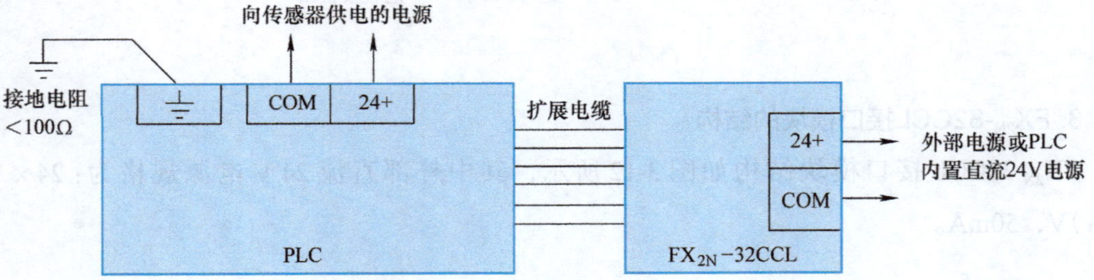

图3-13 FX_{2N}-32CCL接口模块与PLC连接

FX_{2N}-32CCL接口模块的通信端通过双绞屏蔽电缆与从站相连，外部接线如图3-14所示。连接要点如下：

1）用双绞屏蔽电缆将各站的DA和DA端子、DB与DB端子、DG与DG端子连接。FX_{2N}-32CCL拥有两个DA端子和两个DB端子，与多个站连接非常方便。

2）将每站的SLD端子与双绞屏蔽电缆的屏蔽层相连。

3）每站的PC端子采用3级接地。

4）各站的连线可以从任何一点进行，与编号的站号无关。

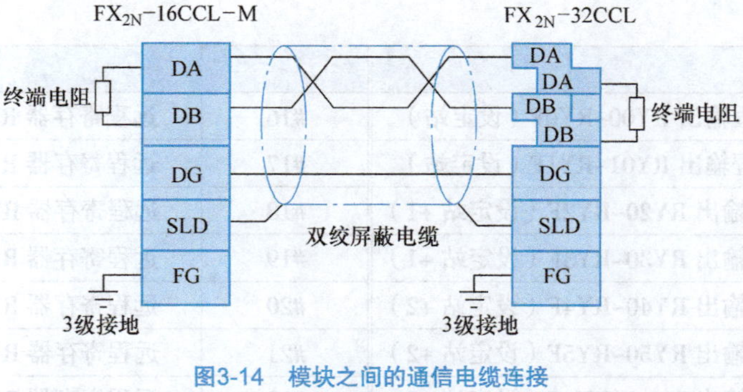

图3-14 模块之间的通信电缆连接

5）当 FX_{2N}-32CCL 作为最终站时，在 DA 和 DB 的端子间需要接一个终端电阻。

5. FX_{2N}-32CCL模块的缓冲存储器

（1）FX_{2N}-32CCL 接口模块中的数据通信 FX_{2N}-32CCL 接口模块通过内置 BFM 在 PLC 与 CC-Link 主站之间传送数据。缓冲存储器由写专用存储器和读专用存储器组成。从站的 PLC 通过 TO 指令将数据写入写专用存储器再传给主站，通过 FROM 指令读取专用存储器中来自主站的数据，如图 3-15 所示。

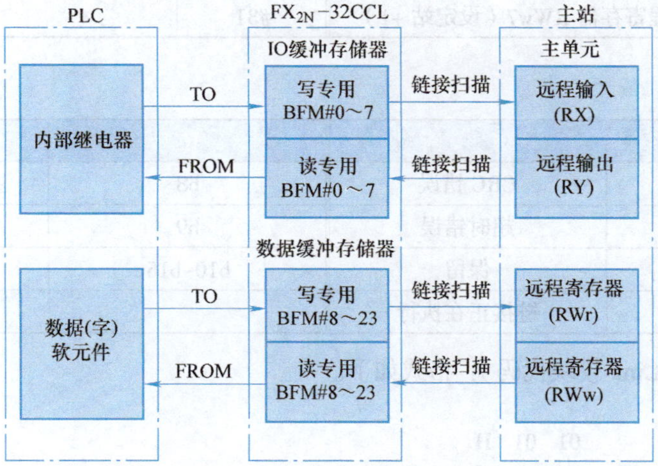

图3-15 FX_{2N}-32CCL接口模块中数据的流向

（2）读 / 写专用缓冲存储器

1）读专用缓冲存储器见表 3-14。

BFM#24（波特率设定值）：用于保存 FX_{2N}-32CCL 模块上的波特率设定开关的设定值，取值为 0~4，分别对应 156kbit/s、625kbit/s、2.5Mbit/s、5Mbit/s、10Mbit/s 。只有当 PLC 重新上电后，设定值才有效。

BFM#25（通信状态）：BFM#25 的 b15~b0 位保存主站 PLC 的通信状态信息。只有执行链接通信状态时，主站 PLC 的信息才有效，每位对应的功能见表 3-15。

表 3-14 读专用缓冲存储器

BFM 编号	功　能	BFM 编号	功　能
#0	远程输出 RY00~RY0F（设定站）	#16	远程寄存器 RWw8（设定站 +2）
#1	远程输出 RY01~RY1F（设定站）	#17	远程寄存器 RWw9（设定站 +2）
#2	远程输出 RY20~RY2F（设定站 +1）	#18	远程寄存器 RWwA（设定站 +2）
#3	远程输出 RY30~RY3F（设定站 +1）	#19	远程寄存器 RWwB（设定站 +2）
#4	远程输出 RY40~RY4F（设定站 +2）	#20	远程寄存器 RWwC（设定站 +3）
#5	远程输出 RY50~RY5F（设定站 +2）	#21	远程寄存器 RWwD（设定站 +3）
#6	远程输出 RY60~RY6F（设定站 +3）	#22	远程寄存器 RWwE（设定站 +3）
#7	远程输出 RY70~RY7F（设定站 +3）	#23	远程寄存器 RWwF（设定站 +3）
#8	远程寄存器 RWw0（设定站）	#24	波特率设定值
#9	远程寄存器 RWw1（设定站）	#25	通信状态
#10	远程寄存器 RWw2（设定站）	#26	CC-Link 模块代码
#11	远程寄存器 RWw3（设定站）	#27	本站的编号
#12	远程寄存器 RWw4（设定站 +1）	#28	占用站数
#13	远程寄存器 RWw5（设定站 +1）	#29	出错代码
#14	远程寄存器 RWw6（设定站 +1）	#30	FX 系列模块代码（K7040）
#15	远程寄存器 RWw7（设定站 +1）	#31	保留

表 3-15 BFM #25 的位功能

位	功　能	位	功　能
b0	CRC 错误	b8	主站 PLC 正在运行
b1	超时错误	b9	主站 PLC 出错
b2~b6	保留	b10~b15	保留
b7	链接正在执行		

BFM#26（CC-Link 模块代码）：格式如下。

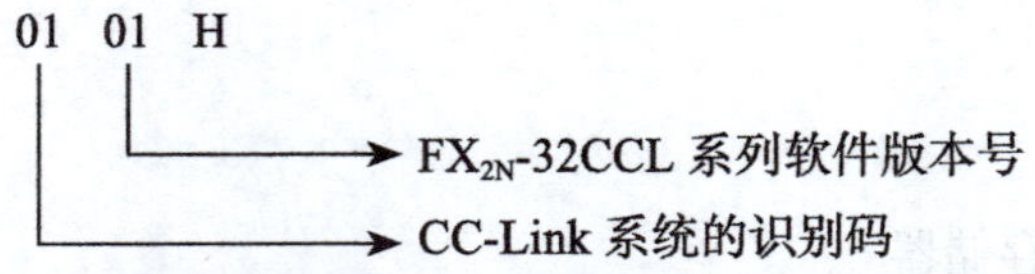

BFM#26（模块代码）：用于保存 FX_{2N}-32CCL 模块上站号设置开关的设定值，取值为 1~64，只有当 PLC 重新上电后才有效。

BFM#28（占用站数的设定值）：用于保存 FX_{2N}-32CCL 模块上占用站数设定开关的设定值，取值为 0~3，分别对应 1 个站、2 个站、3 个站和 4 个站，只有当 PLC 重新上电后才有效。

BFM#29（出错代码）：功能见表 3-16。

2）写专用缓冲存储器，见表 3-17。

表 3-16　缓冲存储器 #29 的位功能

位	功　能	位	功　能
b0	站号设置错误	b5	波特率改变错误
b1	波特率设置错误	b6~b7	保留
b2~b3	保留	b8	无外部 24V 供电
b4	站号改变错误	b9~b15	保留

表 3-17　写专用缓冲存储器

BFM 编号	功　能	BFM 编号	功　能
#0	远程输入 RX00~RX0F（设定站）	#16	远程寄存器 RWr8（设定站 +2）
#1	远程输入 RX10~RX1F（设定站）	#17	远程寄存器 RWr9（设定站 +2）
#2	远程输入 RX20~RX2F（设定站 +1）	#18	远程寄存器 RWrA（设定站 +2）
#3	远程输入 RX30~RX3F（设定站 +1）	#19	远程寄存器 RWrB（设定站 +2）
#4	远程输入 RX40~RX4F（设定站 +2）	#20	远程寄存器 RWrC（设定站 +3）
#5	远程输入 RX50~RX5F（设定站 +2）	#21	远程寄存器 RWrD（设定站 +3）
#6	远程输入 RX60~RX6F（设定站 +3）	#22	远程寄存器 RWrE（设定站 +3）
#7	远程输入 RX70~RX7F（设定站 +3）	#23	远程寄存器 RWrF（设定站 +3）
#8	远程寄存器 RWr0（设定站）	#24	未定义（禁止写）
#9	远程寄存器 RWr1（设定站）	#25	未定义（禁止写）
#10	远程寄存器 RWr2（设定站）	#26	未定义（禁止写）
#11	远程寄存器 RWr3（设定站）	#27	未定义（禁止写）
#12	远程寄存器 RWr4（设定站 +1）	#28	未定义（禁止写）
#13	远程寄存器 RWr5（设定站 +1）	#29	未定义（禁止写）
#14	远程寄存器 RWr6（设定站 +1）	#30	未定义（禁止写）
#15	远程寄存器 RWr7（设定站 +1）	#31	保留

3.3.4　FX系列CC-Link通信系统的远程I/O模块

1. FX系列PLC作为主站的CC-Link通信系统的远程I/O模块

常用的有输入模块 AJ65SBTB1-8D，远程输出模块 AJ65SBTB1-8T 等。其外形如图 3-16 所示。

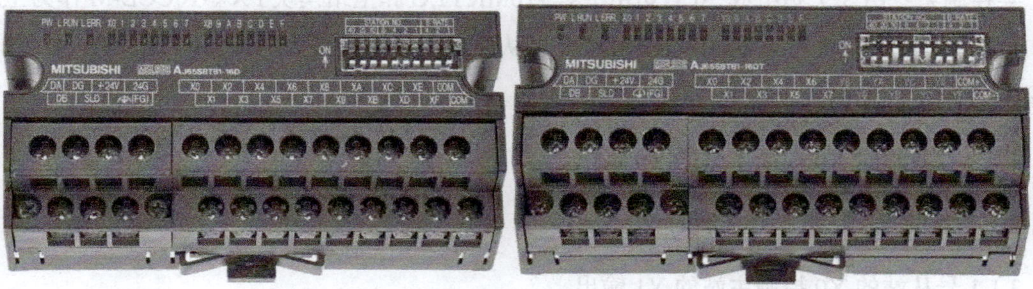

图3-16　I/O模块外形图

2. 站参数的设置

FX 系列 PLC 作为主站的 CC-Link 通信系统的远程 I/O 模块的站参数信息由拨码开关进行设置。

（1）传输速率的设置 “B RATE”用来设置传输的速率，如图 3-17 所示，通过三个拨码开关的组合可设置的有效数值为 0~4，其数值对应的速率同主站模块速率的对应值见表 3-4。

图3-17 “B RATE”开关

（2）站号的设置 “STATION NO.”用于设定此站的站号，要在 0~64 中设置，不要重复设置站号，通过 6 个拨码开关的组合设置站的站号，如图 3-18 所示。

图3-18 “STATION NO.”开关

3.3.5 FX_{2N}系列 PLC与远程I/O站的通信系统的组建

1. 控制任务

某控制系统由 3 个站组成，0 号站由 FX_{2N}-16MR PLC 和主站模块 FX_{2N}-16CCL-M 作为主站，1 号从站远程输入模块为 AJ65SBTB1-8D，2 号从站远程输出模块为 AJ65SBTB1-8T，系统配置如图 3-19 所示。控制要求如下：

1）1 号从站的 X0 控制主站的 Y0 输出。

2）主站的 X0 控制 2 号从站的 Y0 输出。

3）1 号从站的 X0 控制主站的 Y1 输出。

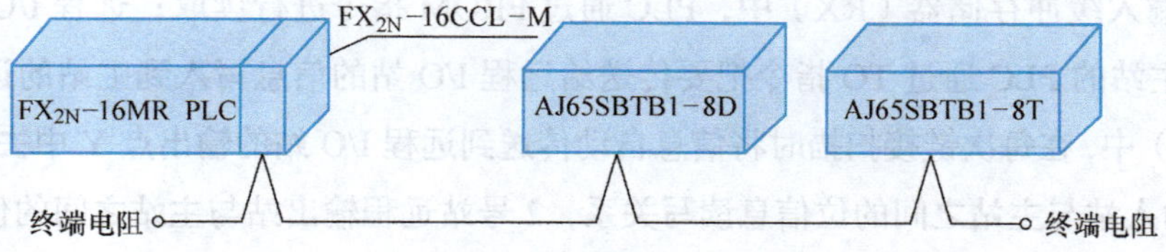

图3-19 系统配置图

2. 通信系统的构建步骤

（1）站参数的设定　主站参数设置见表 3-18，从站的参数设置见表 3-19、表 3-20。

表 3-18 FX_{2N}-16CCL-M 主站模块参数的设置

设定开关名称	设 定 值	说 明
站号设定开关	0（×10）；0（×1）	主站设置为 00 站
模式设定开关	0	在线
传输速率设定开关	2	2.5Mbit/s
条件设定开关	OFF	

表 3-19 从站 AJ65SBTB1-8D 模块参数的设置

设定开关名称	设 定 值	说 明
STATION NO.	1	站号为 1
B RATE	2	2.5Mbit/s

表 3-20 从站 AJ65SBTB1-8T 模块参数的设置

设定开关名称	设 定 值	说 明
STATION NO.	2	站号为 2
B RATE	2	2.5Mbit/s

（2）系统的线路连接　如图 3-20 所示。

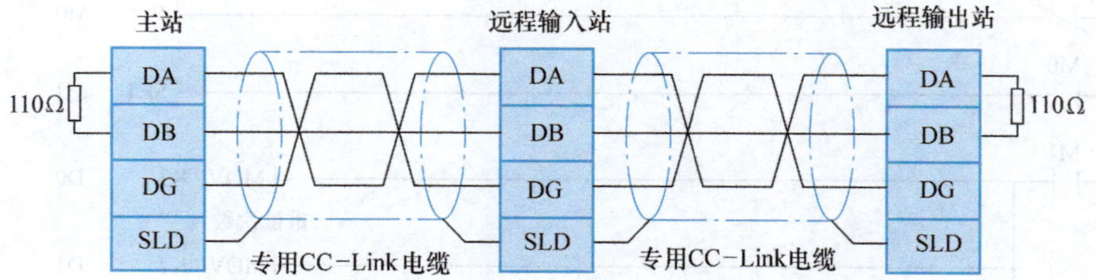

图3-20 线路连接图

（3）控制功能的实现

1）主从站之间的通信。系统中主站和远程 I/O 站之间的通信是通过主站中的远程输入缓冲存储器（RX）和远程输出缓冲存储器（RY）进行数据交换的，在主站的 PLC 中通过 FROM、TO 指令来进行数据的读写。远程 I/O 站中的输入点 X 的状态在每次链接扫描时自动保存到主站中的远程输入缓冲存储器（RX）中，PLC 通过 FROM 指令进行读取；远程 I/O 站中的输出点的状态由主站的 PLC 通过 TO 指令把要传送给远程 I/O 站的信息写入到主站的远程输出缓冲存储器（RY）中，在每次链接扫描时将信息自动传送到远程 I/O 站的输出点 Y 中去。本系统中，1 号站远程输入站与主站之间的位信息读写关系，2 号站远程输出站与主站之间的位信息读写关系见表 3-21。

表 3-21　主从站间对应关系

主　站			从　站	
主站 PLC	主站模块 FX_{2N}-16CCL-M			
对应存储器	BFM 编号	远程输入（RX）/输出（RY）		
M107~M100	#E0H	RX07~RX00	X07~X00	1 号远程 I/O 站 AJ65SBTB1-8D
	#E0H	RX0F~RX08		
	#E1H	RX1F~RX10		
M207~M200	#162H	RY07~RY00	Y07~Y00	2 号远程 I/O 站 AJ65SBTB1-8T
	#162H	RY0F~RY08		
	#163H	RY1F~RY10		

注意：

当电源断开时，缓冲存储器内的数据会恢复到默认值。

主站 PLC 的寄存器是由用户自己定义的，1 号站只有 8 个输入点，远程缓冲寄存器 #E0H 的 RX0F~RX08 和 #E1H 的 RX1F~RX10 空；2 号站有 8 个输出，远程缓冲寄存器 #162H 的 RY0F~RY08 和 #163H 的 RY1F~RY10 空。

2）程序。梯形图如图 3-21 所示。

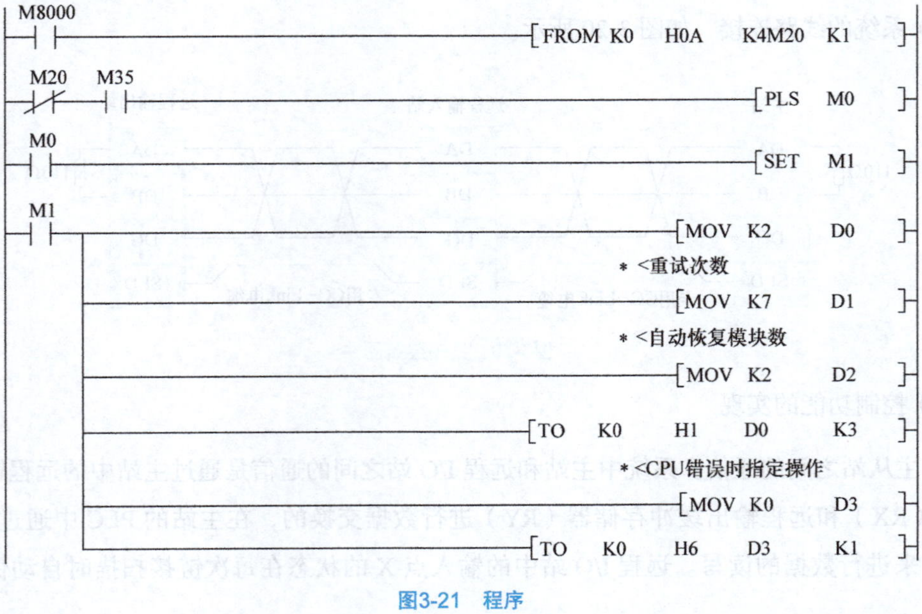

图3-21　程序

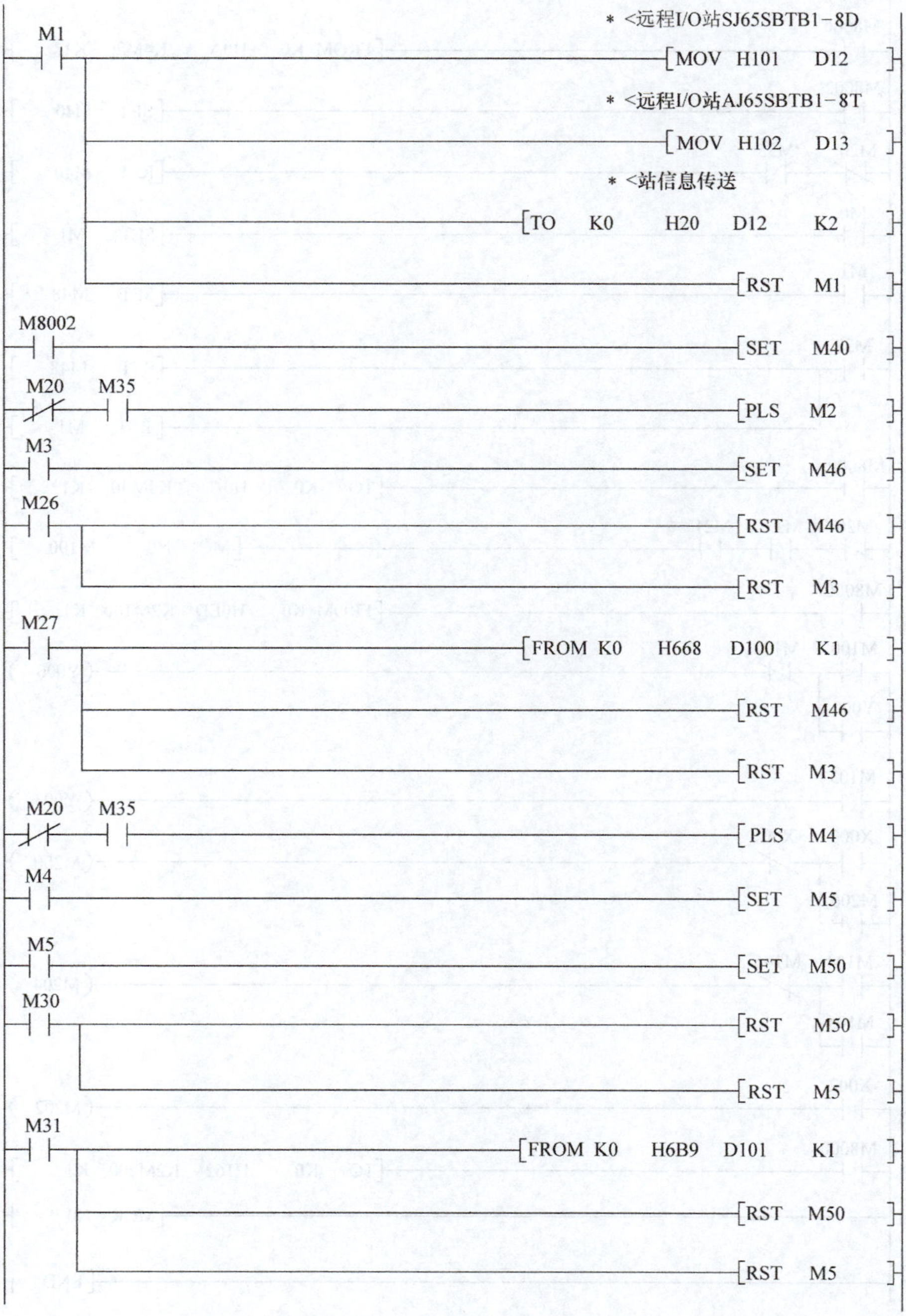
* <远程I/O站SJ65SBTB1-8D
M1
[MOV H101 D12]
* <远程I/O站AJ65SBTB1-8T
[MOV H102 D13]
* <站信息传送
[TO K0 H20 D12 K2]
[RST M1]
M8002
[SET M40]
M20 M35
[PLS M2]
M3
[SET M46]
M26
[RST M46]
[RST M3]
M27
[FROM K0 H668 D100 K1]
[RST M46]
[RST M3]
M20 M35
[PLS M4]
M4
[SET M5]
M5
[SET M50]
M30
[RST M50]
[RST M5]
M31
[FROM K0 H6B9 D101 K1]
[RST M50]
[RST M5]

图3-21 程序（续）

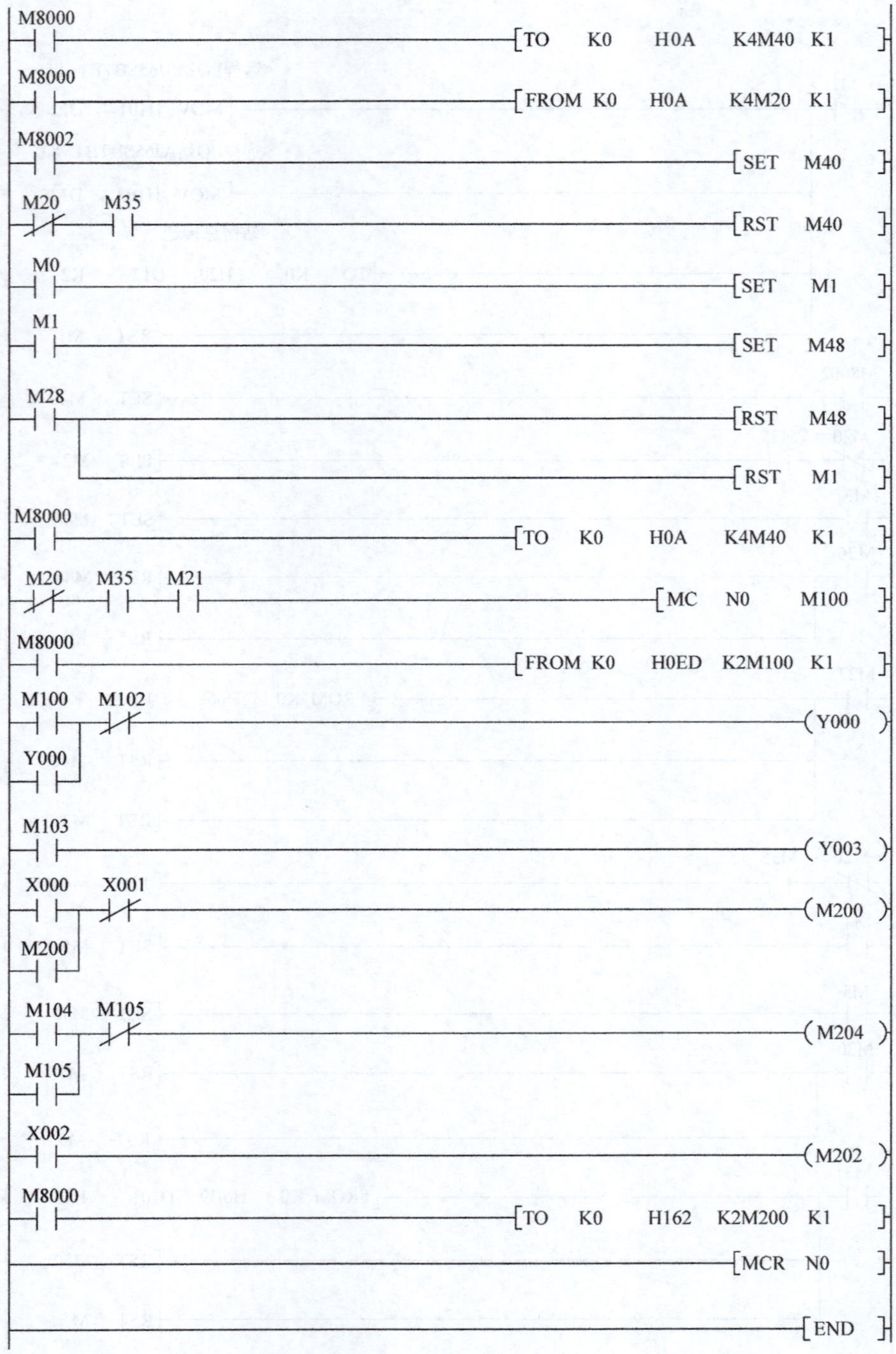
M8000
TO K0 H0A K4M40 K1
M8000
FROM K0 H0A K4M20 K1
M8002
SET M40
M20 M35
RST M40
M0
SET M1
M1
SET M48
M28
RST M48
RST M1
M8000
TO K0 H0A K4M40 K1
M20 M35 M21
MC N0 M100
M8000
FROM K0 H0ED K2M100 K1
M100 M102
Y000
Y000
M103
Y003
X000 X001
M200
M200
M104 M105
M204
M105
X002
M202
M8000
TO K0 H162 K2M200 K1
MCR N0
END

图3-21 程序（续）

3.3.6 FX_{2N} 系列PLC与远程设备站的通信系统的组建

1. 控制任务

某控制系统由两个站组成，0 号站由 FX_{2N}-64MR PLC 和主站模块 FX_{2N}-16CCL-M 作为主站，1 号站由 FX_{2N}-64MR PLC 和从站模块 FX_{2N}-32CCL 作为远程设备站，系统配置如图 3-22 所示。控制要求如下：

1）由主站 PLC 给远程设备站设定定时器 T1 的定时时间，定时时间到，则主站的 Y0 变为 ON。

2）由 1 号站远程设备站设定主站的计数器 C1 的设定值，当计数到达时，远程设备站的 Y0 输出变为 ON。

3）由主站的 X0、X1 控制从站的 Y1 的启动和停止。

4）由从站的 X0、X1 控制主站的 Y1 的启动和停止。

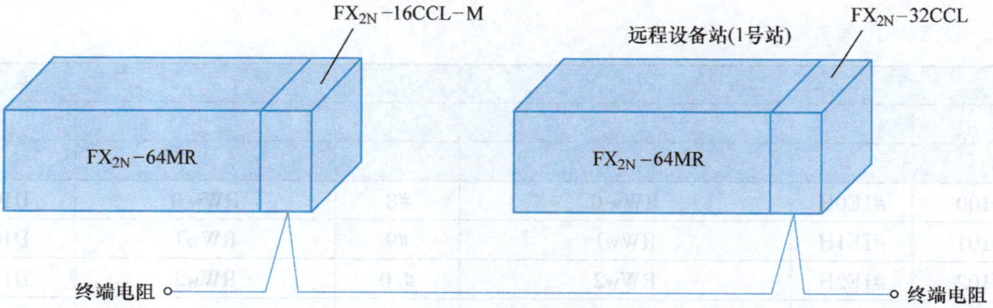

图3-22 系统配置图

2. 通信系统的构建步骤

（1）站参数的设定 主站参数设置见表 3-22，从站参数设置见表 3-23。

表 3-22 主站参数的设置

设定开关名称	设 定 值	说 明
站号设定开关	0（×10）；0（×1）	主站设置为 00 站
模式设定开关	0	在线
传输速率设定开关	2	2.5Mbit/s
条件设定开关	OFF	

表 3-23 1 号远程设备站参数的设置

设定开关名称	设 定 值	说 明
站号设定开关	0（×10）；1（×1）	站号为 1
占用站数	0（1st）	占用 1 个站
传输速率设定开关	2	2.5Mbit/s

（2）接线参考图 3-20。

（3）控制功能实现

1）位信息的读 / 写对应关系见表 3-24。

表 3-24　位信息的读 / 写对应关系

主　站			1 号远程设备站		
主站 PLC	主站模块 FX_{2N}-16CCL-M		从站模块 FX_{2N}-32CCL		从站 PLC
对应存储器	BFM 编号	远程输入（RX）/ 输出（RY）	BFM 编号	读 / 写专用缓冲存储器	对应存储器
M117~M100	#E0H	RX0F~RX00	#0	RX0F~RX00	M117~M100
	#E1H	RX1F~RX10	#1	RX1F~RX10	
M217~M200	#162H	RY0F~RY00	#0	RY0F~RY00	M217~M200
	#163H	RY1F~RY10	#1	RY1F~RY10	

2）字信息的读写对应关系。主站与 1 号远程设备站之间的字信息读写对应关系见表 3-25。

表 3-25　字信息的读写对应关系

主　站			1 号远程设备站		
主站 PLC	主站模块 FX_{2N}-16CCL-M		从站模块 FX_{2N}-32CCL		从站 PLC
对应存储器	BFM 编号	远程寄存器（RWr）/（RWw）	BFM 编号	读 / 写专用缓冲存储器	对应存储器
D100	#1E0H	RWw 0	#8	RWw 0	D100
D101	#1E1H	RWw1	#9	RWw1	D101
D102	#1E2H	RWw2	#10	RWw2	D102
D103	#1E3H	RWw3	#11	RWw3	D103
D200	#2E0H	RWr 0	#8	RWr 0	D200
D201	#2E1H	RWr1	#9	RWr1	D201
D202	#2E2H	RWr2	#10	RWr2	D202
D203	#2E3H	RWr3	#11	RWr3	D203

3）参考程序。主站程序如图 3-23 所示，远程设备站程序如图 3-24 所示。

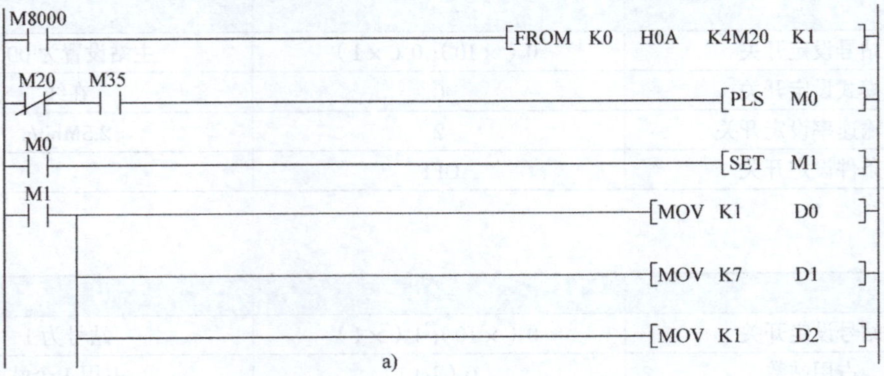

a)

图3-23　主站程序

a）通信初始化程序

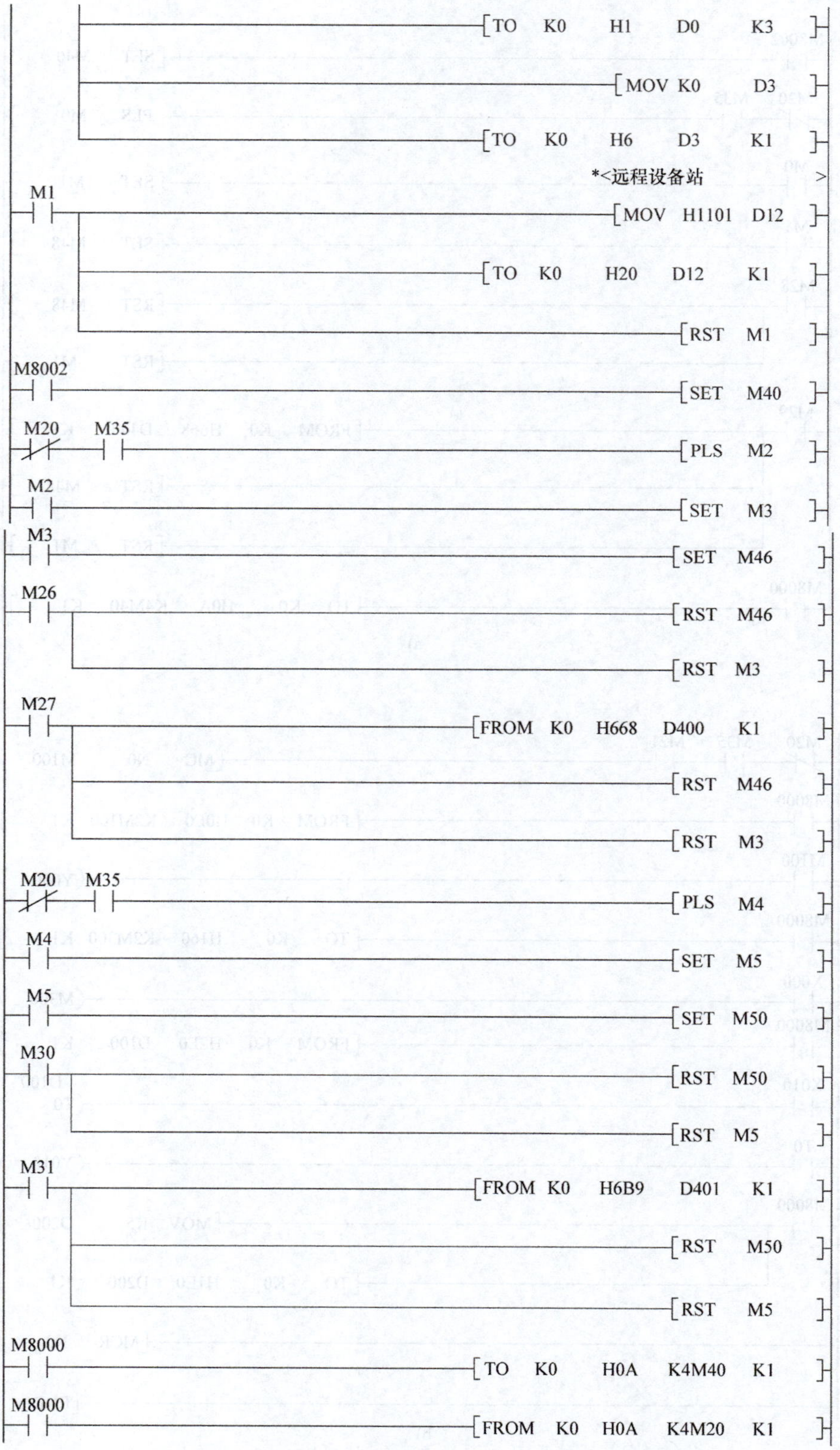

a)

图3-23 主站程序（续）

a）通信初始化程序

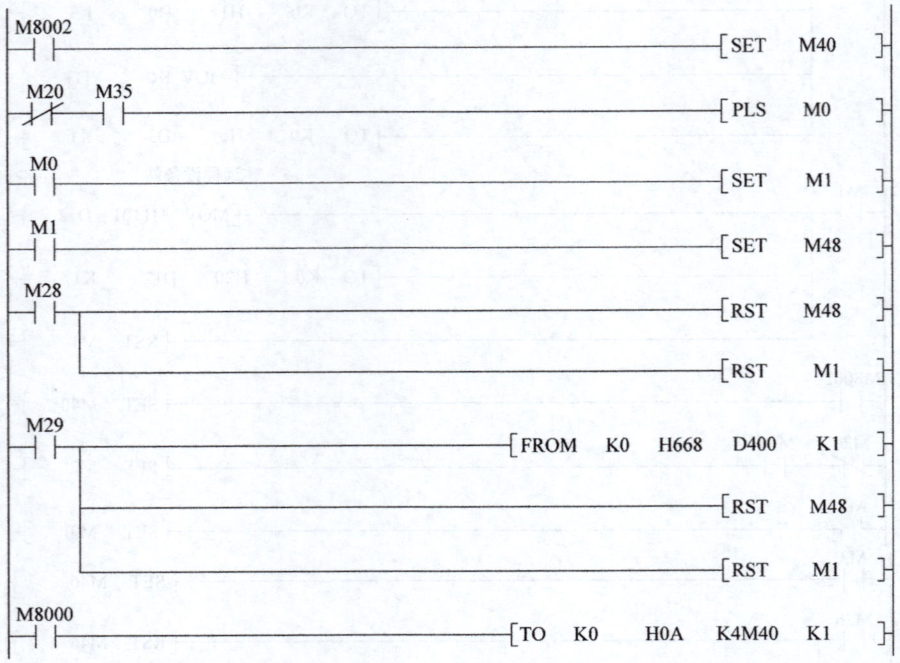

a)

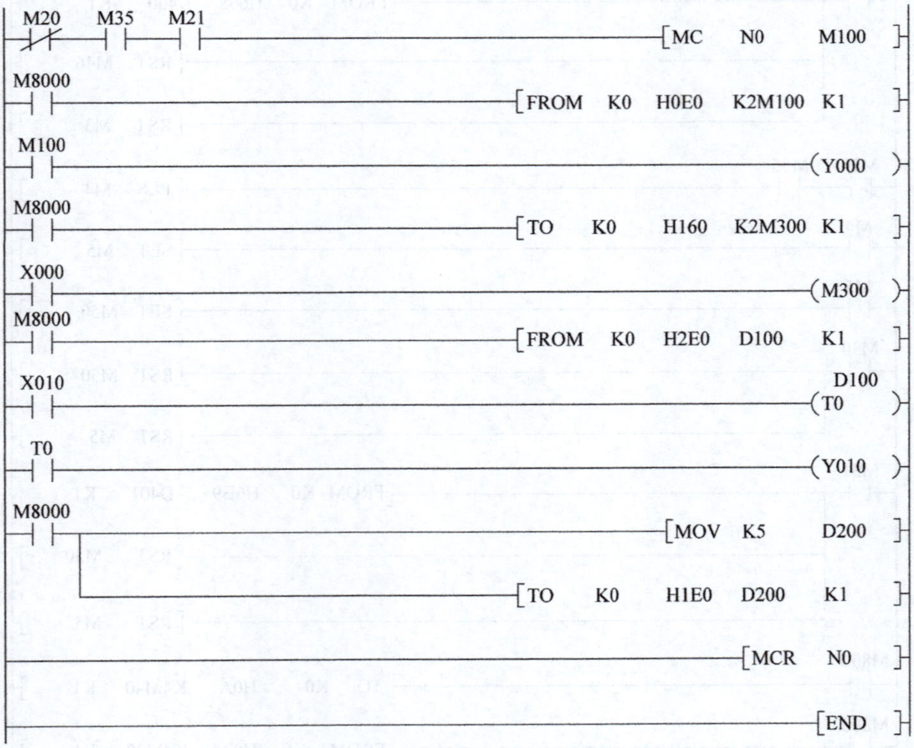

b)

图3-23 主站程序（续）

a）通信初始化程序 b）主站通信控制程序

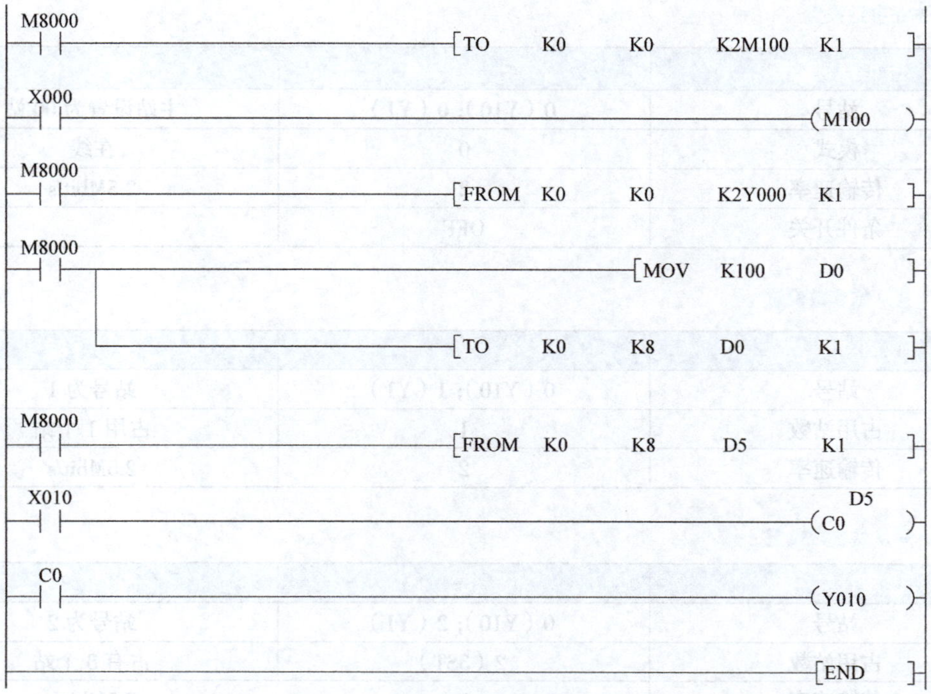

图3-24　远程设备站程序

3.3.7　FX_{2N}系列PLC CC-Link通信系统的组建

1. 系统的配置及控制要求

某控制系统由 3 个站组成，0 号站由 FX_{2N}-64MR PLC 和主站模块 FX_{2N}-16CCL-M 组成，作为主站，1 号站由远程输入模块 AJ65SBTB1-8D 组成，2 号站由 FX_{2N}-64MR PLC 和从站模块 FX_{2N}-32CCL 组成，作为远程设备站，系统配置如图 3-25 所示。

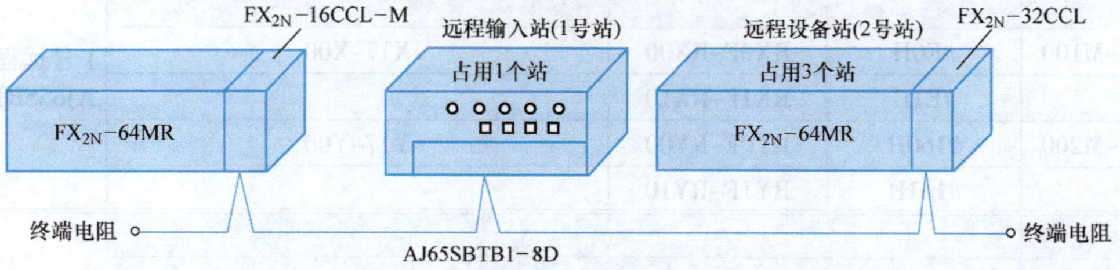

图3-25　系统配置

要求系统实现如下控制功能：

1）1 号站的 X0 输入变为 ON 时，主站的 Y0 变为 ON。

2）2 号从站中的 X0 为 ON 时，主站的 Y10 为 ON。

3）1 号站的 X1 变为 ON 时，2 号站的 Y0 变为 ON。

2. 站参数的设定

主站和远程站参数的设置见表 3-26~ 表 3-28。

表 3-26　主站参数设置

设定开关名称	设　定　值	说　　明
站号	0（Y10）; 0（Y1）	主站设置为 00 站
模式	0	在线
传输速率	2	2.5Mbit/s
条件开关	OFF	

表 3-27　1 号从站参数设置

设定开关名称	设　定　值	说　　明
站号	0（Y10）; 1（Y1）	站号为 1
占用站数	1	占用 1 个站
传输速率	2	2.5Mbit/s

表 3-28　2 号从站参数设置

设定开关名称	设　定　值	说　　明
站号	0（Y10）; 2（Y1）	站号为 2
占用站数	2（3ST）	占有 3 个站
传输速率	2	2.5Mbit/s

3. 控制功能的实现

（1）位信息的读 / 写对应关系（见表 3-29）

表 3-29　位信息的读 / 写对应关系

主　　站			从　　站			
主站 PLC	主站模块 FX_{2N}-16CCL-M					
对应存储器	BFM 编号	远程输入（RX）/ 输出（RY）	输入 / 输出			
M115~M100	#E0H	RX0F~RX00	X17~X00			1 号远程 I/O 站 AJ65SBTB1-8D
	#E1H	RX1F~RX10				
M215~M200	#160H	RY0F~RY00	Y17~Y00			
	#161H	RY1F~RY10				
主站 PLC	主站模块 FX_{2N}-16CCL-M		从站模块 FX_{2N}-32CCL		从站 PLC	
对应存储器	BFM 编号	远程输入（RX）/ 输出（RY）	BFM 编号	读 / 写专用缓冲存储器	对应存储器	
M315~M300	#E2H	RX3F~RX30	#0	RX0F~RX00	M315~M300	2 号从站
M331~M316	#E3H	RX4F~RX40	#1	RX1F~RX10	M331~M316	
M347~M332	#E4H	RX5F~RX50	#2	RX2F~RX20	M347~M332	
M363~M348	#E5H	RX6F~RX60	#3	RX3F~RX30	M363~M348	
M415~M400	#162H	RY2F~RY20	#0	RY0F~RY00	M415~M400	
M431~M416	#163H	RY3F~RY30	#1	RY1F~RY10	M431~M416	
M447~M432	#164H	RY4F~RY40	#2	RY2F~RY20	M447~M432	
M463~M448	#165H	RY5F~RY50	#3	RY3F~RY30	M463~M448	

表 3-30 字信息的读写对应关系

主站			2号从站		
主站 PLC	主站模块 FX_{2N}-16CCL-M		从站模块 FX_{2N}-32CCL		从站 PLC
对应存储器	BFM 编号	远程寄存器（RWr）/（RWw）	BFM 编号	读 / 写专用缓冲存储器	对应存储器
D100	#1E4H	RWw 4	#8	RWw 0	D100
D101	#1E5H	RWw5	#9	RWw1	D101
D102	#1E6H	RWw6	#10	RWw2	D102
D103	#1E7H	RWw7	#11	RWw3	D103
D104	#1E8H	RWw8	#12	RWw4	D104
D105	#1E9H	RWw9	#13	RWw5	D105
D106	#1EAH	RWwA	#14	RWw6	D106
D107	#1EBH	RWwB	#15	RWw7	D107
D108	#1ECH	RWwC	#16	RWw 8	D108
D109	#1EDH	RWwD	#17	RWw9	D109
D110	#1EEH	RWwE	#18	RWwA	D110
D111	#1EFH	RWwF	#19	RWwB	D111
D200	#2E4H	RWr 0	#8	RWr 0	D200
D201	#2E5H	RWr1	#9	RWr1	D201
D202	#2E6H	RWr2	#10	RWr2	D202
D203	#2E7H	RWr3	#11	RWr3	D203
D204	#2E8H	RWr4	#12	RWr4	D204
D205	#2E9H	RWr5	#13	RWr5	D205
D206	#2EAH	RWr6	#14	RWr6	D206
D207	#2EBH	RWr7	#15	RWr7	D207
D208	#2ECH	RWr8	#16	RWr 8	D208
D209	#2EDH	RWr9	#17	RWr9	D209
D210	#2EEH	RWrA	#18	RWrA	D210
D211	#2EFH	RWrB	#19	RWrB	D211

（2）字信息的读写对应关系（见表 3-31）

表 3-31 字信息的读写对应关系

主站			2号从站		
主站 PLC	主站模块 FX_{2N}-16CCL-M		从站模块 FX_{2N}-32CCL		从站 PLC
对应存储器	BFM 编号	远程寄存器（RWr）/（RWw）	BFM 编号	读 / 写专用缓冲存储器	对应存储器
D100	#1E4H	RWw 4	#8	RWw 0	D100
D101	#1E5H	RWw5	#9	RWw1	D101
D102	#1E6H	RWw6	#10	RWw2	D102
D103	#1E7H	RWw7	#11	RWw3	D103
D104	#1E8H	RWw8	#12	RWw4	D104
D105	#1E9H	RWw9	#13	RWw5	D105
D106	#1EAH	RWwA	#14	RWw6	D106
D107	#1EBH	RWwB	#15	RWw7	D107

（续）

主 站			2 号从站		
主站 PLC	主站模块 FX_{2N}-16CCL-M		从站模块 FX_{2N}-32CCL		从站 PLC
对应存储器	BFM 编号	远程寄存器（RWr）/（RWw）	BFM 编号	读 / 写专用缓冲存储器	对应存储器
D108	#1ECH	RWwC	#16	RWw 8	D108
D109	#1EDH	RWwD	#17	RWw9	D109
D110	#1EEH	RWwE	#18	RWwA	D110
D111	#1EFH	RWwF	#19	RWwB	D111
D200	#2E4H	RWr0	#8	RWr0	D200
D201	#2E5H	RWr1	#9	RWr1	D201
D202	#2E6H	RWr2	#10	RWr2	D202
D203	#2E7H	RWr3	#11	RWr3	D203
D204	#2E8H	RWr4	#12	RWr4	D204
D205	#2E9H	RWr5	#13	RWr5	D205
D206	#2EAH	RWr6	#14	RWr6	D206
D207	#2EBH	RWr7	#15	RWr7	D207
D208	#2ECH	RWr8	#16	RWr 8	D208
D209	#2EDH	RWr9	#17	RWr9	D209
D210	#2EEH	RWrA	#18	RWrA	D210
D211	#2EFH	RWrB	#19	RWrB	D211

（3）程序的实现　程序流程图如图 3-26 所示。

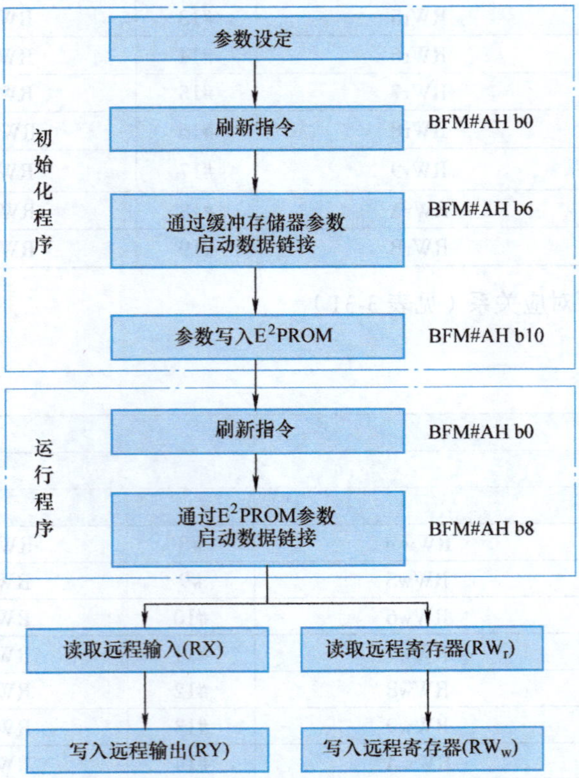

图3-26　程序流程图

主站参考程序如图 3-27 所示，远程设备站的程序如图 3-28 所示。

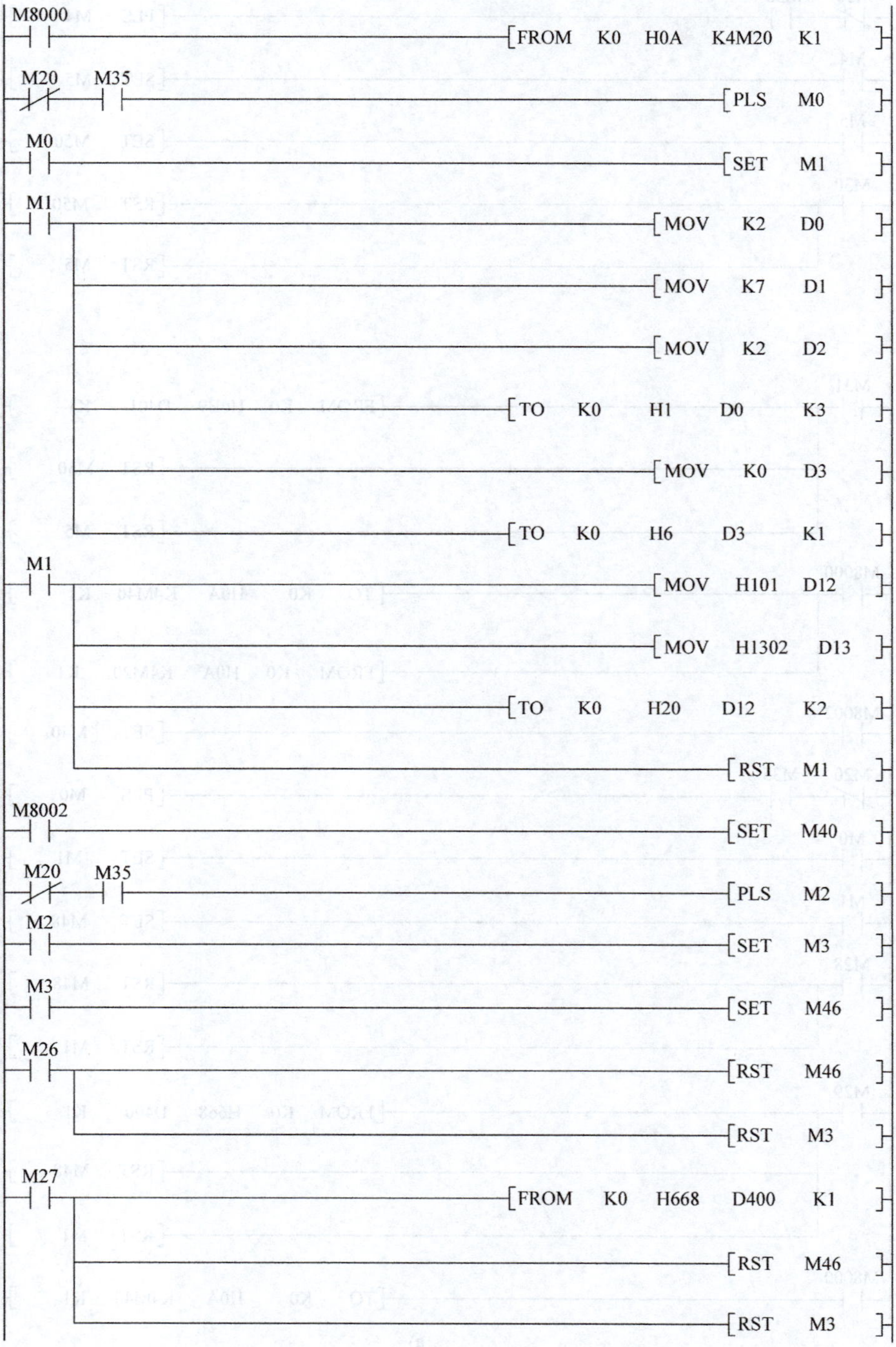

a)

图3-27 主站程序

a）通信初始化程序

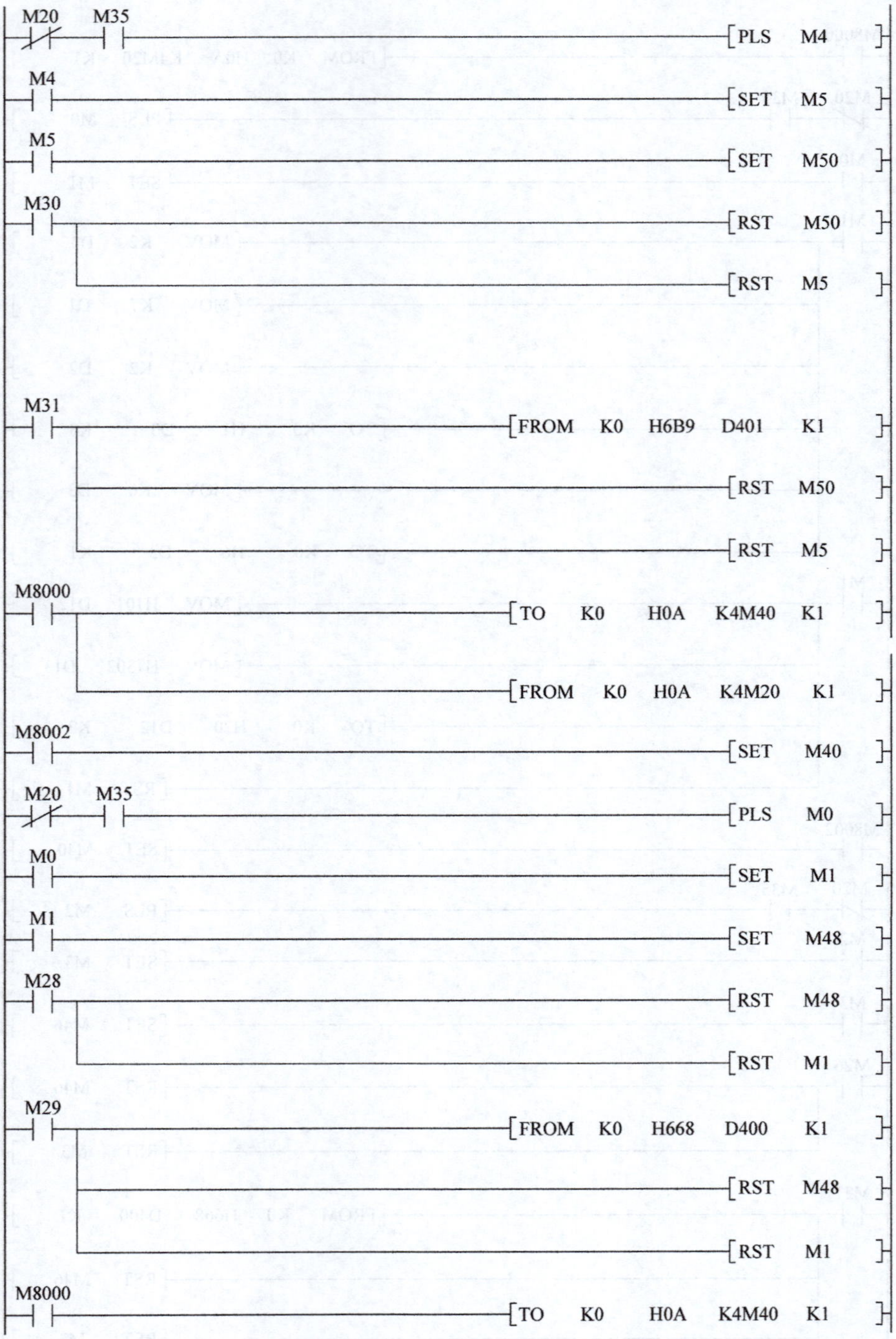

a)

图3-27 主站程序（续）

a）通信初始化程序

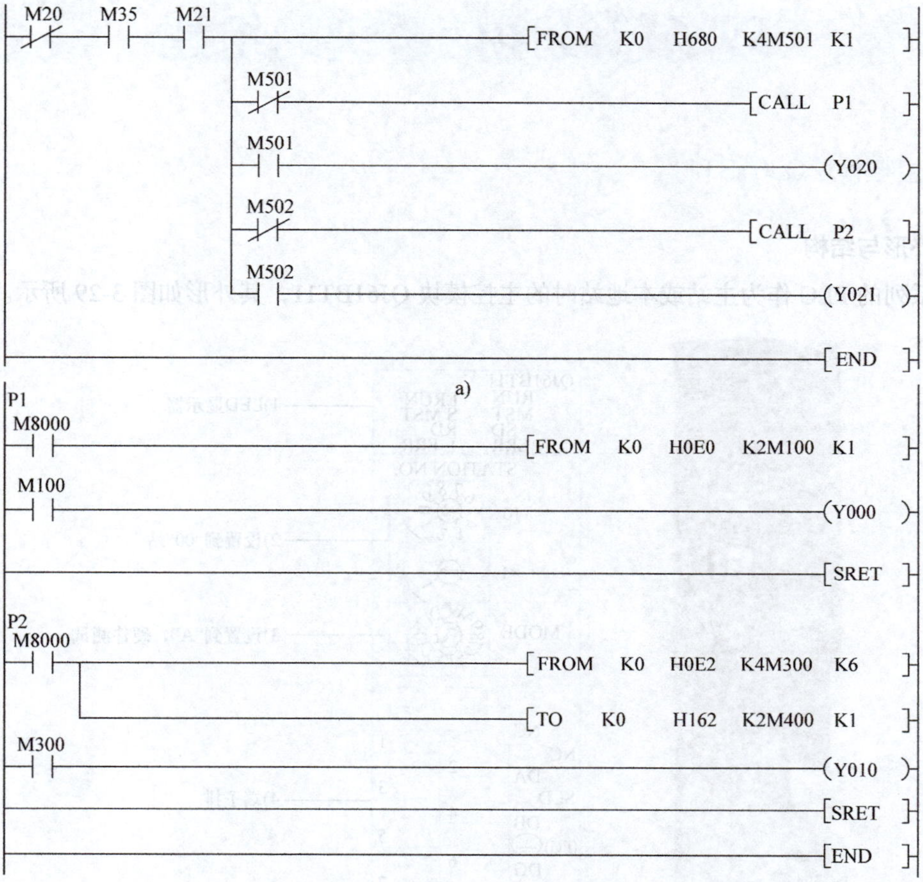

b)

图3-27　主站程序（续）

a）通信初始化程序　b）主站控制程序图

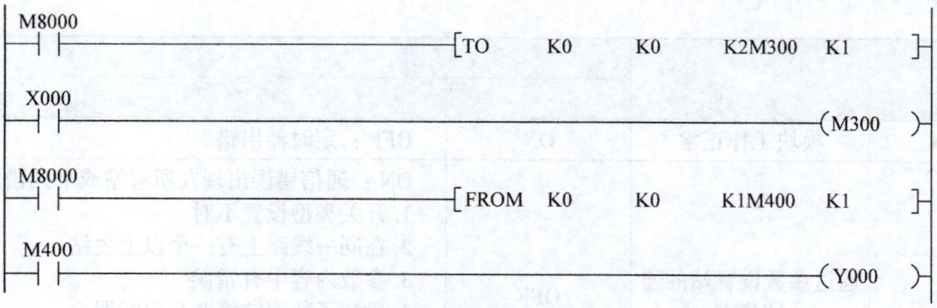

图3-28　远程设备站程序

3.4 基于三菱Q系列PLC的CC-Link现场总线通信系统的组建

3.4.1 主控模块QJ61BT11

1. 外形与结构

Q 系列的 PLC 作为主站或本地站时的主控模块 QJ61BT11，其外形如图 3-29 所示。

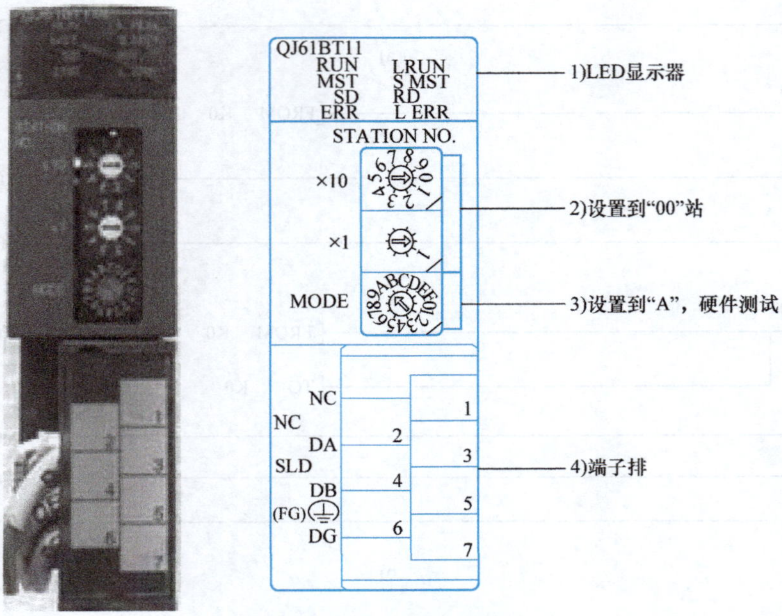

图3-29 主控模块QJ61BT11的外形

（1）模块工作指示灯　模块工作指示灯的作用见表 3-32。

表 3-32 模块工作指示灯的作用

LED 名称	概述	LED 状态	
		正常	出错
RUN	模块工作正常	ON	OFF：定时器出错
ERR	通过参数设置站的通信状态	OFF	ON：通信错误出现在所有站或下列错误之一 1. 开关类型设置不对 2. 在同一线路上有一个以上主站 3. 参数内容中有错误 4. 激活了数据链接监视定时器 5. 线路断线 6. 传送路径受噪声干扰 闪烁：某些站出现通信错误

（续）

LED 名称	概述	LED 状态	
		正常	出错
MST	主站运行	ON	
S MST	作为备用主站运行	ON	
L RUN	正在进行数据链接	ON	
L ERR	通信状态	OFF	ON：主站通信错误 以固定频率闪烁：通电时改变了开关 2）和 3）的设置 以不固定频率闪烁：没有装终端电阻，模块和 CC-Link 专用电缆受噪声影响
SD	正在进行数据发送	ON	
RD	正在进行数据接收	ON	

（2）站号设置开关　设置模块站号（出厂时的设置为 0），设置范围如下：

1）主站：0。

2）本地站：1~64。

3）备用主站：1~64。如果设置了 0~64 之外的数字，“ERR” LED 灯会亮。

（3）开关值与传输速率的对应关系　传送数据模式设置开关用于设置模块的传输速率和运行条件。传送数据模式设置对应关系见表 3-33。

表 3-33　传送数据模式设置对应关系

编号	传送速率设置	模式
0	156kbit/s	在线
1	625kbit/s	
2	2.5Mbit/s	
3	5Mbit/s	
4	10Mbit/s	
5	156kbit/s	线路测试 站号开关设置为 0 时：线路测试 1 站号开关设置为 1~64 时：线路测试 2
6	625kbit/s	
7	2.5Mbit/s	
8	5Mbit/s	
9	10Mbit/s	
A	156kbit/s	硬件测试
B	625kbit/s	
C	2.5Mbit/s	
D	5Mbit/s	
E	10Mbit/s	
F	不允许设置	

2. 主站模块/本地模块的缓冲存储器（见表3-34）

表 3-34　缓冲存储器

BFM 编号	内容	说明	读写可能性	可用性	
				主站	本地站
#00H~#DFH	禁止使用	—	—		
#E0H~#15FH	远程输入（RX）	用于主站：存储来自远程站、本地站、智能设备站和备用主站的输入状态	只读	√	
		用于本地站：存储来自主站的输入状态			√
#160H~#1DFH	远程输出（RY）	用于主站：存储要发送到远程站、本地站、智能设备站和备用主站的输出状态	只写		√
		用于本地站：存储要发送到主站的输出状态，同时存储接收到的来自远程站、其他本地站、智能设备站和备用主站的数据	可读写	√	
#1E0H~#2DFH	远程寄存器（RWw）主站用于发送数据，本地站用于发送和接收数据	用于主站：存储发送到远程设备站、所有本地站、智能设备站和备用主站的数据	只写	√	
		用于本地站：发送数据到主站、其他本地站、智能设备站、备用主站，同时存储来自远程设备站、其他本地站、智能设备和备用主站的数据	可读写		√
#2E0H~#3DFH	远程寄存器（RWr）主站用于接收数据，本地站用于接收数据	用于主站：存储从远程设备站、本地站、智能设备站和备用主站接收到的数据	只读	√	
		用于本地站：存储从主站接收到的数据			√
#3E0~#5DFHH	禁止使用	—	—		
#5E0H~#5FFH	链接特殊继电器(SB)	存储数据链接的状态	可读写	√	√
#600H~#7FFH	链接特殊继电器(SW)	存储数据链接的状态	可读写	√	√
#800H~#9FFH	禁止使用	—	—		
#A00H~#FFFH	随机访问缓冲区	通过瞬时传送存储和使用指定的数据	可读写		
#1000H~#1FFFH	通信缓冲	与本地站和智能设备站进行瞬时传送时（用通信缓冲区通信），存储发送的和接收的数据以及控制数据	可读写	√	√
#2000H~#2FFFH	自动更新缓冲区	和 AJ658T-R2 进行瞬时通信（用自动更新区通信）时存储自动更新	可读写	√	√
#3000H~#4FFFH	禁止使用	—	—		

3. 用于数据链接的网络参数

用于数据链接的网络参数要存储到主站参数存储器中，用 GY Developer 设置参数。当系统重新启动时，这些参数从 CPU 传到主站模块上。参数设置见表 3-35。

表 3-35 参数设置

设置内容	说明
连接模块的数量	设置连接到主站的远程站、本地站、智能设备站和备用主站的总数(包括保留站)，默认为 64 个模块，设置范围为 1~64
重试次数	设置发生通信错误时的重试次数，默认为 3 次，设置范围为 1~7 次
自动恢复模块个数	设置通过一次扫描链接可以恢复到系统运行中的远程站、智能设备站和备用主站的总数，默认为 1 个模块，设置范围为 1~10 个模块
备用主站指定	指定备用主站的站号，默认为无（未指定备用主站），设置范围：无，1~64（空白表示未指定备用主站）
CPU 发生错误时的操作指定	指定主站 PLC 的 CPU 发生错误时的数据链接状态，默认为停止，设置范围：停止、继续
扫描模式指定	指定顺控扫描是同步还是异步，默认值为异步，设置范围：同步、异步
延迟时间的设置	设置扫描链接的时间间隔（单位 50μs），默认值为 0（未指定），设置范围为 0~100（0 代表未指定）
保留站指定	指定保留站，默认为未指定，设置范围：未指定、指定
出错无效站指定	指定出错无效站，默认为未指定，设定范围：未指定、指定
站信息	设置连接的远程站、本地站、智能设备站和备用主站的类型、占用的站的个数及站号 默认值：远程 I/O 站，占用 1 个站，1 号站 设置范围：站的类型：远程 I/O 站、远程设备站、智能设备站；占用站的个数：1~4；站号：1~64
分配通信缓冲存储区和自动更新缓冲区	指定向本地站、备用主站和智能设备站瞬时传送时分配的缓冲存储区的容量 默认值： 传送缓冲存储区容量：40H（64 个字） 接收缓冲存储区容量：40H(64 个字） 自动更新缓冲存储区容量：80H(128 个字） 设置范围： 通信缓冲存储区容量：0H(0 字)（未指定）；或 40H（64 字）~1000H（4096 字），但总的通信缓冲存储区容量必须小于或等于 1000H 自动更新缓冲存储区容量：0H(0 字)（未指定）；或 80H（128 字）~1000H（4096 字），但总的通信缓冲存储区容量必须小于或等于 1000H

4. 各个从站占用的站数

远程 I/O 站、远程设备站和本地站的占用站数是预先定义好的，见表 3-36。

5. 备用主站的设置

（1）备用主站的站号设置　当主站死机时，备用主站代替主站进行数据链接，所以备用主站不能将站号设置为 0，即设为主站，要将备用主站主控模块 QJ61BT11 的站设定开关设置为 1~64。

表 3-36　各从站模块占用的站数

模　　块		占用站数
远程 I/O 站（8，16，32 点）		1 个站
远程设备站	AJ65BT-64AD	2 个站
	AJ65BT-64DAV	2 个站
	AJ65BT-64DAI	2 个站
	AJ65BT-D62 AJ65BT-D62D(S1)	4 个站
	AJ65BT-86TD	4 个站
	AJ65BT-64RD3	4 个站
	AJ65BT-64RS4	4 个站
	AJ65BT-D32ID2	4 个站
	A852GOT	2 个站或 4 个站
本地站	QJ61BT11	1~4 个站（由参数设置）
	A8GT-J61BT15	1 个或 4 个站
智能站	AJ65BT-R2	1 个站
	AJ65BT-G4	1 个站
	AJ65BT-D75P2-S3	4 个站
	A8GT-J61BT13	1 个或 4 个站

例如，要将备用主站的站号设置为 9，可进行如图 3-30 所示的设置。

设置部件	设置内容
站设置 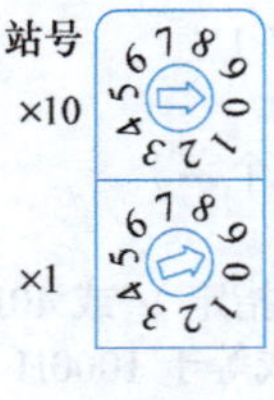	设置为1~64

图3-30　将备用主站的站号设置成“9”

（2）备用主站的网络参数设置　在主站正常工作时，如果把备用主站作为一个本地站操作，会使主站出现异常。所以要设置网络参数来区分本地站和备用主站。

1）主站网络参数设置。通过主站的网络参数将指定备用主站的站号（此例备用主站号为 9）设置为“备用主站”号。

在工程数据列表窗口（图 3-31a）单击“网络参数”，显示如图 3-31b 所示的对话框，单击“CC-Link”按钮。弹出网络参数设置对话框，将待机主站号设为 9，如图 3-32 所示。

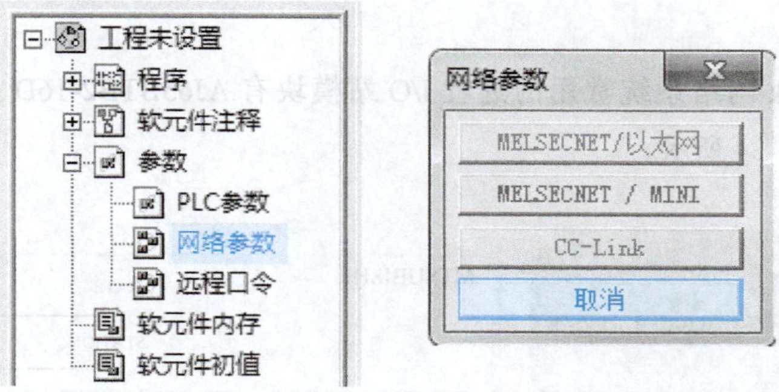

a) b)

图3-31 网络参数设置

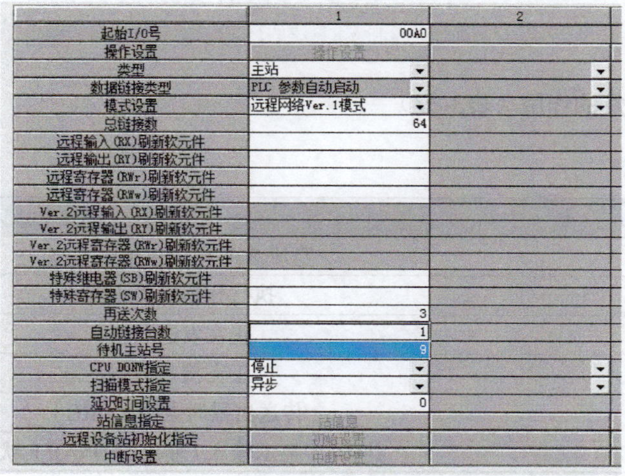

	1	2
起始I/O号	00A0	
操作设置	操作设置	
类型	主站	
数据链接类型	PLC 参数自动启动	
模式设置	远程网络Ver.1模式	
总链接数	64	
远程输入(RX)刷新软元件		
远程输出(RY)刷新软元件		
远程寄存器(RWr)刷新软元件		
远程寄存器(RWw)刷新软元件		
Ver.2远程输入(RX)刷新软元件		
Ver.2远程输出(RY)刷新软元件		
Ver.2远程寄存器(RWr)刷新软元件		
Ver.2远程寄存器(RWw)刷新软元件		
特殊继电器(SB)刷新软元件		
特殊寄存器(SW)刷新软元件		
再送次数	3	
自动链接台数	1	
待机主站号	9	
CPU DOWN指定	停止	
扫描模式指定	异步	
延迟时间设置	0	
站信息指定	站信息	
远程设备站初始化指定	初始设置	
中断设置	中断设置	

图3-32 主站网络参数设置

2）备用主站网络参数设置。在备用主站中将网络参数的类型设置为“等待主站”，即为备用主站，如图3-33所示。

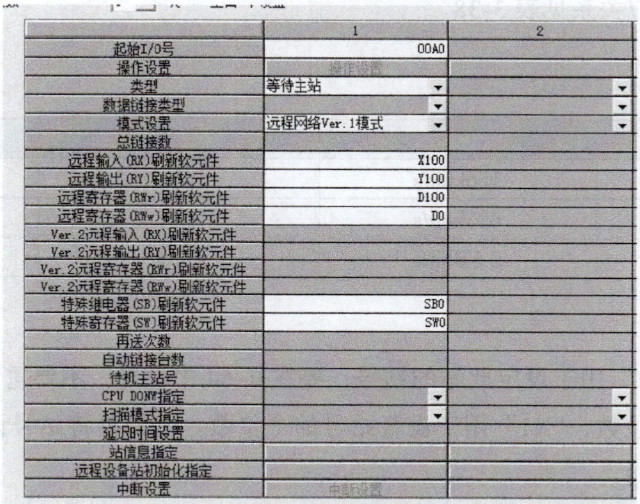

	1	2
起始I/O号	00A0	
操作设置	操作设置	
类型	等待主站	
数据链接类型		
模式设置	远程网络Ver.1模式	
总链接数		
远程输入(RX)刷新软元件	X100	
远程输出(RY)刷新软元件	Y100	
远程寄存器(RWr)刷新软元件	D100	
远程寄存器(RWw)刷新软元件	D0	
Ver.2远程输入(RX)刷新软元件		
Ver.2远程输出(RY)刷新软元件		
Ver.2远程寄存器(RWr)刷新软元件		
Ver.2远程寄存器(RWw)刷新软元件		
特殊继电器(SB)刷新软元件	SB0	
特殊寄存器(SW)刷新软元件	SW0	
再送次数		
自动链接台数		
待机主站号		
CPU DOWN指定		
扫描模式指定		
延迟时间设置		
站信息指定		
远程设备站初始化指定		
中断设置	中断设置	

图3-33 备用主站网络参数设置

3.4.2 Q系列CC-Link网络系统的远程I/O站模块

Q 系列 CC-Link 网络系统常用的远程 I/O 站模块有 AJ65BTB2-16D、AJ65BTC1-32T 等，其外形和面板如图 3-34 所示。

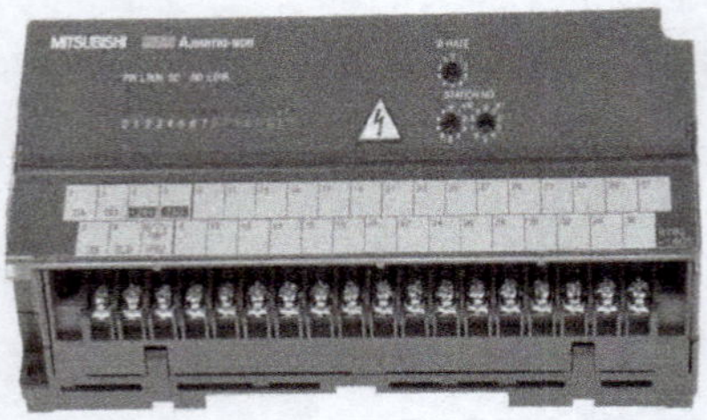

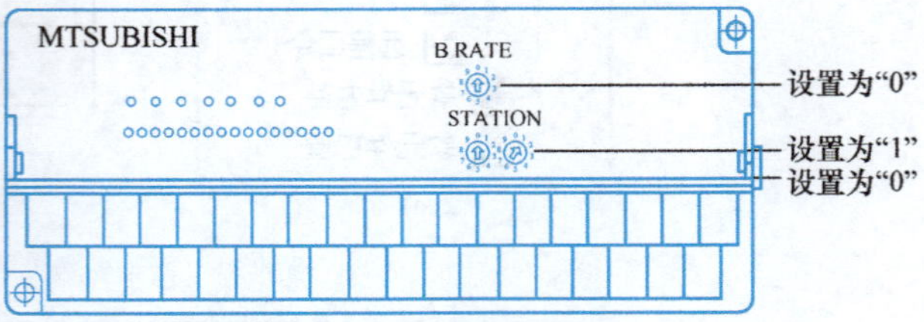

图3-34　Q系列CC-Link网络系统的远程I/O站模块外形和面板

1. 模块工作指示灯的作用（表3-37）

表 3-37　工作指示灯的作用

序号	LED	作　用
1	PW	直流 24V 电源供给时点亮
2	LRUN	执行数据链接正常
3	SD	正在发送数据
4	RD	正在接收数据
5	LERR	传送出错时点亮（CRC）
6	0~F	共 16 个显示输入 / 输出的 ON/OFF 状态

2. 速率设定

“B RATE”开关用于设定传输速率，传输速率要设置为 0~4 中的一个，可设值为 0~4。例如，要将此 I/O 站的传输速率设为 156kbit/s，可将“B RATE”开关设为“0”。开关设置值与传输速率的对应关系见表 3-38。

表 3-38　开关设置值与传输速率的对应关系

设　置	传送速率	设　置	传送速率
0	156kbit/s	3	5Mbit/s
1	625kbit/s	4	10Mbit/s
2	2.5Mbit/s		

3. 站号的设置

“STATION NO.”用于设定此站的站号，要在 0~64 中设置，不要重复设置站号，“X10”用于设置站号的十位数，“X1”用于设置站号的个位数。例如要将站号设为 1，可将“X10”设为 0，“X1”设为 1。

3.4.3 远程设备站模块

1. 远程设备站模块的外形及面板（图3-35）

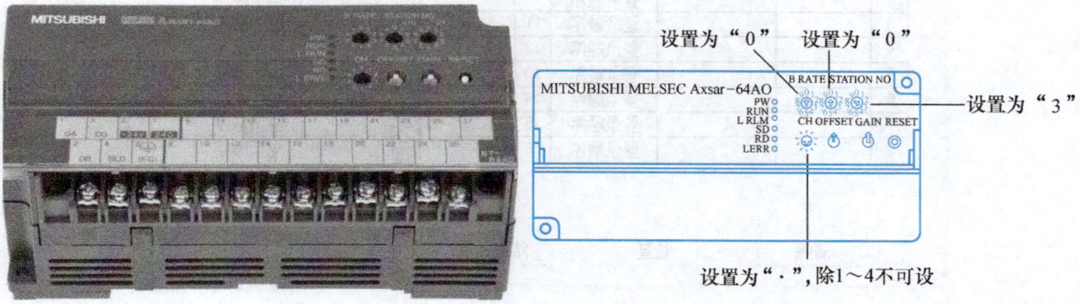

图3-35 远程设备站模块的外形及面板

2. 远程设备站初始化设置

必须通过主站对 AJ65BT-64AD 和 AJ65BT-64DAV 进行初始化操作。对于 MELSEC-Q 系列 PLC 的主站来说，通过设置网络参数注册初始化参数，不用顺控程序就可以自动实现远程设备站的初始化。网络参数注册初始化的步骤如下：

1）单击“初始设置”，如图 3-36 所示。

模块数 1 块 空白:未设置

	1	2
起始I/O号		
操作设置	操作设置	
类型	主站	
数据链接类型	PLC 参数自动启动	
模式设置	远程网络Ver.1模式	
总链接数	64	
远程输入(RX)刷新软元件		
远程输出(RY)刷新软元件		
远程寄存器(RWr)刷新软元件		
远程寄存器(RWw)刷新软元件		
Ver.2远程输入(RX)刷新软元件		
Ver.2远程输出(RY)刷新软元件		
Ver.2远程寄存器(RWr)刷新软元件		
Ver.2远程寄存器(RWw)刷新软元件		
特殊继电器(SB)刷新软元件		
特殊寄存器(SW)刷新软元件		
再送次数	3	
自动链接台数	1	
待机主站号		
CPU DOWN指定	停止	
扫描模式指定	异步	
延迟时间设置	0	
站信息指定	站信息	
远程设备站初始化指定	初始设置	
中断设置	中断设置	

图3-36 初始设置

2）显示“对象站号设置”对话框，在“目标站号”栏中输入远程设备站的站号，如“3”，如图 3-37 所示，然后单击“登录顺序数”。

3）显示“顺序登录”对话框，将“输入格式”切换为“16 进制”，如图 3-38 所示。

4）将第一行“顺序执行条件”中的“条件软元件”设置为“RX”，“软件元件号”设为“18”，“执行条件”设为“ON”；“执行内容”中的“写入软元件”设为“RY”，“软元件号”设为“00”，“写入数据”设为“ON”，如图 3-39 所示。

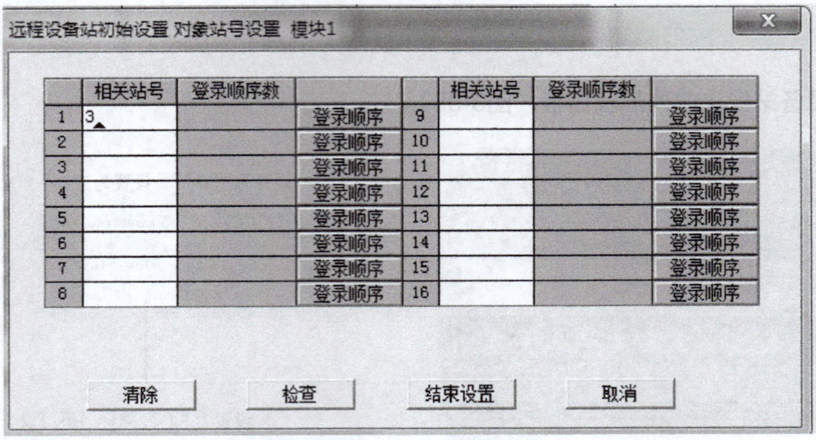

图3-37 设置站号

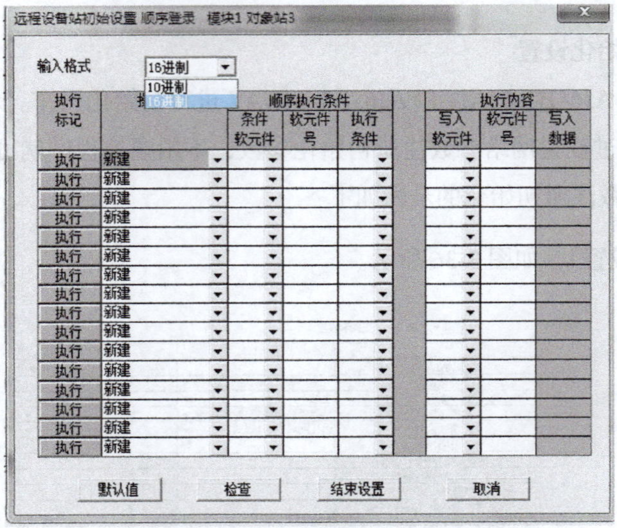

图3-38 设置输入格式

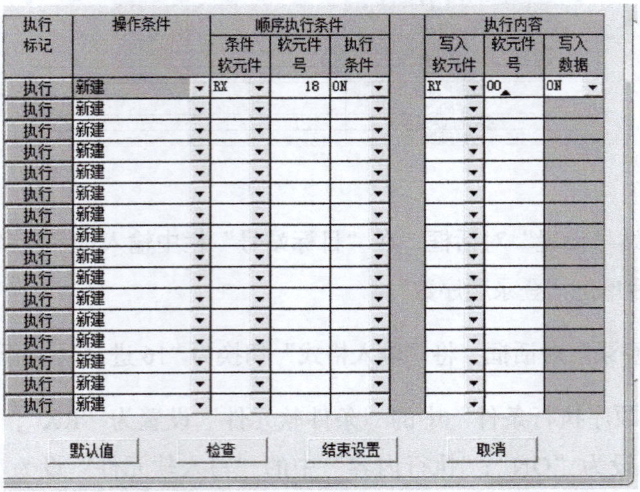

图3-39 设置执行条件

5）将“操作条件”设置为“与前一条件相同”，如图 3-40 所示。

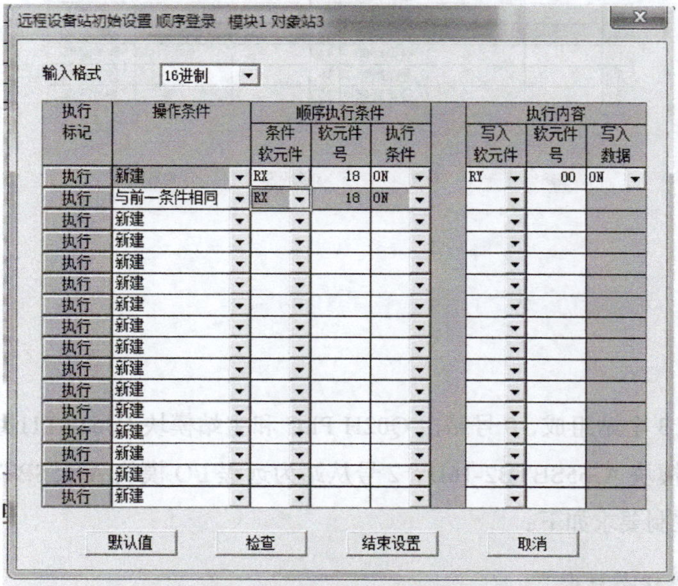

图3-40 设置第二个“执行”的操作条件

6）按步骤 4）和 5）完成如图 3-41 所示的设置。

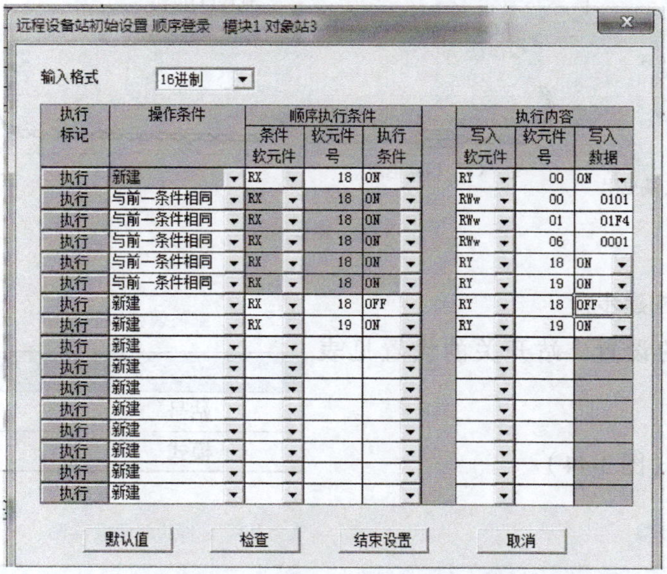

图3-41 设置其他“执行”的操作条件

7）单击“结束设置”按钮（图 3-42），完成 3 号站的初始化设置。

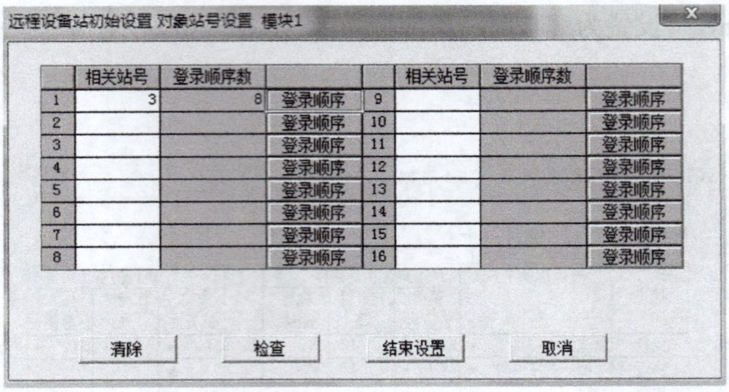

图3-42 完成3号站的初始化设置

3.4.4 Q系列PLC与远程I/O站之间的通信系统的组建

1. 控制任务

某控制系统由 3 个站组成，0 号站由 Q02H PLC 和主站模块 QJ61BT11 组成，作为主站，1 号从站为远程 I/O 模块 AJ65SBTB2-16D，2 号从站为远程 I/O 模块 AJ65SBTC1-32T，系统配置如图 3-43 所示。控制要求如下：

1）有数据链接状态显示。

2）当 1 号从站的 RX01 为 ON 时，2 号站的 RY2 为 ON。

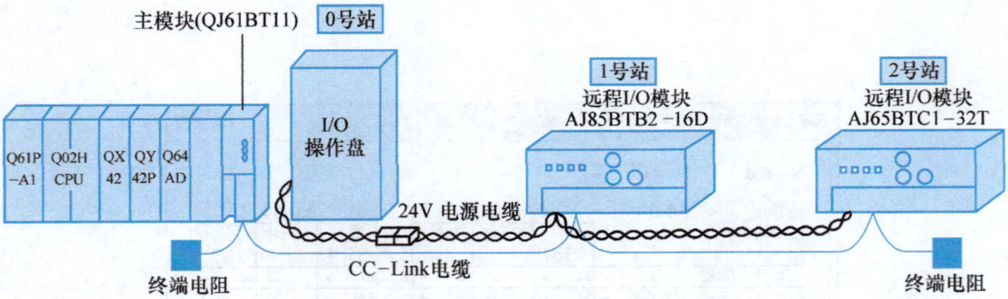

图3-43 系统配置

2. 通信系统的构建步骤

（1）站开关的设置 站开关的设置见表 3-39 ~ 表 3-41。

表 3-39 主站模块参数设置

设定开关名称	设定值
站号	0（X10）; 0（X1）
模式	0

（2）线路连接（图 3-44）

表 3-40 1 号从站参数设置

设定开关名称	设定值
站号	0（X10）; 1（X1）
传输速率	0

表 3-41 2 号从站参数设置

设定开关名称	设定值
站号	0（X10）; 2（X1）
传输速率	0

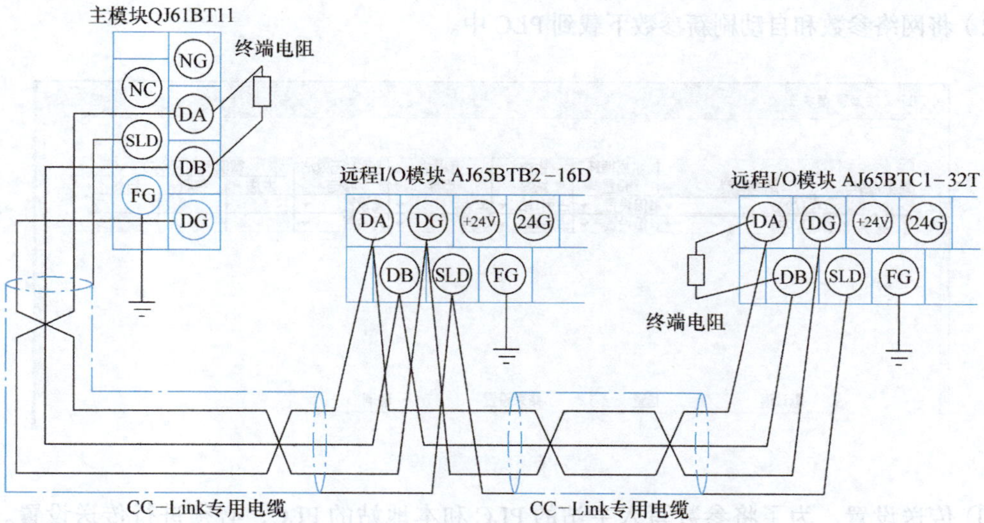

图3-44　线路连接图

（3）设置并保存网络参数和自动刷新参数

1）设置主站的网络参数和自动刷新参数。

① 网络参数和自动刷新参数。在工程数据列表窗口单击“网络参数”，在相应的对话框中单击“CC-Link”按钮，弹出网络参数设置对话框，设置方法如图3-45所示。

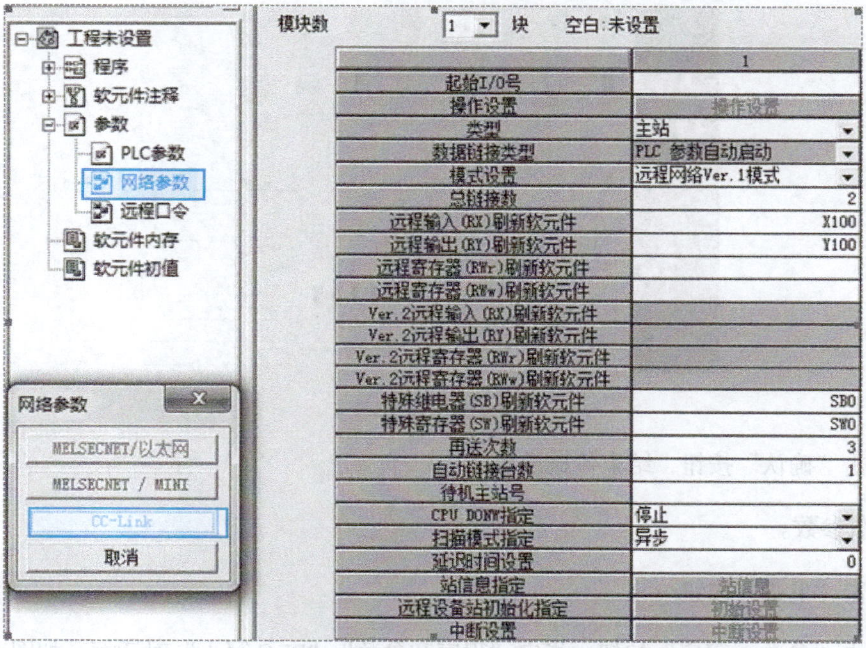

图3-45　网络参数和自动刷新参数的设置

② 站信息。单击图 3-45 中的“站信息”进行设置，参数如图 3-46 所示。

2）将网络参数和自动刷新参数下载到 PLC 中。

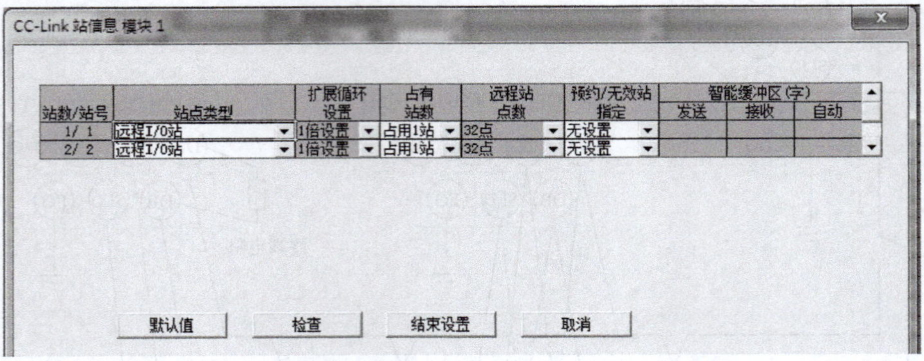

图3-46　站信息的设置

① 传送设置。为了将参数写入主站的 PLC 和本地站的 PLC，必须进行传送设置。步骤如下：

a）在工具栏上单击“在线”→“传输设置”。

b）单击“串行 USB”,在弹出的“PC I/F 串口设置”对话框中选中“USB”,如图 3-47 所示，然后单击“确认”按钮；双击 CPU 模块，在弹出的对话框中将 PLC 的 CPU 模式设置为“QCPU（Q 模式）”，并且选中“使用 GOT（总线连接）透明传输功能”，如图 3-48 所示，然后单击“确认”按钮完成设置。

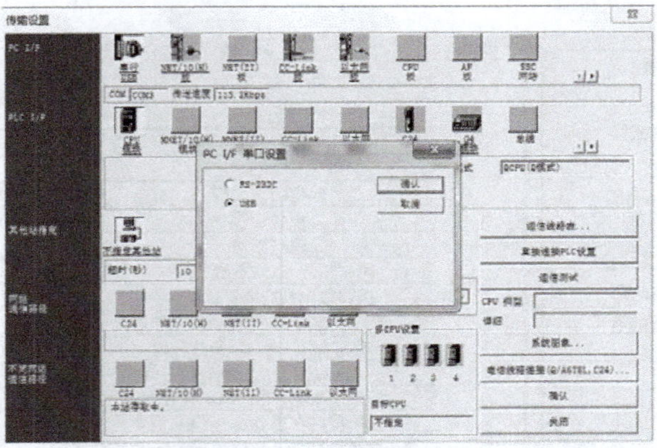

图3-47　设置PC串口

c）单击“确认”按钮，结束传送设置。

② 下载参数。

a）单击“下载”按钮。

b）单击“参数＋程序”按钮，指定“程序和参数”，“PLC 写入”对话框，如图 3-49 所示。

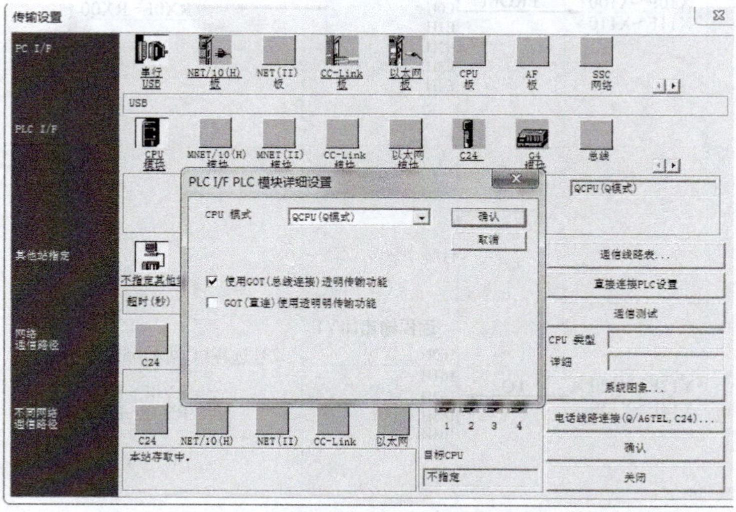

图3-48 设置PLC模块

c）单击“执行”按钮开始下载。下载完成后单击“确认”按钮确认下载成功。单击“关闭”按钮结束下载，重新启动 PLC，CPU 参数生效，参数写入过程结束。

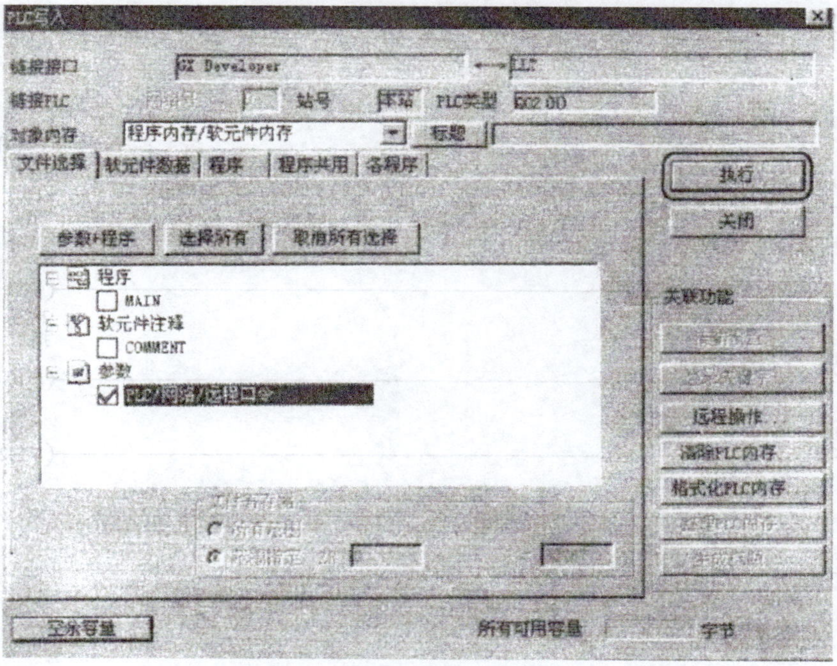

图3-49 “PLC写入”对话框

（4）控制功能的实现

1）主站缓冲存储器和远程 I/O 站的刷新之间的关系，如图 3-50 所示。

2）编写控制程序。主站参考程序如图 3-51 所示。

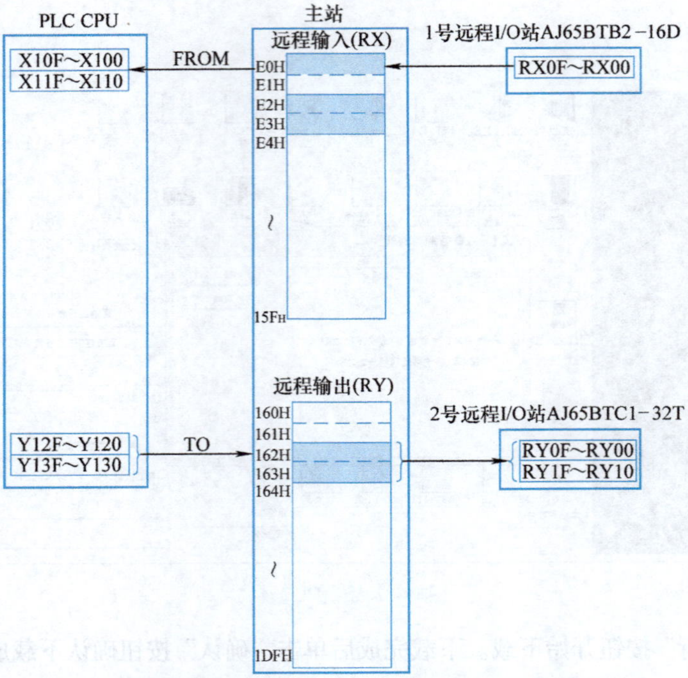

图3-50　主站缓冲存储器和远程I/O站的刷新之间的关系

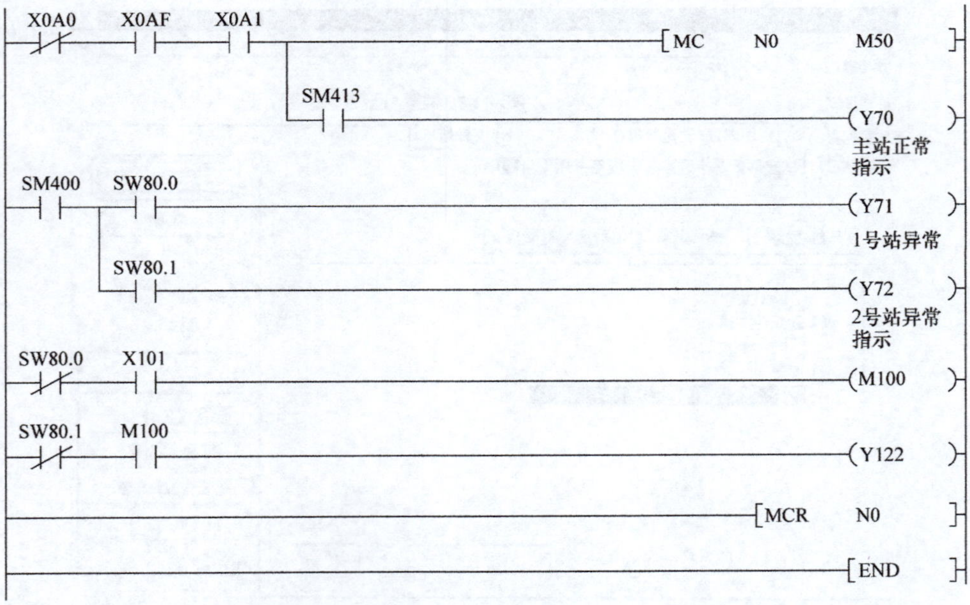

图3-51　主站参考程序

3.4.5　Q系列PLC与远程设备站（AD和DA）的通信系统的组建

1. 控制任务

某控制系统由 3 个站组成，0 号站由 Q02H PLC 和主站模块 QJ61BT11 组成，作为主站，1 号从站为远程 I/O 模块 AJ65BT-64AD，2 号从站为远程 I/O 模块 AJ65BT-64DAV，系统配置如

图 3-52 所示。控制要求如下：

1）有数据链接状态显示。

2）根据音量按钮上的输入音量的变化，将音量的数值通过 Y6F~Y60 显示在输出 LED 上。

3）X4 接通时，将 X2F~X20 设置的值在数据开关显示部分上显示。

4）当 X5 接通时，D-A 输出 5V 电压。

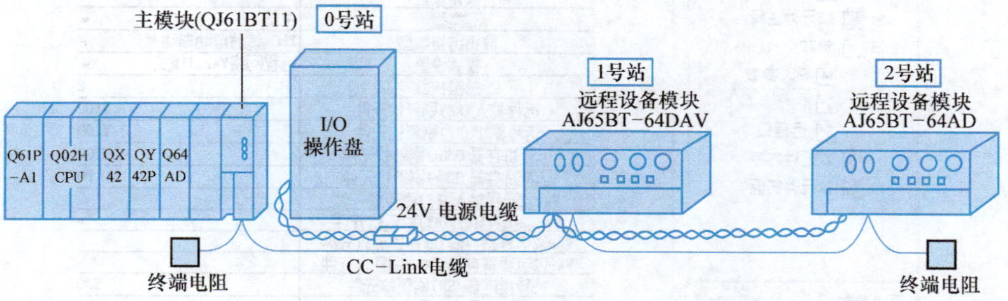

图3-52 系统配置

2. 通信系统的构建步骤

（1）站开关的设置 见表 3-42 ~ 表 3-44。

（2）线路连接 如图 3-53 所示。

表 3-42 主站模块参数设置

设定开关名称	设定值
站号	0（X10）；0（X1）
模式	0

表 3-43 1 号从站参数设置

设定开关名称	设定值
站号	0（X10）；1（X1）
传输速率	0

表 3-44 2 号从站参数设置

设定开关名称	设定值
站号	0（X10）；2（X1）
传输速率	0

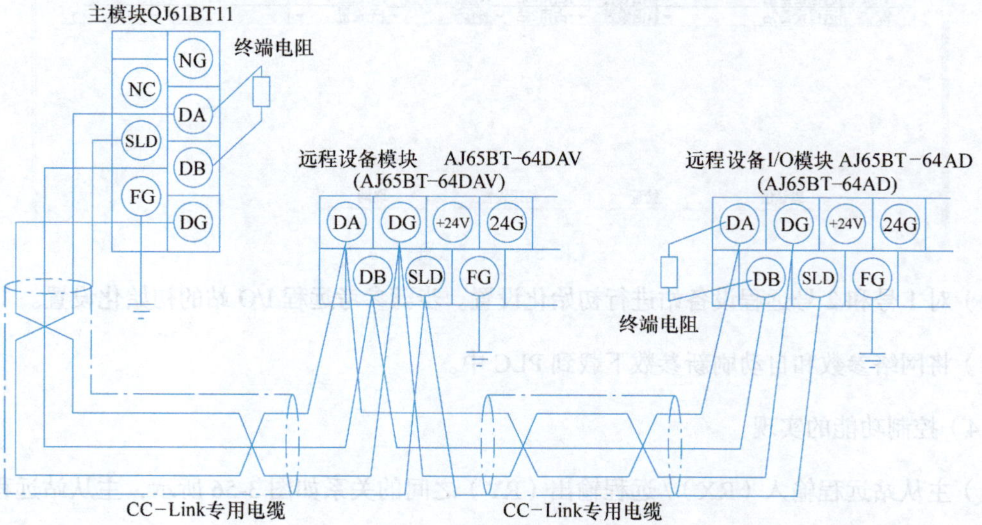

图3-53 连接线路图

（3）设置并保存网络参数和自动刷新参数

1）设置主站的网络参数和自动刷新参数

① 网络参数和自动刷新参数。在工程数据列表窗口单击“网络参数”，在相应的对话框中单击“CC-Link”按钮，弹出网络参数设置对话框，设置方法如图 3-54 所示。

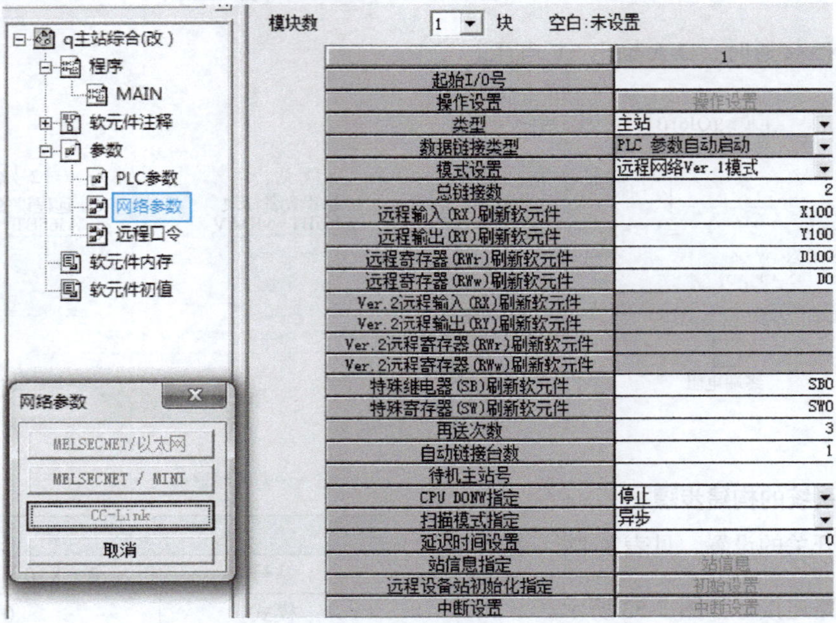

图3-54 网络设置

② 站信息。单击图 3-54 中的“站信息”进行设置，参数如图 3-55 所示。

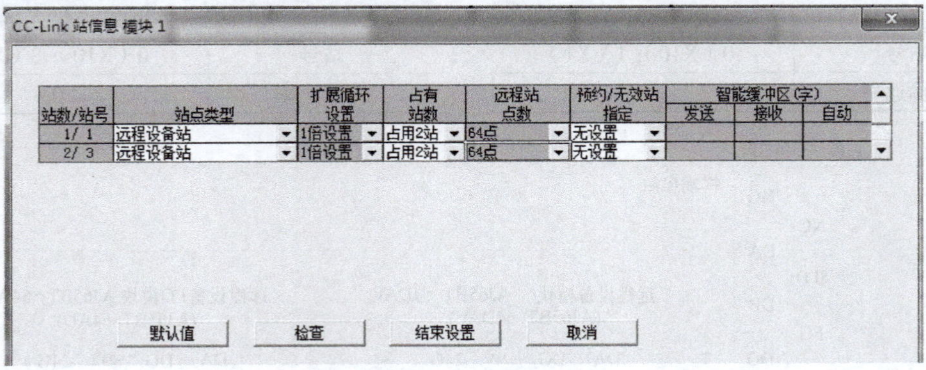

图3-55 站信息设置

2）对 1 号和 2 号远程设备站进行初始化设置。步骤参考远程 I/O 站的初始化设置。

3）将网络参数和自动刷新参数下载到 PLC 中。

（4）控制功能的实现

1）主从站远程输入（RX）/ 远程输出（RY）之间的关系如图 3-56 所示，主从站远程寄存器（RWw）/（RWr）之间的关系如图 3-57 所示。

2）编写程序。主站参考程序如图 3-58 所示。

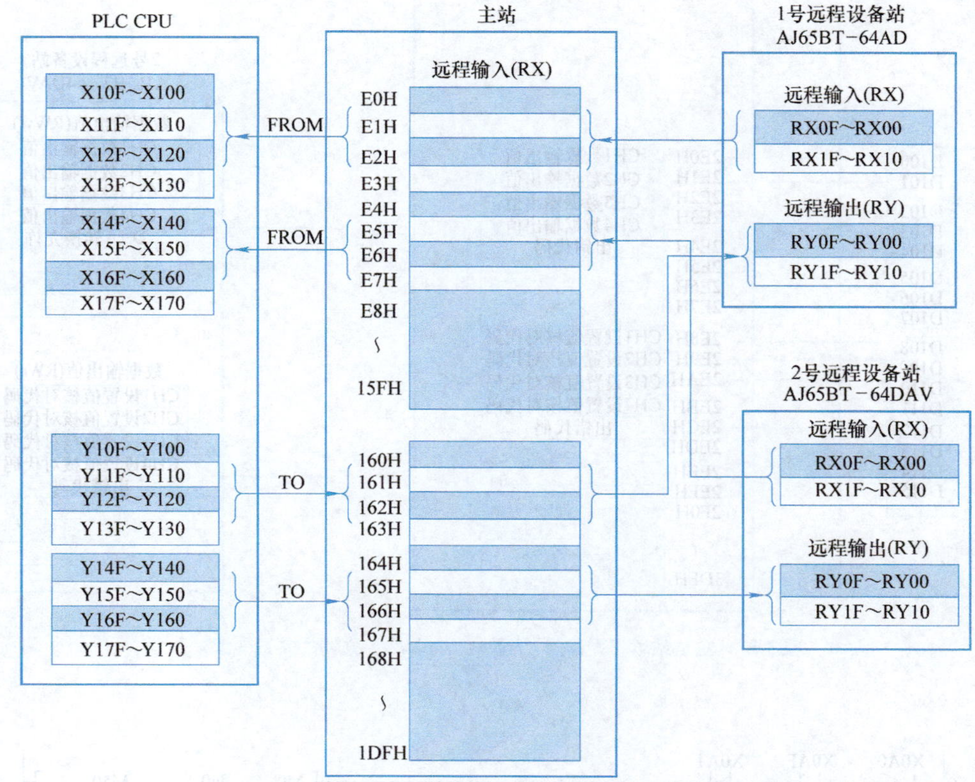

图3-56 主从站远程输入（RX）/远程输出（RY）之间的关系

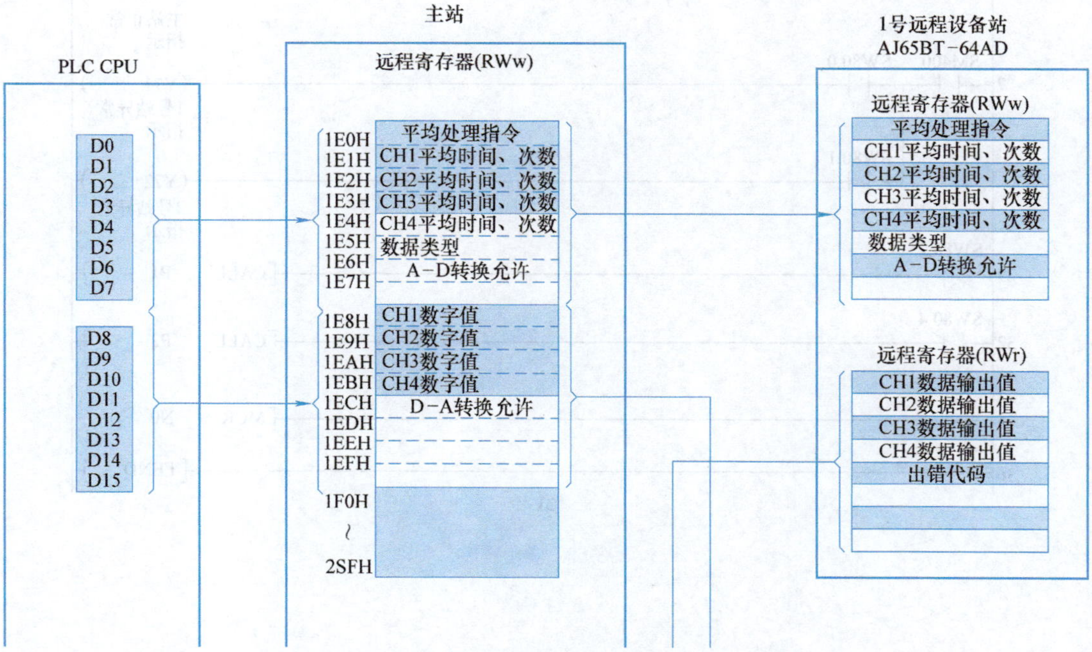

图3-57 主从站远程寄存器（RWw）/（RWr）之间的关系

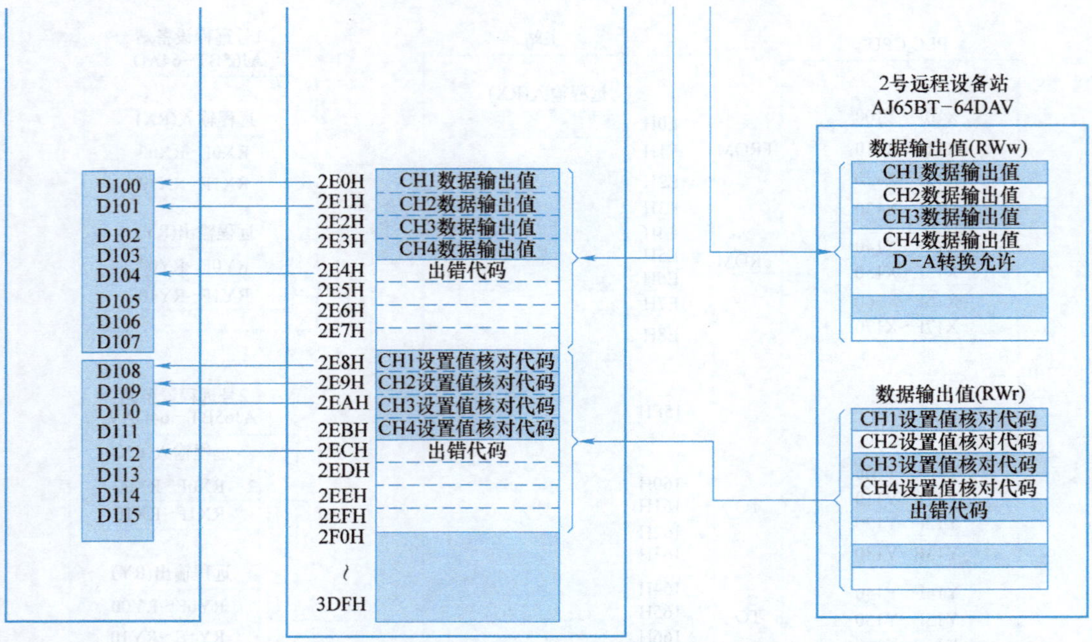

图3-57　主从站远程寄存器（RWw）/（RWr）之间的关系（续）

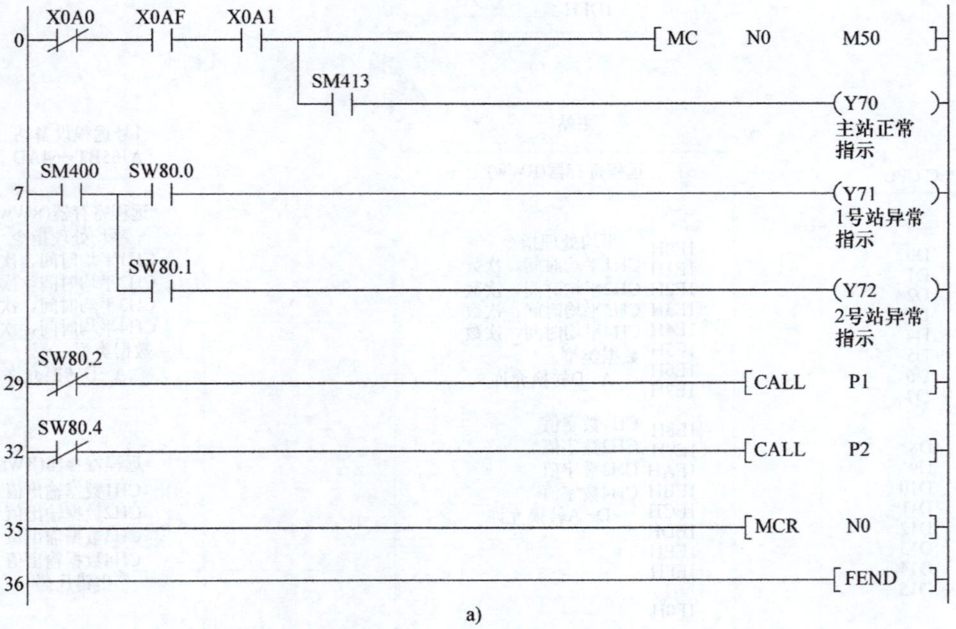

图3-58　参考程序

a）主程序

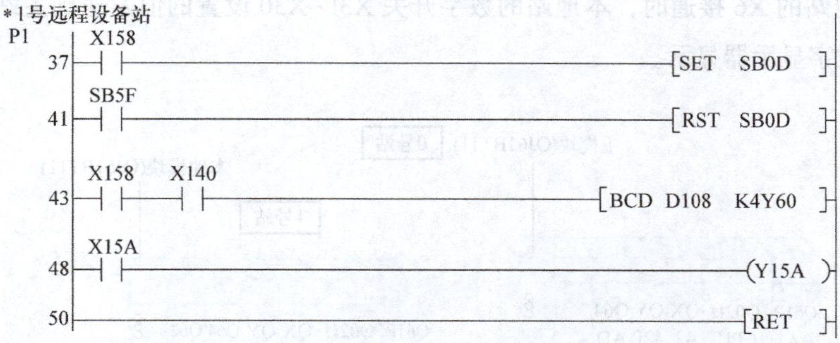

b)

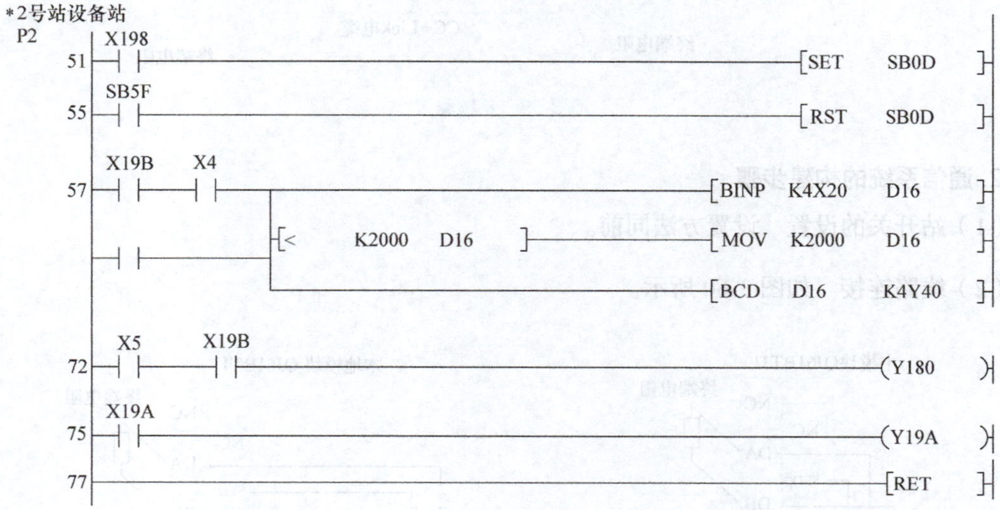

c)

图3-58　参考程序（续）

b）1号站控制子程序　c）2号站控制子程序

3.4.6　Q系列PLC与本地站之间的通信系统的组建

1. 控制任务

某控制系统由两个站组成，两个站都是由Q02H PLC和模块QJ61BT11组成，一个作为主站，一个作为本地站实现通信，本地站系统配置如图3-59所示。控制要求如下：

1）有数据链接状态显示。

2）1号本地站的X2控制主站Y77的输出。

3）当主站的X6接通时，主站的数字开关X3F~X30设置的值发送到本地站，并由本地站的Y5F~Y50数字显示器显示。

4）当本地站的 X6 接通时，本地站的数字开关 X3F~X30 设置的值发送到主站，并由主站的 Y5F~Y50 数字显示器显示。

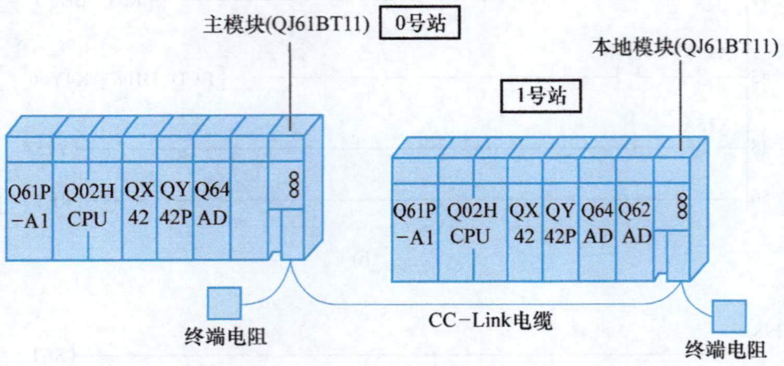

图3-59　系统配置

2. 通信系统的构建步骤

（1）站开关的设置　设置方法同前。

（2）线路连接　如图 3-60 所示。

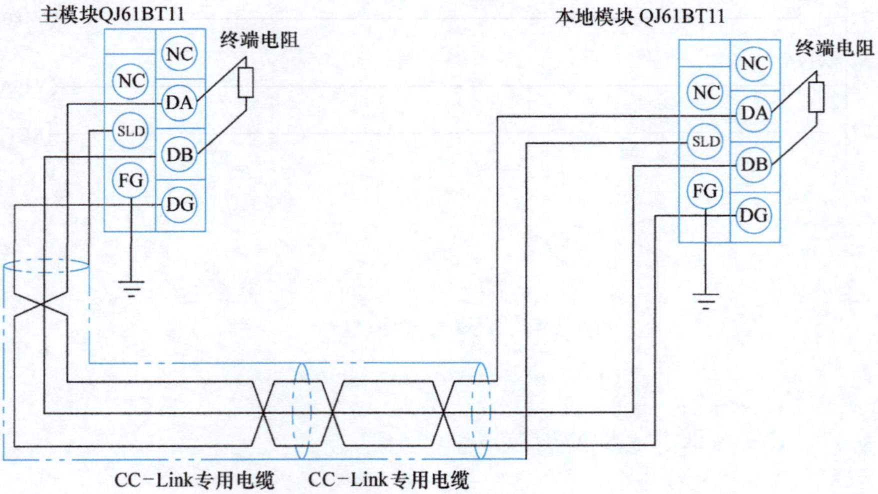

图3-60　线路连接图

（3）设置并保存网络参数和自动刷新参数

1）设置主站的网络参数和自动刷新参数。

① 网络参数和自动刷新参数。在工程数据列表窗口单击“网络参数”，在相应对话框中单击“CC-Link”按钮，弹出网络参数设置对话框，设置方法如图 3-61 所示。

② 站信息，参数设置如图 3-62 所示。

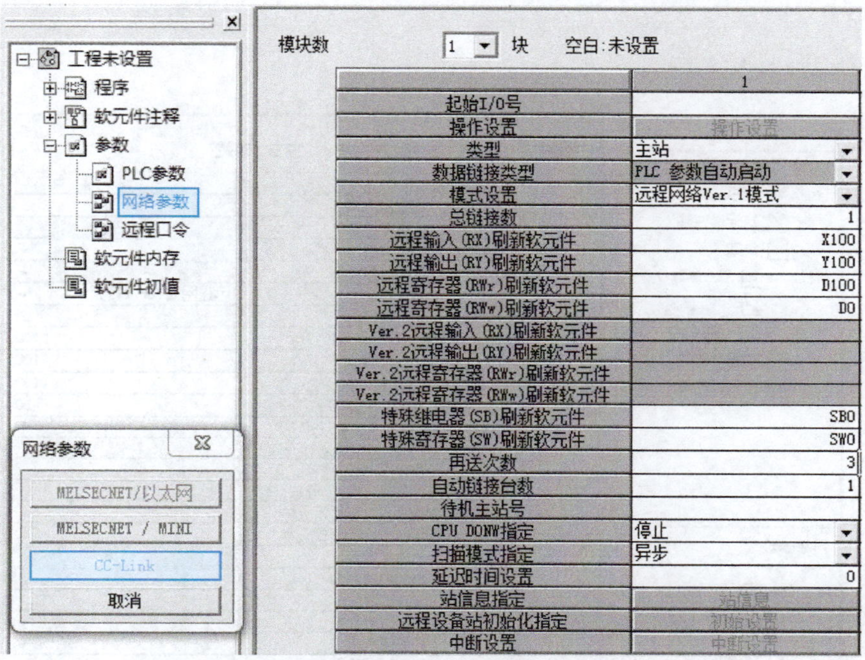

图3-61　网络参数和自动刷新参数的设置

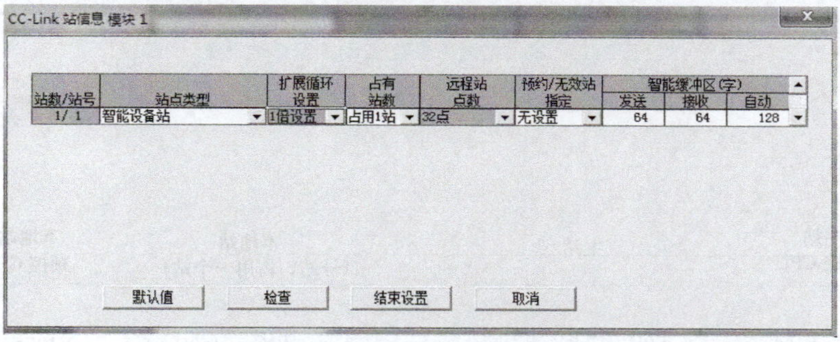

图3-62　站信息的设置

2）设置本地站（1 号站）网络参数和自动刷新参数，如图 3-63 所示。

3）将网络参数和自动刷新参数下载到 PLC 中。

（4）控制功能的实现

1）主站缓冲存储器和本地站的刷新之间的关系。主站与本地站通信时，远程输入（RX）/输出（RY）不能使用后两位，如图 3-64 所示。

在主站和本地站中所有的传送数据都被储存，远程寄存器之间的刷新关系如图 3-65 所示。

2）参考程序。主站参考程序如图 3-66 所示，本地站参考程序如图 3-67 所示。

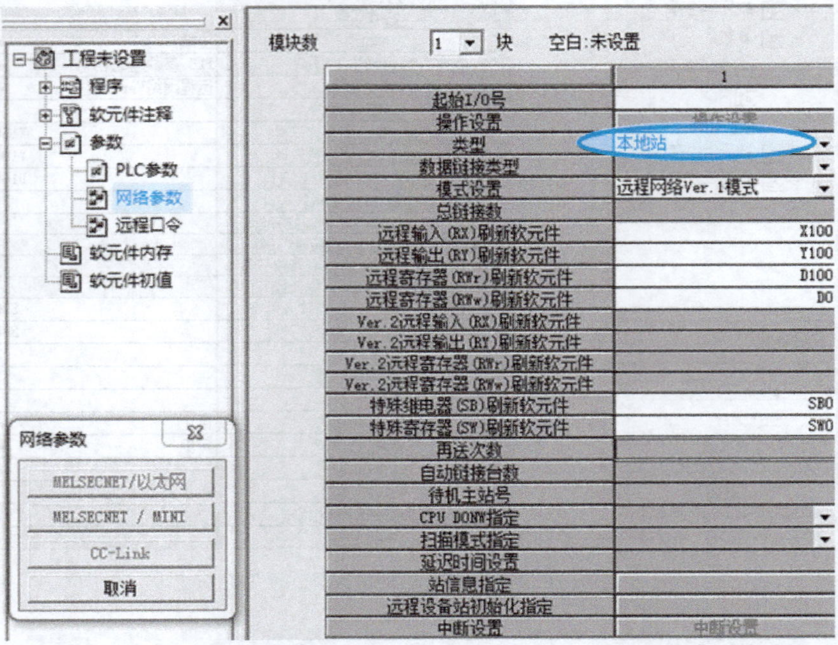

图3-63 本地站网络参数/自动刷新参数设置

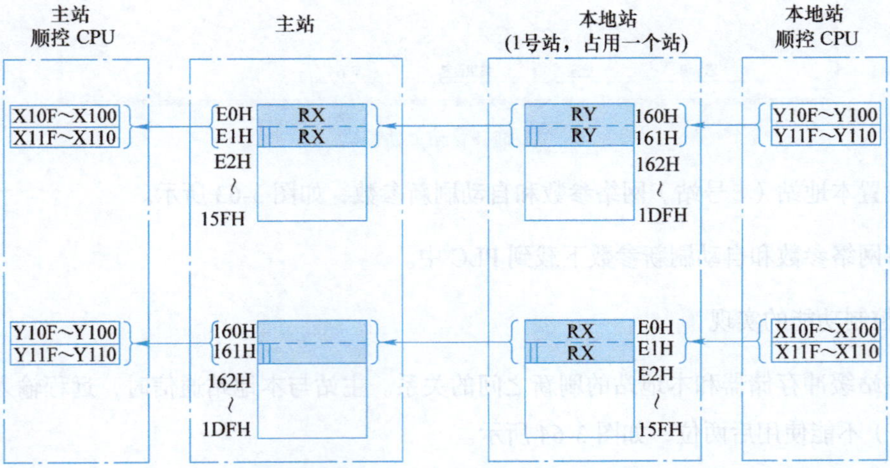

图3-64 主站缓冲存储器和本地站的刷新之间的关系

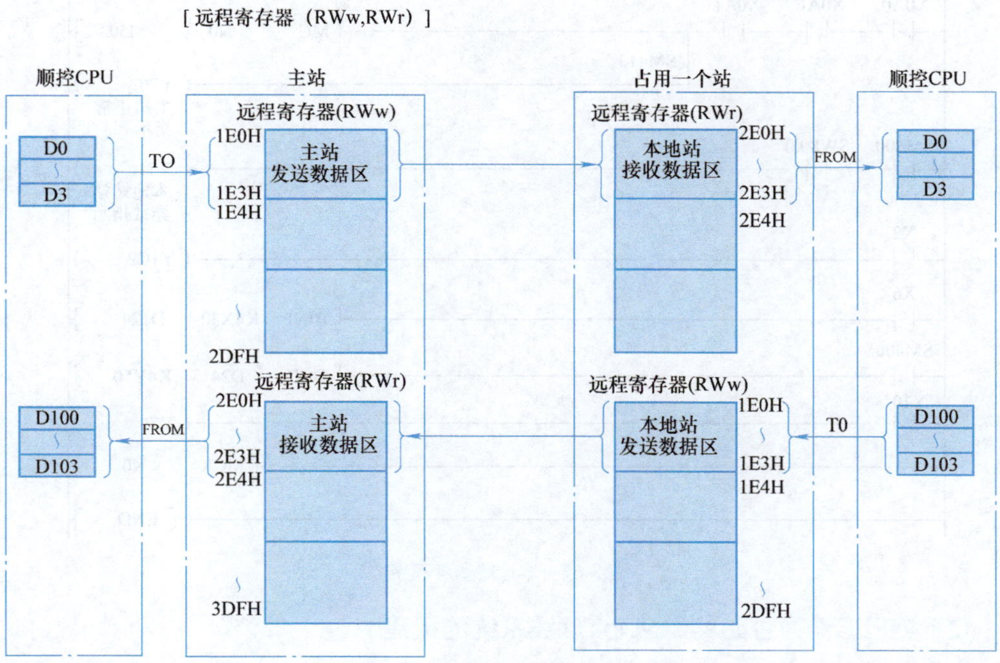

图3-65 远程寄存器之间的刷新关系

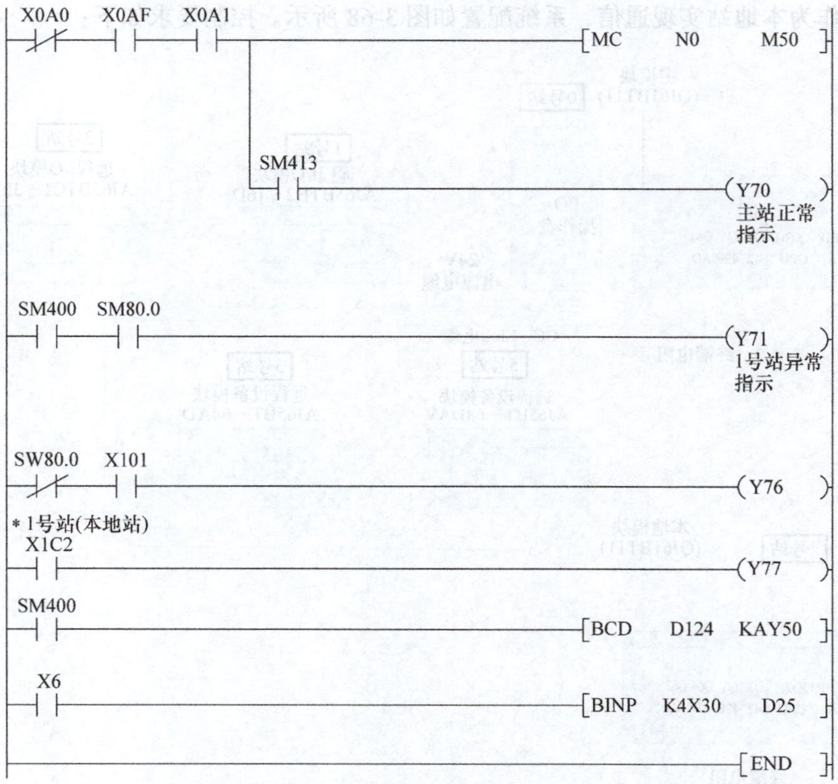

图3-66 主站参考程序

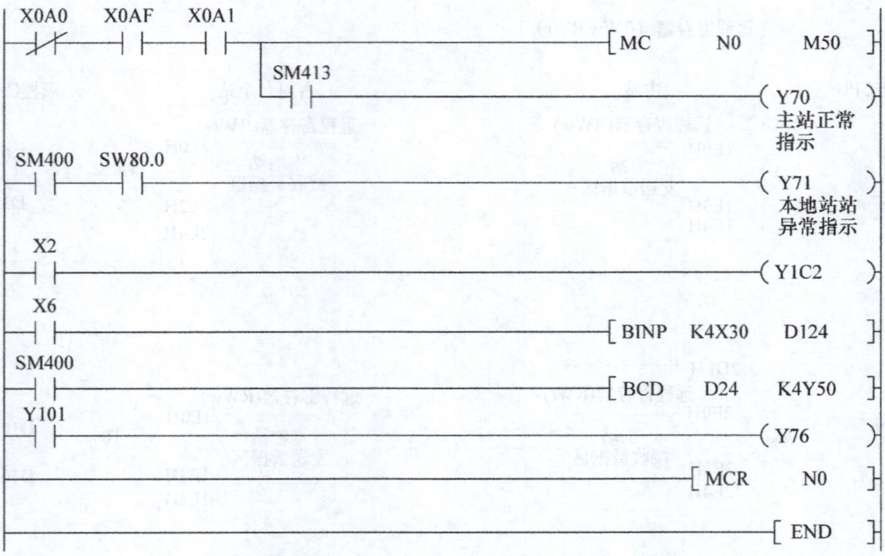

图3-67　本地站参考程序

3.4.7　Q系列PLC作为主站的CC-Link总线系统的组建

1. 控制任务

某控制系统由两个站组成，两个站都是由 Q02H PLC 和模块 QJ61BT11 组成，一个作为主站，一个作为本地站实现通信，系统配置如图 3-68 所示。控制要求如下：

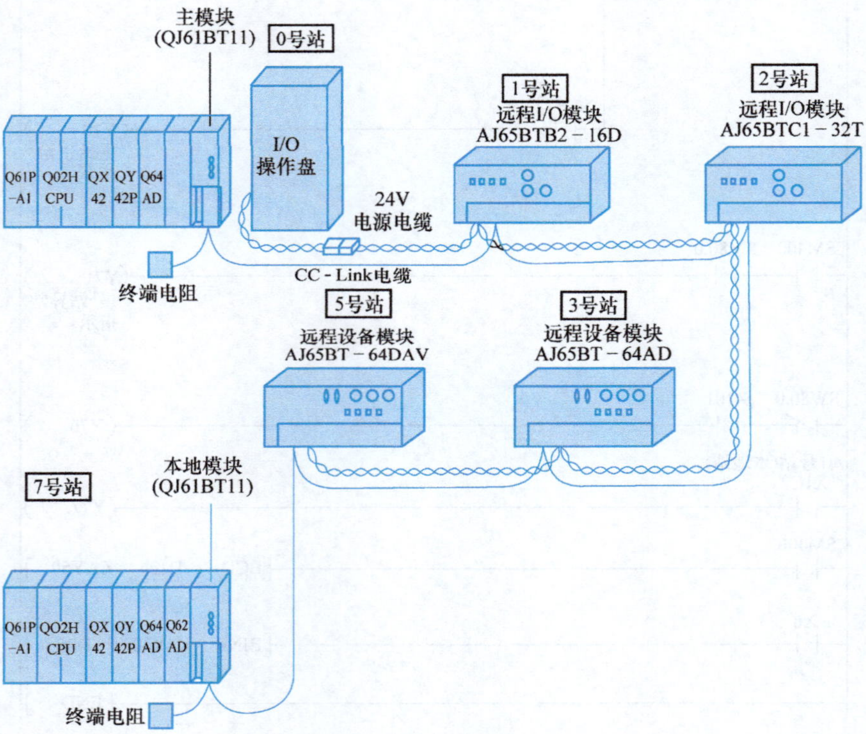

图3-68　系统配置

1）有数据链接状态显示。

2）1 号本地站的 X2 控制主站 Y77 的输出。

3）当主站的 X6 接通时，主站的数字开关 X3F~X30 设置的值发送到本地站，并由本地站的 Y5F~Y50 数字显示器显示。

4）当本地站的 X6 接通时，本地站的数字开关 X3F~X30 设置的值发送到主站，并由主站的 Y5F~Y50 数字显示器显示。

2. 系统的构建

（1）站参数的设置 主站和远程站参数的设置见表 3-45 ~ 表 3-50。

表 3-45 主站模块参数设置

设定开关名称	设定值
站号	0（X10）；0（X1）
模式	0

表 3-46 1 号从站参数设置

设定开关名称	设定值
站号	0（X10）；1（X1）
传输速率	0

表 3-47 2 号从站参数设置

设定开关名称	设定值
站号	0（X10）；2（X1）
传输速率	0

表 3-48 3 号从站模块参数设置

设定开关名称	设定值
站 号	0；0；3
传输速率	“.”

表 3-49 5 号从站模块参数设置

设定开关名称	设定值
站号	0；0；5
传输速率	“.”

表 3-50 7 号本地站参数设置

设定开关名称	设定值
站号	0；0；7
模式	0

（2）线路的连接 线路的连接如图 3-69 所示。

（3）设置网络参数和自动刷新参数

1）设置主站的网络参数和自动刷新参数。

① 网络参数 / 自动刷新参数。在工程数据列表窗口单击“网络参数”，在相应的对话框中单击“CC-Link”按钮，弹出网络参数设置对话框，设置方法如图 3-70 所示。

② 站信息，如图 3-71 所示。

2）对 3 号和 5 号远程设备站进行初始化设置。步骤参考远程设备站的初始化设置。

3）设置本地站（7 号站）网络参数和自动刷新参数，如图 3-72 所示。

4）将网络参数和自动刷新参数下载到 PLC 中。

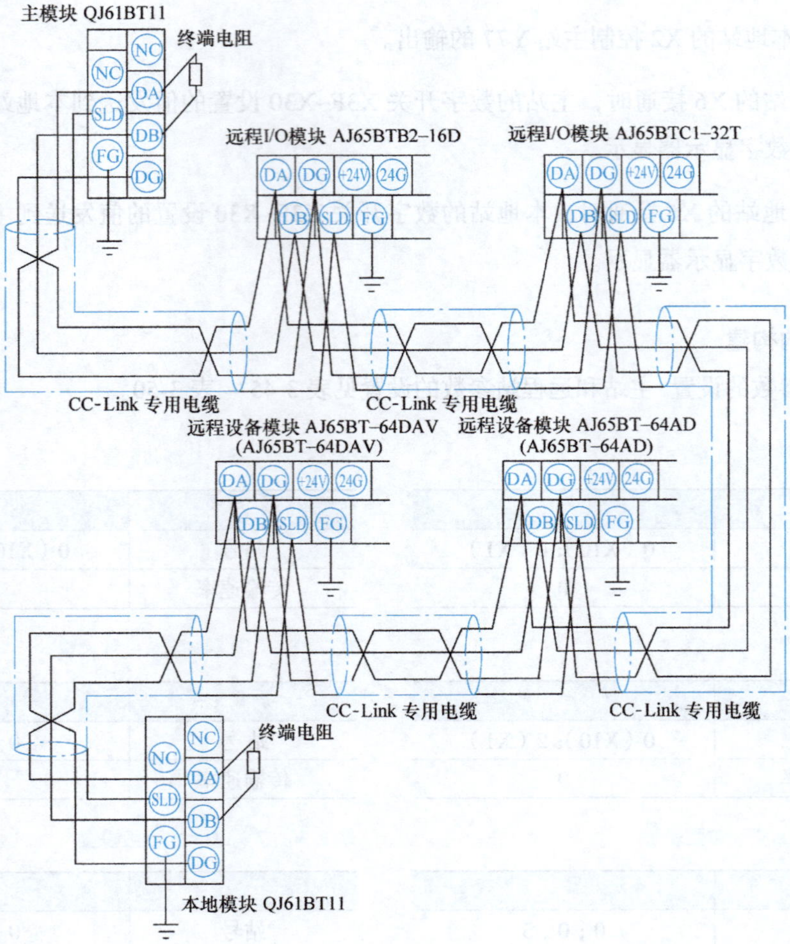

图3-69　线路的连接

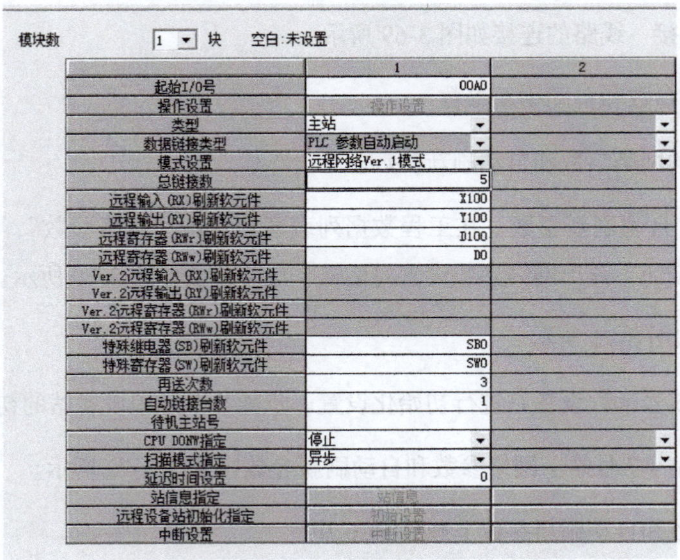

模块数 1 块　空白:未设置

	1	2
起始I/O号	00A0	
操作设置	操作设置	
类型	主站	
数据链接类型	PLC 参数自动启动	
模式设置	远程网络Ver.1模式	
总链接数	5	
远程输入(RX)刷新软元件	X100	
远程输出(RY)刷新软元件	Y100	
远程寄存器(RWr)刷新软元件	D100	
远程寄存器(RWw)刷新软元件	D0	
Ver.2远程输入(RX)刷新软元件		
Ver.2远程输出(RY)刷新软元件		
Ver.2远程寄存器(RWr)刷新软元件		
Ver.2远程寄存器(RWw)刷新软元件		
特殊继电器(SB)刷新软元件	SB0	
特殊寄存器(SW)刷新软元件	SW0	
再送次数	3	
自动链接台数	1	
待机主站号		
CPU DONW指定	停止	
扫描模式指定	异步	
延迟时间设置	0	
站信息指定	站信息	
远程设备站初始化指定	初始设置	
中断设置	中断设置	

图3-70　网络参数和自动刷新参数的设置

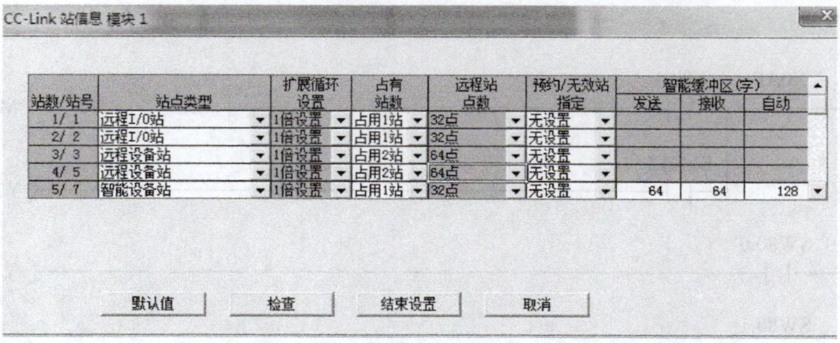

图3-71　站信息的设置

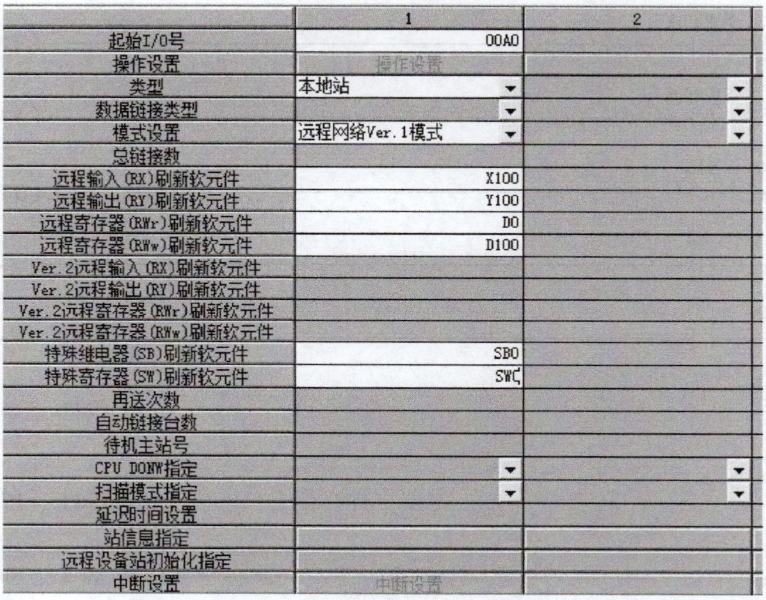

图3-72　本地站网络参数和自动刷新参数的设置

（4）编程

1）数据刷新。

2）编制程序。

① 主站程序，如图 3-73 所示。

② 本地站程序，如图 3-74 所示。

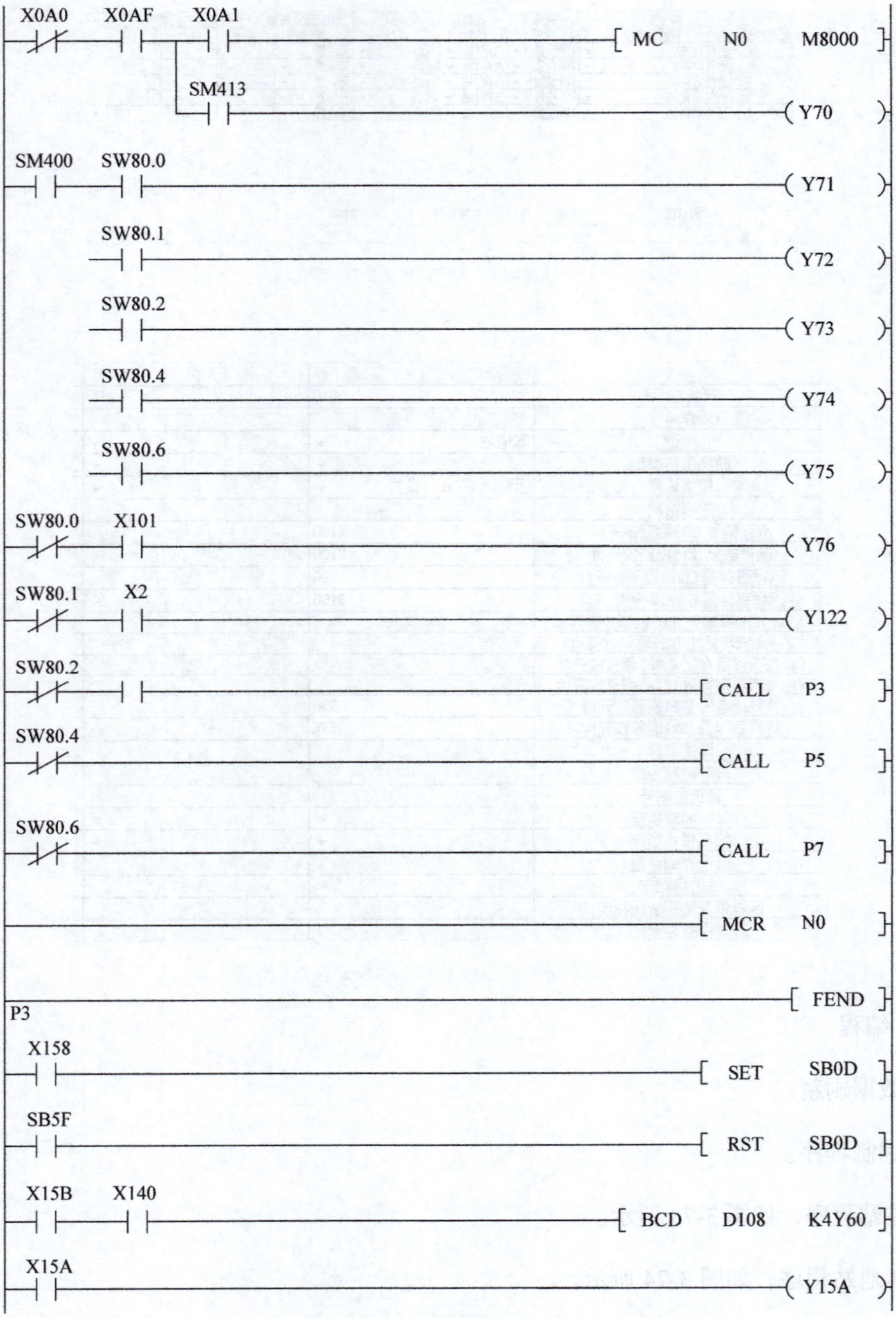
X0A0
X0AF
X0A1
MC
N0
M8000
SM413
Y70
SM400
SW80.0
Y71
SW80.1
Y72
SW80.2
Y73
SW80.4
Y74
SW80.6
Y75
SW80.0
X101
Y76
SW80.1
X2
Y122
SW80.2
CALL
P3
SW80.4
CALL
P5
SW80.6
CALL
P7
MCR
N0
FEND
P3
X158
SET
SB0D
SB5F
RST
SB0D
X15B
X140
BCD
D108
K4Y60
X15A
Y15A

图3-73　主站程序

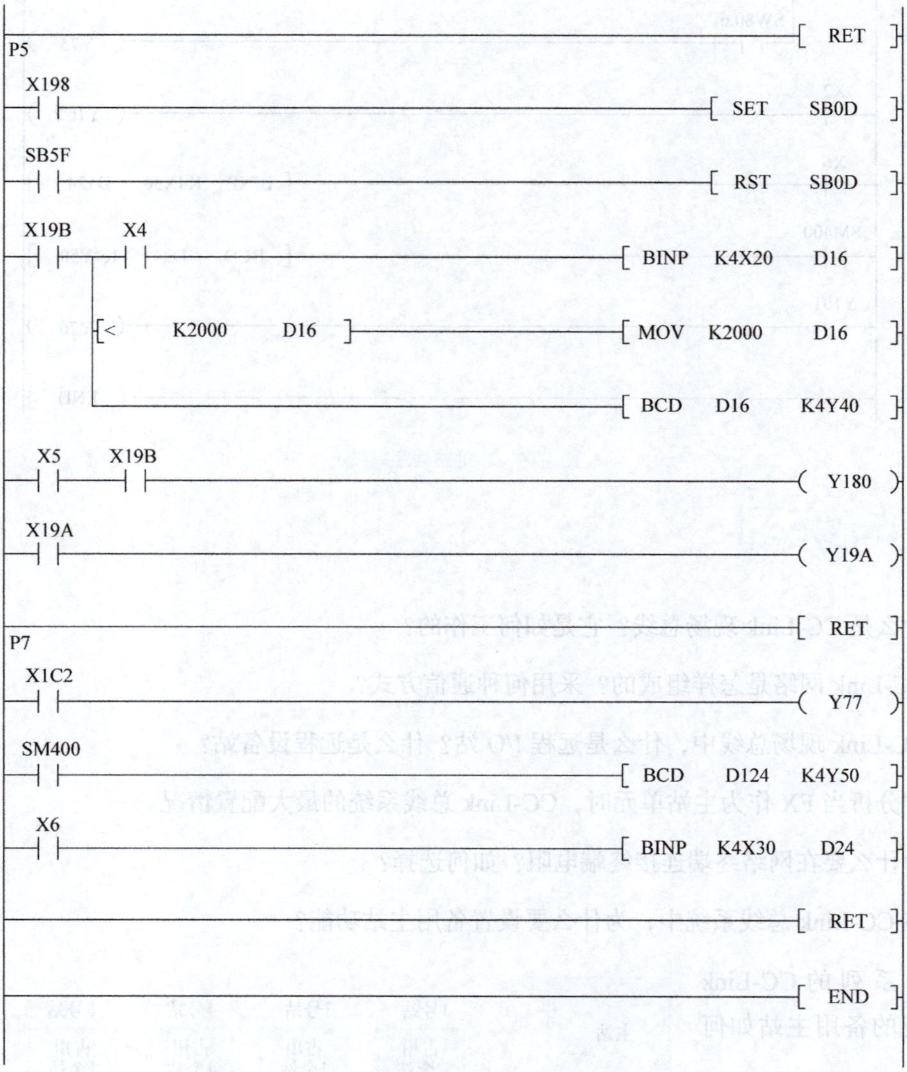

图3-73 主站程序（续）

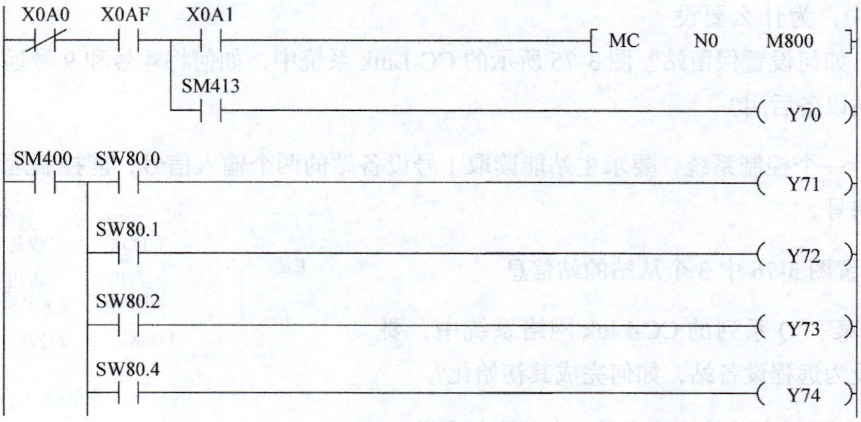

图3-74 本地站程序

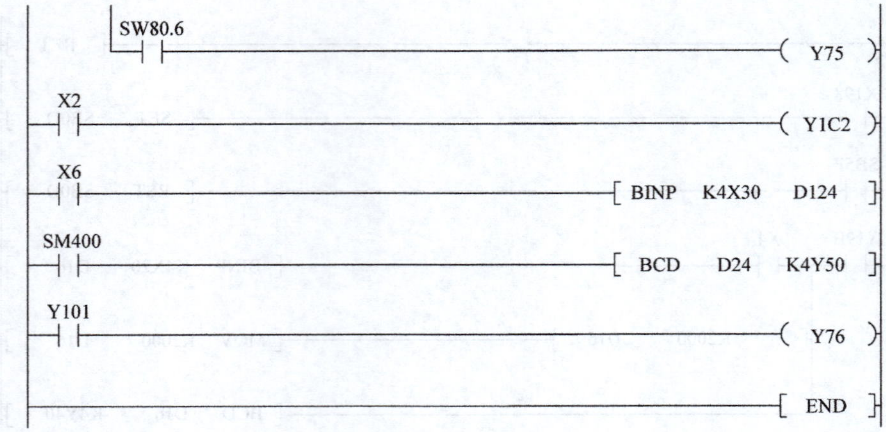

图3-74 本地站程序（续）

思考与练习

1. 什么是 CC-Link 现场总线？它是如何工作的？

2. CC-Link 网络是怎样组成的？采用何种通信方式？

3. CC-Link 现场总线中，什么是远程 I/O 站？什么是远程设备站？

4. 试分析当 FX 作为主站单元时，CC-Link 总线系统的最大配置情况。

5. 为什么要在网络终端连接终端电阻？如何选择？

6. 在 CC-Link 总线系统中，为什么要设置备用主站功能？

7. Q 系列的 CC-Link 网络系统的备用主站如何设置？

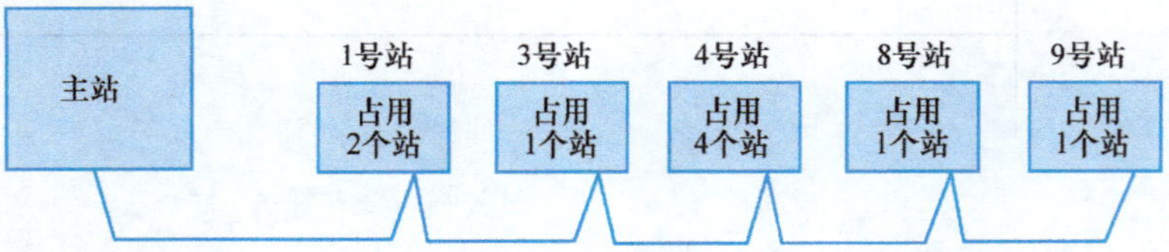

图3-75 题8图

8. 对于 CC-Link 现场控制系统中，为什么要设置保留站？如何设置保留站？图 3-75 所示的 CC-Link 系统中，如何将 4 号和 9 号远程设备站都设为保留站以备后用？

9. 设计一个控制系统，要求主站能读取 1 号设备站的两个输入信号，能控制远程 1 号站的两个输出信号。

10. 设置图 3-76 中 3 个从站的站信息

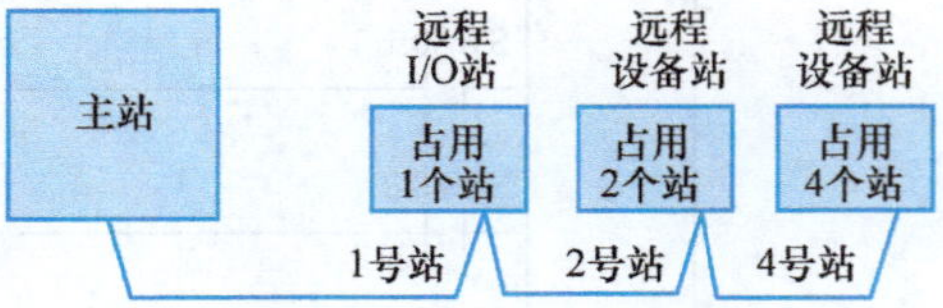

图3-76 题10图

11. 在某一 Q 系列的 CC-Link 网络系统中，要将 7 号站设为远程设备站，如何完成其初始化？

12. 如何设置主站的网络参数 / 自动刷新参数？

第4章 CHAPTER 4

Modbus现场总线通信系统的组建

4.1 Modbus概述

Modbus 是施耐德公司于 1979 年开发的一种通用串行通信协议，是国际上第一个真正用于工业控制的现场总线协议。由于其功能完善、使用简单、数据易于处理，因而在各种智能设备中被广泛采用。许多工业设备，包括 PLC、智能仪表等都在使用 Modbus 协议作为它们之间的通信标准。由于施耐德公司的推动，加上相对低廉的实现成本，Modbus 在低压配电市场上所占的份额远远超过其他现场总线。Modbus 尤其适用于小型控制系统或单机控制系统，以实现低成本、高性能的主从式计算机网络监控。

Modbus 只定义了通信消息的结构，对端口没有具体规定。一个 Modbus 信息帧包括设备地址、功能代码、数据段和错误检测域。

Modbus 的数据通信采用主从方式。网络中只有一个主站设备，通信采用查询 / 回应的方式进行。主设备初始化系统通信设置，并向从设备发送消息；从设备正确接收消息后，响应主设备的查询或根据主设备的消息做出响应动作。主设备可以是 PC、PLC 或其他工业控制设备，可以单独和从设备通信，也可以通过广播方式和所有从设备通信。单独通信时，从设备需要返回消息作为回应，从设备回应消息也由 Modbus 信息帧构成。以广播方式查询时则不做任何回应。

Modbus 协议目前有用于串口、以太网以及其他支持互联网协议的网络版本，大多数 Modbus 设备通信通过串口 EIA-485 物理层进行。由于 Modbus 协议具有良好的适用性，因此得到了 GE、西门子等公司的应用，并把它作为一种标准的通信接口提供给用户。对于串行连接，在 Modbus 系统中有两种传输模式可选择，即远程终端单元（Remote Terminal Unit，RTU）模式和美国标准信息交换代码（American Standard Code for Information Interchange，ASCII）模式。这两种模式只是信息编码不同，RTU 模式采用二进制表示数据，而 ASCII 模式使用的字符是 RTU 模式的两倍，即在相同传输速率下，RTU 模式比 ASCII 模式的传输效率要高一倍；但 RTU 模式对系统的时间要求较高，而 ASCII 模式允许两个字符发送的时间间隔为 1s，而且不产生错误。

在一个 Modbus 通信系统中只能选择一种模式，不允许两种模式混合使用，即设置为 RTU 通信方式的节点不会和设置为 ASCII 通信方式的节点进行通信，反之亦然。通信系统选用哪种传输模式可由主设备来选择。

Modbus RTU 是一种较为理想的通信协议，也得到了广泛应用，常见的通信速率为 9600 bit/s 和 19200bit/s。

4.2 Modbus RTU通信

4.2.1 RTU信息帧报文格式

为了与从站进行通信，主站会发送一段包含设备地址、功能代码、数据段和错误检查的信息。Modbus RTU 模式下的信息帧报文格式见表 4-1。使用 RTU 模式发送消息至少要有 3.5 个字符的时间停顿间隔作为报文的开始，这种字符时间间隔在网络波特率多样的情况下是很容易实现的。

表 4-1 RTU 信息帧报文格式

起始位	设备地址	功能代码	数据段	CRC 校验码	结束
T1-T2-T3-T4	1 个字节	1 个字节	N 个字节	2 个字节	T1-T2-T3-T4

1. 设备地址

信息帧的第 1 个字节是设备地址码，这个字节表明由用户设置地址的从站将接收由主站发送来的信息。每个从站都必须有唯一的地址码，并且只有符合地址码的从站才能响应回送。当从站回送信息时，相应的地址码表明该信息来自于何处。设备地址是一个 0~247 的数字，发送给地址 0 的信息可以被所有从站接收。但是数字 1~247 是特定设备的地址，相应地址的从站总是会对 Modbus 信息做出反应，这样主站就知道这条信息已经被从站接收到了。

2. 功能代码

功能代码是通信传送的第 2 个字节，定义了从站应该执行的命令，如读取数据、接收数据及报告状态等（表 4-2），有些功能代码还拥有子功能代码。主机请求发送，通过功能代码告诉从站执行什么动作；作为从站响应，从站发送的功能代码与从主站得到的代码一样，并表明从站已响应主站进行操作。功能代码的范围是 1~255，有些代码适用于所有控制器，有些代码只能应于用某种控制器，还有些代码保留以备后用。

表 4-2　功能代码表

功能代码	作用	数据类型
01	读开关量输出状态	位
02	读开关量输入状态	位
03	读取保持寄存器	整型、字符型、状态字、浮点型
04	读输入寄存器	整型、状态字、浮点型
05	写单个线圈	位
06	写单个寄存器	整型、字符型、状态字、浮点型
07	读异常状态	—
08	回送诊断校验	重复回送信息
15	写多个线圈	位
16	写多个寄存器	整型、字符型、状态字、浮点型
YY	根据设备不同，最多可以有 255 个功能代码	

3. 数据段

对应不同的功能码，数据段的内容会有所不同。数据段包含需要从站执行的动作或由从站采集的送回信息，这些信息可以是数值、参考地址等。对于不同的从站，地址和数据信息都不相同。例如，功能代码告诉从站读取寄存器的值，则数据段必须包含要读取寄存器的起始地址及读取长度。

4. CRC码

循环冗余校验（Cyclic Redundancy Check，CRC）码是包含两个字节的错误检测码，由传输设备计算后加入到消息中。接收设备重新计算收到消息的 CRC 码，并与接收到的 CRC 码域中的值进行比较，如果两个值不同，表明有错误。在有些系统里，还需对数据进行奇偶校验，奇偶校验对每个字符都可用，而帧的检测 CRC 码应用于整个消息。

4.2.2　Modbus 功能码简介

1. 功能码01

功能码 01 用于读取开关量的输出状态。例如，主站要读取地址为 2 的从站 DO10~DO11 开关量的输出状态，则主站向从站发送的报文数据为 [02 01 0010 0002 BDCB]，见表 4-3；从站响应主站返回的报文数据为 [02 01 01 02 D049]，见表 4-4。

表 4-3　主站的命令信息

主站发送	字节数	发送的信息	备　注
从站地址	1	02	发送至地址为 02 的从站
功能代码	1	01	读开关量的输出状态
起始位地址	2	0010	起始地址为 0010
数据长度	2	0002	读取两路继电器的输出状态位
CRC 码	2	BDCB	由主站计算得到 CRC 码

表 4-4　从站的响应信息

从站响应	字节数	返回的信息	备　注
从站地址	1	02	来自从站 02
功能代码	1	01	读开关量的输出状态
数据长度	1	01	被读取的位继电器的数目：当读取继电器的数目不足 1B 时，以 1B 计算
数据内容	1	02	02H 表示 D11 为 ON 状态，D10 为 OFF 状态（02H=0000 0010B）
CRC 码	2	D049	由从站计算得到 CRC 码

2. 功能码02

功能码 02 用于读取开关量的输入状态。例如，主站要读取地址为 1 的从站开关量 DI1~DI4 的输入状态，则主站向从站发送的报文数据为 [01 02 0001 0004 79C9]，见表 4-5；从站响应主站返回的报文数据为 [01 02 01 0B E04F]，见表 4-6。

表 4-5　主站的命令信息

主站发送	字节数	发送的信息	备　注
从站地址	1	01	发送至地址为 01 的从站
功能代码	1	02	读开关量的输入状态
起始位地址	2	0001	起始地址为 0001
该数据长度	2	0004	读取 4 路开关量的输入状态位
CRC 码	2	79C9	由主站计算得到 CRC 码

表 4-6　从站的响应信息

从站响应	字节数	返回的信息	备　注
从站地址	1	01	来自从站 01
功能代码	1	02	读开关量的输入状态
数据长度	1	01	1B（8bit）
数据内容	1	0B	DI 寄存器内容，0BH =0000 1011B 表示 DI4、DI2、DI1 为 ON 状态，DI3 为 OFF 状态
CRC 码	2	E04F	由从站计算得到 CRC 码

3. 功能码03

功能码 03 读取保持寄存器为多路寄存器输入。例如，主站要读取 1 号从站的起始地址为 0116 的 3 个寄存器数据值，则主站向从站发送的报文数据为 [01 03 0116 0003 E5F3]，见表 4-7；从站响应主站返回的报文数据为 [01 03 06 1784 1780 178A 5847]，见表 4-8。

4. 功能码05

功能码 05 写单个线圈为写 1 路开关量输出。例如，地址为 1 号的从站模块开关量输出点 DO1 当前状态为“分”，主机要控制该路继电器，使其状态为“合”，则发出该强制指令。主站向从站发送的报文数据为 [01 05 0000 FF00 8C3A]，见表 4-9；从站响应返回的报文格式与主站发送的报文格式及数据内容相同。

表 4-7 主站的命令信息

主站发送	字节数	发送的信息	备 注
从站地址	1	01	发送至地址为 01 的从站
功能码	1	03	读取寄存器
起始地址	2	0116	起始地址为 0116
数据长度	6	0003	读取 3 个寄存器（共 6B）
CRC 码	2	E5F3	由主站计算得到 CRC 码

表 4-8 从站的响应信息

从站响应	字节数	返回的信息	备 注
从站地址	1	01	来自从站 01
功能码	1	03	读取寄存器
读取字节数	1	06	3 个寄存器共 6B
寄存器数据 1	2	1784	地址为 0116 内存的内容
寄存器数据 2	2	1780	地址为 0117 内存的内容
寄存器数据 3	2	178A	地址为 0118 内存的内容
CRC 码	2	5847	由从站计算得到 CRC 码

表 4-9 主站的命令信息

主站发送	字节数	发送的信息	备 注
从站地址	1	01	发送至地址为 01 的从站
功能码	1	05	写开关量的输出状态
输出位地址	2	0000	对应输出继电器的位（D01）
强制命令	2	FF00	控制该继电器输出为“合”状态位
CRC 码	2	8C3A	由主站计算得到 CRC 码

5. 功能码06

功能码 06 用于将数值写入单个寄存器中。例如，主站要把数据 07D0 保存到 1 号从站地址为 002C 的寄存器中，则主站向从站发送的报文数据为 [01 06 002C 07D0 4BAF]，见表 4-10；从站响应返回的报文格式与主站发送的报文格式及数据内容相同。

表 4-10 主站的命令信息

主站发送	字节数	发送的信息	备 注
从站地址	1	01	发送至地址为 01 的从站
功能码	1	06	写单路寄存器
起始地址	2	002C	要写入的寄存器地址
写入数据	2	07D0	对应的新数据
CRC 码	2	4BAF	由主站计算得到 CRC 码

6. 功能码16

功能码 16 用于将数值写入多个寄存器中。主站利用这个功能码可把多个数据保存到从站的数据存储器中。Modbus 通信协议中的寄存器指的是 16bit（即 2B），并且高位在前。由于 Modbus 通信协议允许每次最多保存 60 个寄存器，因此从站一次也最多允许保存 60 个数据寄存器。

例如，主站要把 0012、0506 值保存到 1 号从站地址为 002C、002D 的从站寄存器中，则主站向从站发送的报文数据为 [01 16 002C 0002 04 0012 0506 FC63]，见表 4-11；从站响应主站返回的报文数据为 [01 16 002C 0002 8001]，见表 4-12。

表 4-11　主站的命令信息

主站发送	字节数	发送的信息	备　注
从站地址	1	01	发送至从站 01
功能码	1	16	写多个存储器
起始地址	2	002C	要写入的寄存器的起始地址
保存数据字长度	2	0002	保存数据的字长度（共 2W）
保存数据字节长度	1	04	保存数据的字节长度（共 4B）
保存数据 1	2	0012	数据地址 002C
保存数据 2	2	0506	数据地址 002D
CRC 码	2	FC63	由主站计算得到的 CRC 码

表 4-12　从站的响应信息

从站响应	字 节 数	返回的信息	备　注
从站地址	1	01	来自从站 01
功能码	1	16	写多个寄存器
起始地址	2	002C	起始地址为 002C
寄存器总数	2	0002	保存 2B 长度的数据
CRC 码	2	8001	由从站计算得到的 CRC 码

4.3　S7-200 PLC之间的Modbus现场总线通信系统的组建

4.3.1　S7-200 PLC中Modbus RTU的通信

在 S7-200 PLC 中，Modbus RTU 的通信协议可以通过专用指令实现，PLC 可自动生成响应帧。

1. Modbus协议的安装

Modbus 协议包含在 S7-200 PLC 的编程软件 STEP 7 Micro/WIN 指令库（Libraries）中。安装过程为：打开“ToolboY_V32-STEP 7-Micro WIN 32 Instruction Library”文件夹，双击“setup”进行安装，选择语言“英文”，单击“确定”按钮，进行安装。

2. Modbus指令库中的指令

STEP 7 Micro/WIN 安装了指令库以后，通过指令库中的 Modbus Protocol 可以打开相应的编程指令，如图 4-1 所示，Modbus 协议指令可将 S7-200 PLC 设定为 Modbus 主站或从站进行工作。

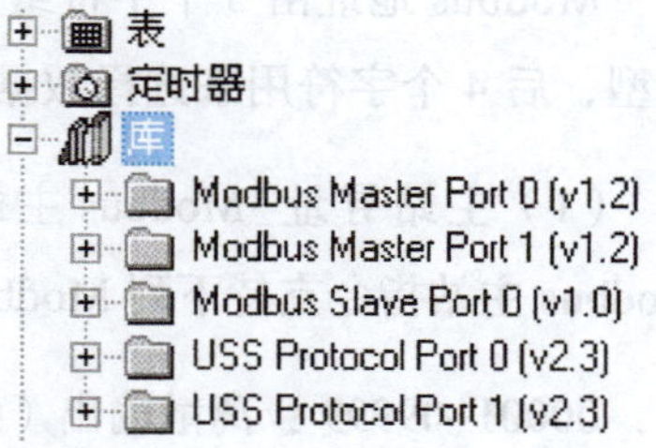

图4-1　Modbus Protocol 指令库

指令库中有针对端口 0 和端口 1 的主站指令库 Modbus Master Port0 和 Modbus Master Port1，也有针对端口 0 的从站指令库 Modbus Slave Port0，故可利用指令库实现 S7-200 PLC 端口 0 的 Modbus RTU 主 / 从站通信。

西门子 Modbus RTU 协议库支持的最常用的 8 条功能码含义见表 4-13。

表 4-13　西门子 Modbus RTU 协议库的常用功能码

功能码	描　述	说　明
1	读取单个 / 多个线圈的实际输出状态	返回任意数量输出点的接通 / 断开状态（Q）
2	读取单个 / 多个线圈的实际输出状态	返回任意数量输入点的接通 / 断开状态（I）
3	读取多个保持寄存器	返回 V 寄存器的内容，在一个请求中最多可读写 120W
4	读取单个 / 多个输入寄存器	返回模拟输入值
5	写单个线圈（实际输出）	将实际输出点设为指定值，用户程序可以重写由 Modbus 请求而写入的值
6	写单个保持寄存器	将单个保持寄存器的值写入 S7-200 PLC 的 V 寄存器
15	写多个线圈（实际输出）	写多个实际输出值到 S7-200 PLC 的 Q 映像区。起始输出点必须是一个字节的开始（如 Q0.0 或 Q1.0），而且要写的输出数量是 8 的倍数，用户程序可以重写由 Modbus 请求而写入的值
16	写多个保持寄存器	将多个保持寄存器写入 S7-200 PLC 的 V 寄存器，在一个请求中最多可写 120W

使用 Modbus 指令库编写程序需要注意以下几点：

1）使用 Modbus 指令库前，必须将其安装到 STEP 7 Micro/WIN V3.2 或更高版本的软件中。

2）S7-200 PLC 的 CPU 版本必须为 2.00 或者 2.01（即订货号为 6ES721×~×××230BA×），

1.22 版本之前（包括 1.22 版本）的 CPU 不支持 Modbus 指令库。

3）如果 CPU 端口被设为 Modbus 通信，该端口就无法用于其他任何用途，包括用 STEP7 Micro/WIN 软件下载程序。

3. Modbus地址

Modbus 地址由 5 个字符组成，包含数据类型和地址的偏移量，第 1 个字符用来指出数据类型，后 4 个字符用来选择数据类型内的适当地址。

（1）主站寻址 Modbus 主站指令根据地址分类完成相应的功能，并发送至从站设备。Modbus 主站指令支持下列 Modbus 地址：

00001~09999：离散输出（线圈）。

10001~19999：离散输入（触点）。

30001~39999：输入寄存器（通常是模拟量输入）。

40001~49999：保持寄存器。

所有 Modbus 地址都是从地址 1 开始编号。有效地址范围取决于从站设备的参数设置，不同的从站设备将支持不同的数据类型和地址范围。

（2）从站地址 Modbus 从站指令支持的通信内容及相应地址如下：

00001~00128：实际输出，对应于 Q0.0~Q15.7。

10001~10128：实际输入，对应于 I0.0~I15.7。

30001~30032：模拟输入寄存器，对应于 AIW0~AIW62。注意：地址为偶数。

40001~4YYYY：保持寄存器，对应于 V 寄存器。

与主站相同，所有 Modbus 地址是从地址 1 开始编号的。表 4-14 是 Modbus 地址与从站 S7-200 PLC 地址的对应关系。

表 4-14　Modbus 地址与从站 S7-200 PLC 地址的对应关系

序　号	Modbus 地址	S7-200 PLC 地址
1	00001	Q0.0
	00002	Q0.1
	⋮	⋮
	00127	Q15.6
	00128	Q15.7

（续）

序　号	Modbus 地址	S7-200 PLC 地址
2	10001	I0.0
	10002	I0.1
	⋮	⋮
	10127	I15.6
	10128	I15.7
3	30001	AIW0
	30002	AIW2
	⋮	⋮
	30031	AIW60
	30032	AIW62
4	40001	HoldStart
	40002	HoldStart+2
	⋮	⋮
	4××××	HoldStart+2（××××-1）

Modbus 从站指令 MBUS-INIT 可以对 Modbus 主站要访问的输入、输出，模拟量输入和保持寄存器的数量、位置等进行限定。例如，指令中的参数 MAXIQ 可以限定 Modbus 主站要访问的输入、输出的最大数量；参数 MAXHold 可以限定 Modbus 主站要访问的保持寄存器的最大数量，而参数 HoldStart 则可以确定主站要访问的保持寄存器的初始位置。

4. Modbus通信的建立

（1）硬件配置与参数设定　如图 4-2 所示，Modbus 通信在两个 S7-200 PLC 的 Port0 之间进行。选择具有两个端口的 CPU 构成通信系统较为方便，一个用作通信口，一个与计算机连接。在主站侧选择 Port0 或 Portl 作为 Modbus 通信口都可以，这取决于在主站指令库中对相关指令的选择。在这里 Portl 与 PC 连接，便于实现程序编制、下载和在线监控；两个 CPU 的 Port0 通过 PROFIBUS 电缆连接，实现两台 PLC 的 Modbus 通信传输。

对于 Modbus 通信，主站侧需要使用“MBUS_CTRL”和“MBUS_MSG”指令，从站侧需要使用“MBUS_NIT”和“MBUS_LAVE”指令。

（2）主站侧 MBUS_CTRL 指令　MBUS_CTRL 指令符号如图 4-3 所示，各个参数的意义见表 4-15，这些参数可初始化、监视或禁用 Modbus 通信。

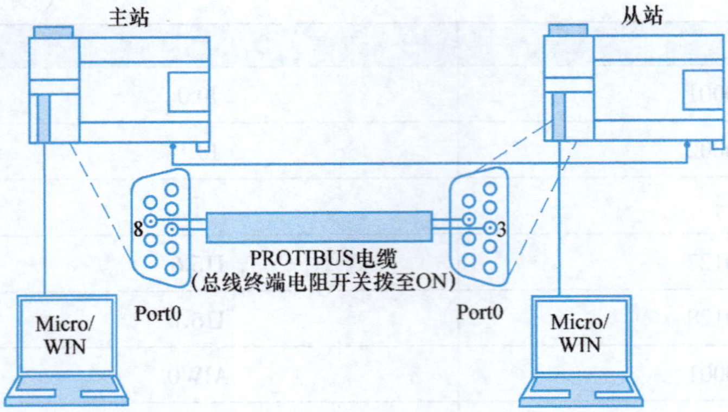

图4-2 硬件连接

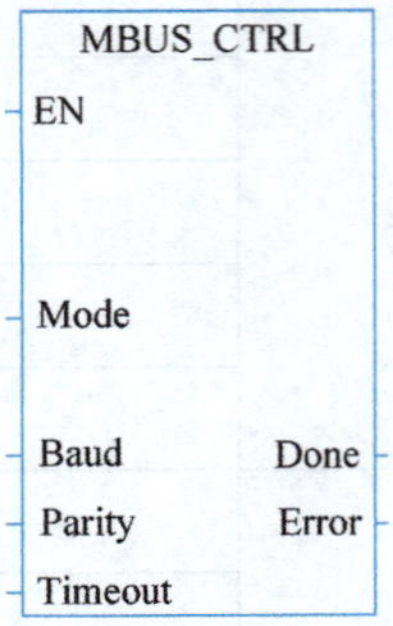

图4-3 MBUS_CTRL指令

MBUS_CTRL 指令必须在每次扫描且“EN”输入有效时被调用，以允许监视随 MBUS_MSG 指令启动的任何突出消息的进程。指令完成后立即设定“Done”位，然后才能继续执行下一条指令。在使用 MBUS_MSG 指令之前，必须正确执行 MBUS_CTRL 指令。

表 4-15 MBUS_CTRL 的参数及其意义

参数	意 义	取值及说明	数据类型
EN	使能端		BOOL
Mode	协议选择	0—PPI，1—Modbus	BOOL
Baud	传输速率 /（bit/s）	1200，2400，4800，9600，19200，38400，57600，115200	DWORD
Parity	校验选择	0—无校验，1—奇校验，2—偶校验	BYTE
Timeout	从站的最长响应时间	1~32767ms，典型值是 1000ms（1s）；“超时”参数应该设置得足够大，以便从站有时间对所选的波特率应答	INT
Done	完成标志位	若完成，输出为 1，否则为 0	BOOL
Error	错误代码	Done =1 有效时，0—无错误，1—奇偶校验选择无效，2—波特率选择无效，3—超时选择无效，4—模式选择无效	BOOL

（3）主站侧 MBUS_MSG 指令 MBUS_MSG 指令符号如图 4-4 所示，各个参数的意义见表 4-16，这些参数用于启动对 Modbus 从站的请求并处理应答。当“EN”输入和“First”输入都为 1 时，MBUS_MSG 指令启动对 Modbus 从站的请求。通常需要多次扫描完成发送请求、等待应答和处理应答。

MBUS_MSG 指令一次只能激活一条，如果启用了多条 MBUS_MSG 指令，则将处理第一条 MBLS_MSG 指令，其后的所有 MBUS_MSG 指令将被中止，并产生错误代码 6。

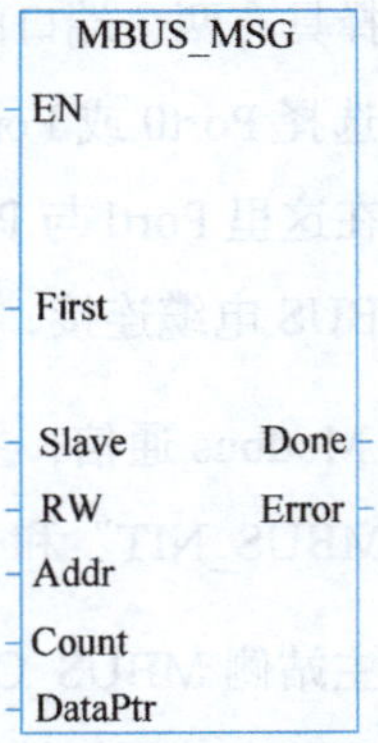

图4-4 MBUS_MSG指令

表 4-16 MBUS_MSG 的参数及其意义

参数	意义	取值及说明	数据类型
EN	使能端		BOOL
First	读 / 写请求位	在有新请求要发送打开时，以进行一次扫描	BOOL
Slave	从站地址	0~247，其中地址 0 是广播地址	BYTE
RW	读 / 写	0 代表读，1 代表写	BYTE
Addr	读 / 写从站的数据地址	00000~00128：数字量输出（Q0.0~Q15.7） 10001~10128：数字量输入（I0.0~I15.7） 30001~30032：模拟量输入（AIW0~AIW62） 40001~49999：保持寄存器	DWORD
Count	位 / 字的个数	地址 0××××：读取 / 写入的位数 地址 1××××：读取的位数 地址 3××××：读取的输入寄存器字数 地址 4××××：读取 / 写入的保持寄存器字数	INT
DataPtr	V 寄存器起始地址指针	对于读取请求，DataPtr 指向用于存储从 Modbus 从站读取的数据的第一个 CPU 存储器位置；对于写入请求，DataPtr 指向要发送到 Modbus 从站的数据的第一个 CPU 储存器位置	DWORD
Done	完成标志位	完成输出在发送请求和接受应答时关闭，应答完成或 MBUS_MSC 指令因错误而终止时打开	BOOL
Error	错误代码	0—无错误 1—应答时奇偶校验错误 2—未使用 3—接受超时 4—请求参数出错 5—Modbus 主设备未启用 6—Modbus 忙于处理另一个请求	BYTE

（4）从站侧 MBUS_INIT 指令 MBUS_INIT 指令符号如图 4-5 所示，各个参数的意义见表 4-17，可启用、初始化或禁止 Modbus 通信。指令完成后立即设定“Done”位，然后才能继续执行下一条指令。应在每次通信状态改变时执行 MBUS_INIT 指令，因此“EN”输入在一个上升沿或下降沿打开，或者仅在首次扫描时执行。在使用 MBUS_SLAVE 指令之前，必须正确执行 MBUS_INIT 指令。

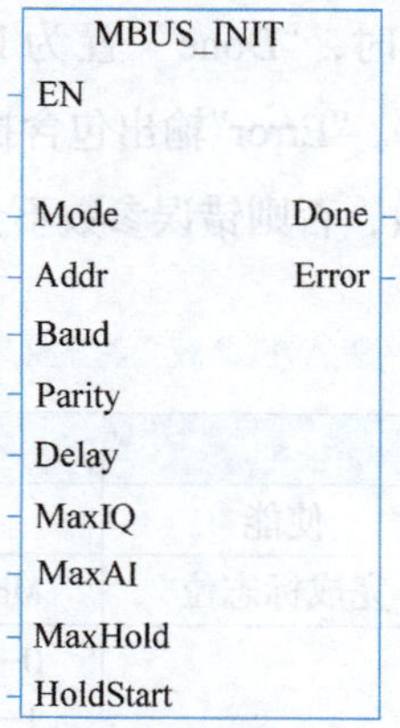

图4-5 MBUS_INIT指令

表 4-17　MBUS_INIT 的参数及其意义

参数	意义	取值及说明	数据类型
EN	使能		BOOL
Mode	接口通信模式选择	0—PPI，1—Modbus	BOOL
Baud	传输速率 /（bit/s）	1200，2400，4800，9600，19200，38400，57600，115200	DWORD
Addr	从站地址	1~247	BYTE
Parity	奇偶校验设定	0—无校验，1—奇校验，2—偶检验	BYTE
Delay	报文延迟时间	0~32760ms，默认值为 0	WORD
MaxIQ	可使用的最大数字输入 / 输出点数	0~128，建议使用的 MaxIQ 数值是 128，该数值可在 S7-200 PLC 中存取所有的 I 点和 Q 点	WORD
MaxAI	可使用的最大模拟量输入字数	参与通信的最大 AI 通道数，可为 16 或 32	WORD
MaxHold	最大保持型变量寄存器的起始地址	例如，为了允许主设备存取 2000 个字节的 V 寄存器，将 MaxHold 设为 1000 个字的数值（保持寄存器）	WORD
HoldStart	保持型变量寄存器的起始地址	该数值一般被设为 VB0，因此 HoldStart 参数被设为 &VB0（VB0 地址）	WORD
Done	初始化完成标志	初始化成功后置位 1	BOOL
Error	出错代码	0—无错误 1—内存范围错误 … 10—从属功能未启用	BYTE

（5）从站侧 MBUS_SLAVE 指令　MBUS_SLAVE 指令符号如图 4-6 所示，各个参数的意义见表 4-18，这些参数用于对 Modbus 主设备发出请求服务。在每次扫描且“EN”输入有效时执行该指令，以便检查和回答 Modbus 请求。MBUS_SLAVE 指令无输入参数，当 MBUS_SLAVE 指令对 Modbus 请求做出应答时，“Done”置为 1；如果没有需要服务的请求，则“Done”置为 0。“Error”输出包含执行指令的结果，该输出只有在“Done”为 1 时才有效，否则错误参数不会改变。

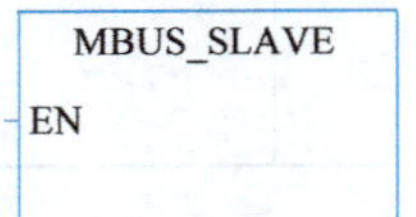

图4-6　MBUS_SLAVE指令

表 4-18　MBUS_SLAVE 参数及其意义

参数	意义	备　注	数据格式
EN	使能		BOOL
Done	完成标志位	Modbus 执行通信时置 1，无 Modbus 通信时为 0	BOOL
Error	错误代码	0—无错误 1—内存范围内错误 … 10—从属功能未启用	BYTE

4.3.2 S7-200 PLC之间的Modbus现场总线通信系统的组建步骤

1. 控制要求

两台 CPU 224 DC/DC/DC 的 S7-200 PLC 进行 Modbus 通信，其中一台作为主站，另一台作为 Modbus 从站。当主站 I0.1 为 ON 时，主站给从站发送信息，并使从站的输出 Q0.0~Q0.7 随主站的 &VB1000 的值变化。

2. 操作步骤

（1）硬件连接 硬件连接参考图 4-2。

（2）编写程序

1）编写作为 Modbus 主站的 S7-200 PLC 的程序，将程序下载到主站 PLC 中。主站程序如图 4-7 所示。

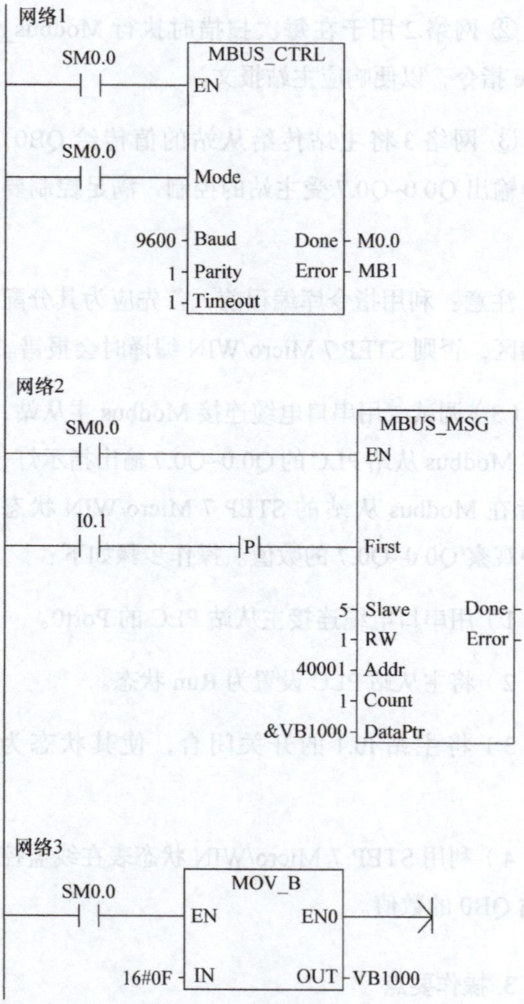

图4-7 主站程序

主站程序说明如下：

① 网络 1 在每次扫描时调用 MBUS_CTRL 指令，以初始化和监视 Modbus 主站设备。Modbus 主设备设置为 9600bit/s、奇校验、允许从站延时 1 ms 应答时间。

② 网络 2 实现在 I0.1 正跳变时执行 MBUS_MSG 指令，将地址 VB1000 的值写入从站 5 的保持寄存器中。参数“DataPtr”代表了 V 寄存器被读的起始地址，设为 VB1000，即主站读取 VB1000 的值并写入地址为“40001”的保持寄存器中。保持寄存器以字为单位，与从站的 V 寄存器地址相对应。

③ 网络 3 给 VB1000 存储器赋初值，使其低 4 位为 1，以便监视从站的变化。

2）编写作为 Modbus 从站的 S7-200 PLC 的程序，将程序下载到从站 PLC 中。从站程序如图 4-8 所示。

从站程序说明如下：

① 网络 1 用于初始化 Modbus 从站，即将从站地址设为 5，将端口 0 的波特率设为 9600bit/s，奇校验、延迟时间为 0；MaxIQ 取值 128、MaxAI 取值 32，表明允许存取所有的 I、Q 和 AI 数值；

可以使用的V寄存器地址字数设为1000，起始地址为VB1000，即主站的保持寄存器40001的值写入从站的& VB1000中。

② 网络2用于在每次扫描时执行Modbus_Slave指令，以便响应主站报文。

③ 网络3将主站传给从站的值传给QB0，使得输出Q0.0~Q0.7受主站的控制，满足控制要求。

注意：利用指令库编程前，首先应为其分配存储区，否则STEP 7 Micro/WIN编译时会报错。

（3）调试 用串口电缆连接Modbus主从站，观察Modbus从站PLC的Q0.0~Q0.7输出指示灯，或者在Modbus从站的STEP 7 Micro/WIN状态表中观察Q0.0~Q0.7的数值。操作步骤如下：

1）用串口电缆连接主从站PLC的Port0。

2）将主从站PLC设置为Run状态。

3）将主站I0.1的开关闭合，使其状态为ON。

4）利用STEP 7 Micro/WIN状态表在线监控从站QB0的数值。

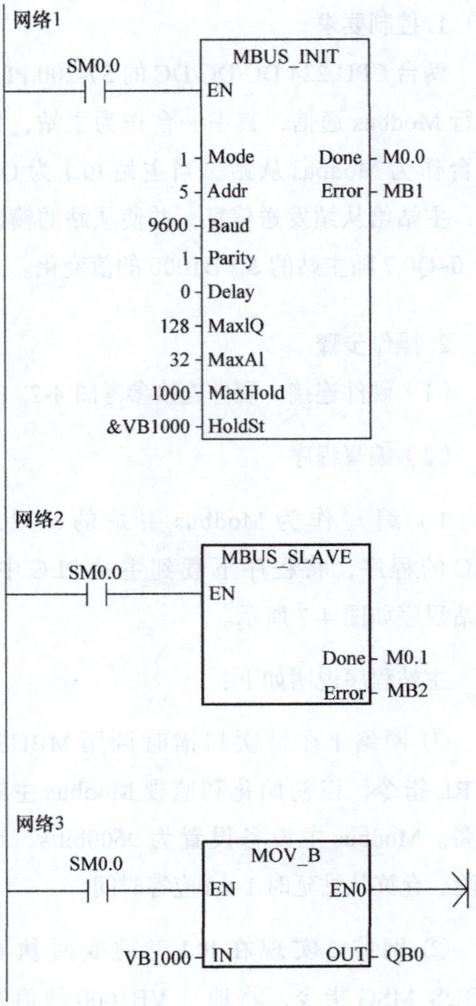

图4-8 从站程序

3. 操作要点

1）必须保证主站与从站的“Baud”和“Parity”的参数一致，而且“MBUS_MSG”指令中的“Slave”参数要与“MBUS_INIT”中的“Addr”参数一致。

2）注意在STEP 7 Micro/WIN中定义库的存储地址。

3）在从站的“MBUS_INIT”指令中，参数“HoldStart”确定了与保持寄存器起始地址40001相对应的V寄存器初始地址。从站的V寄存器目标指针可以这样计算：

$$2\times(\text{Addr}-40001)+\text{HoldStart}=2\times(40001-40001)+\&\text{VB1000}=\&\text{VB1000}$$

4）在从站的“MBUS_INIT”指令中，参数“MaxHold”设置的数据区要能够包含主站侧要写入的全部数据。

思考与练习

1. 什么是 Modbus？它是如何工作的？

2. Modbus 有哪几种传输模式？各有什么特点？

3. 简述 S7-200 PLC Modbus 主站、从站的地址及相应的含义。

4. 在 S7-200 PLC 中，使用 Modbus 指令库对 CPU 的版本有什么要求？

5. 简述主站侧“MBUS_MSG”指令的含义。

6. 简述主站侧“MBUS_CTRL”指令的含义。

7. 简述从站侧“MBUS_SLAVE”指令的含义。

8. 简述从站侧“MBUS_INIT”指令的含义。

9. 设计一个网络通信系统，采用 Modbus 实现两台 S7-200 CPU224 PLC 之间的通信，要求第一台 PLC 的 I0.0 控制第二台 PLC 中的 Q0.0 的输出。

第5章 CHAPTER 5

DeviceNet工业现场网络通信系统的组建

5.1 DeviceNet概述

1. DeviceNet的发展及概况

DeviceNet 是由美国罗克韦尔（Rockwell）公司在 CAN 基础上推出的一种低成本的通信链接，是一种低端网络系统。它将基本工业设备连接到网络，从而避免了昂贵和烦琐的硬接线。DeviceNet 是一种简单的网络解决方案，增强了同类部件间的可互换性，减少了配线和安装工业自动化设备的成本和时间。DeviceNet 的直接互连性不仅改善了设备间的通信，而且提供了相当重要的设备级诊断功能。

DeviceNet 节点的设备包括开关型 I/O 设备、模拟量输入 / 输出的现场设备、温度调节器、机器人、伺服电动机、变频器等，产品系列丰富。一些国家的汽车行业、半导体行业、低压电器行业等都采用该项技术推进行业的标准化，图 5-1 所示为一个以 PLC 为主站的 DeviceNet 网段。

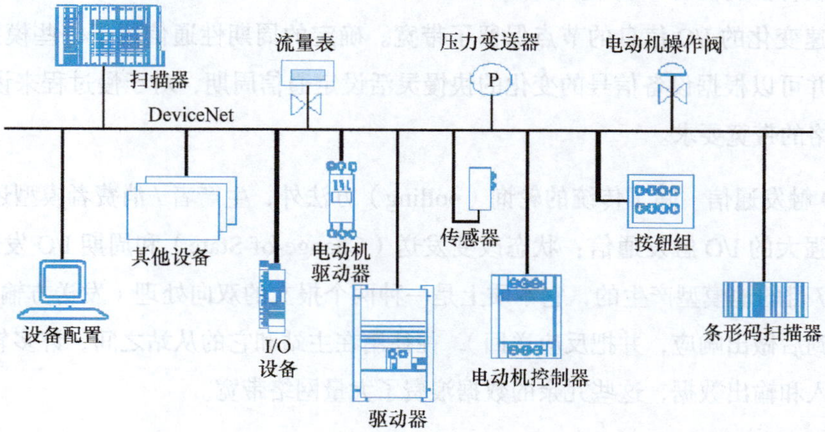

图5-1　以PLC为主站的DeviceNet网段

2. DeviceNet的拓扑结构

DeviceNet 的拓扑结构如图 5-2 所示。

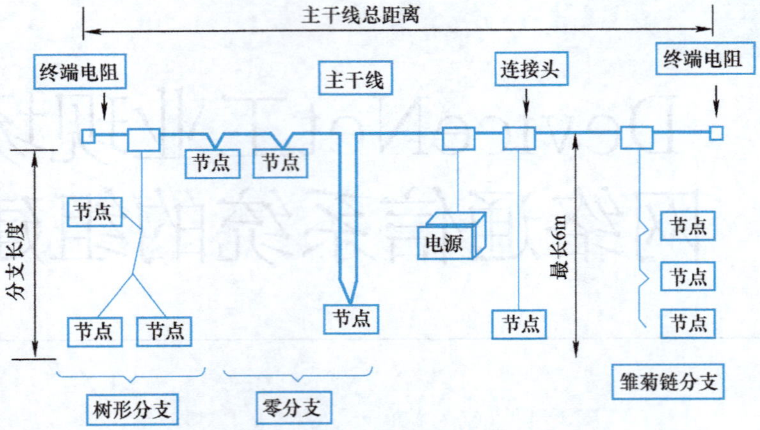

图5-2 DeviceNet的拓扑结构

5.2 DeviceNet的主要技术特点

5.2.1 DeviceNet的通信方式

1. DeviceNet的通信方式

DeviceNet 支持多种通信方式，包括周期性通信、I/O 触发通信和轮询等。

（1）周期性通信　周期性通信（基于时间）时，数据可根据用户选择的速度来传输，数据的更新速度与节点和应用相匹配。例如在优化的 PID 控制中，传感器的信息可以以精确的间隔进行采样，或者控制器可以收集大块数据后以每秒若干次且大于操作员接口的反应速度进行发送，可为快速变化的 I/O 信息的节点保留了带宽。确定的周期性通信用于一些模拟设备的 I/O 数据传输，并可以根据设备信号的变化的快慢灵活设定通信周期，对于慢过程来说，还可以大大降低对网络的带宽要求。

（2）I/O 触发通信　除了传统的轮询（polling）方法外，生产者 / 消费者模型还允许用两种新的、功能强大的 I/O 触发通信：状态改变发送（Change-of-State）和周期 I/O 发送（Cyclic）。轮询是从源 / 目的地模型产生的，它本质上是一种两个报文的双向处理（发送方输出数据命令，接收节点收到后做出响应，并把反应送回），往往用在主站和它的从站之间，许多轮询周期充满了相同的输入和输出数据，这些冗余的数据浪费了大量网络带宽。

在采用状态改变（基于事件）触发机制的系统中，仅当数据改变时节点才发送数据，并同时发送给所有需要该数据的节点，没有轮询周期带来的延迟。同时，一个作为背景的心跳（heartbeat）信息可以周期地发送，消费者可用它来辨别设备是状态没有改变还是设备不在线（离线），采用状态改变触发机制可以显著地降低网络阻塞和负载，尤其当设备需要重复地接收、处理和生成同一种数据时。另外，一般情况下发送4个心跳信息后，再发送1个真正数据。

状态改变触发通信用于开关量设备，按事件触发方式工作。当设备状态发生改变时才发生通信，减少了不必要的数据传输。在选通方式下（行列选通信号，简单地说，就是内存内部结构中，对存储单元的地址进行标示的坐标），通过位标识指定要求响应的从设备，利用8B的报文广播，可使64个二进制位的值对应网络上的64个节点。

在轮询方式下，网络按主从通信方式，点对点地将I/O报文直接依次发送到各个从设备。

在DeviceNet上传输两种报文：一种是I/O报文，另一种是显式报文。I/O报文适用于实时性要求较高和面向控制的数据，通常使用优先级高的连接标识符，通过与一点或多点连接进行信息交换；I/O报文帧中8个字节的数据域不包含任何与协议有关的位。

连接标识符提供了I/O报文的相关信息。在I/O报文利用连接符发送之前，报文的发送和接收设备都必须提前设定。设定的内容包括源设备和目标设备的属性以及数据生产者、消费者的地址。

显式报文应用于两个设备多用途的点对点报文传递，是典型的请求响应通信方式，常用于节点的配置、诊断等。显式报文通常使用优先级低的连接标识符，该报文的相关信息包含在报文帧的数据域中，说明要执行的服务和相关对象的属性及地址。

当I/O数据的长度超过8B时称为大报文。大报文需经过分割，形成I/O报文片后逐一传送，这时数据域中用1B（字节0）表达报文分割协议。所以只有7B能用来传输实际数据。数据域中的字节0表示该报文在全部报文中的分段情况，其中位0～位5为分段计数器，填写分段编号；位6、位7表示本帧的分段类型，00表示第一分段，01表示中间分段，10表示最后分段，11表示分段应答。通过分段协议可以保证大报文数据的正确传送。

由于显式报文要求数据接收方对每个子报文都要向数据发送方做出应答，因而数据的发送和接收都要检查帧计数的连续性，一旦发现错误则终止当前发送或接收。采用帧计数表示当前发送的帧的编号，接收方必须判断其连续性，一旦不连续就认为有帧丢失，然后放弃所有已经接收的帧，并向数据的发送方报错。图5-3所示为某DeviceNet系统的报文传送过程。

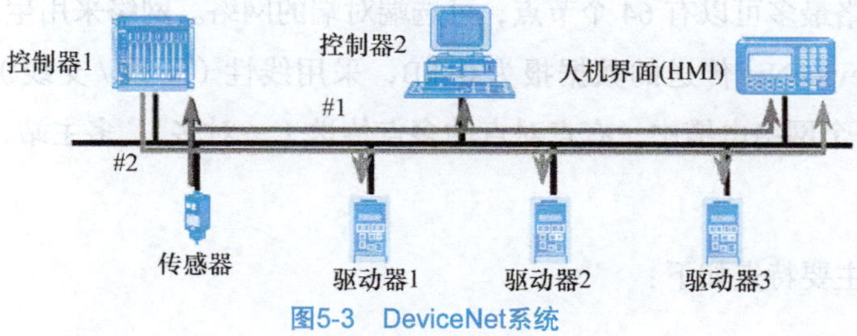

图5-3 DeviceNet系统

报文 #1 来自传感器 I/O 的参考位置信息，可多点传送给控制器 1、控制器 2 和人机界面（Human Machine Interface，HMI）设备。

报文 #2 速度指令可多点传送给 3 个驱动器和人机界面设备。源 / 目的地模型实现多点的同时传送是很困难的，在使用该模型时实现同样操作（假设单向报文传送）需要 7 个报文。

2. DeviceNet的网络电缆

DeviceNet 的网络电缆如图 5-4 所示。通信电缆有 5 个接头，1 对用于直流 24V 电压，1 对用于 CAN 的通信，1 个用于屏蔽线。在粗缆和扁平电缆中 24V 电压的最大电流容量是 8A，在细缆中直流 24V 电压的最大电流容量是 3A。

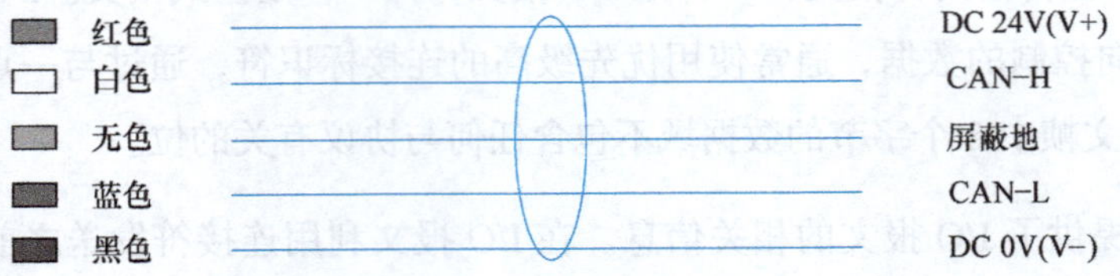

图5-4　DeviceNet的网络电缆

3. 终端电阻

终端电阻要求为 120Ω 或 121Ω，功率大于或等于 0.25W。终端电阻必须跨接在主干线的蓝线和白线之间，终端电阻有开放式和封闭式两种。注意：不要使用碳膜电阻，要使用金属膜电阻。

4. EDS文件

EDS 文件是组态软件识别设备时使用的。如果使用的设备都是 A-B 品牌的设备，而配置工具也是 A-B 品牌的设备，配置工具已经预先将 DeviceNet 的 EDS 文件导入了，所以不需要配置 EDS 文件；但如果是其他厂家的设备要使用 RSNetWorx 软件连接，就需要配置 EDS 文件，为软件提供制造商、设备类型，主、次要版本号，支持的信息类型，输入、输出尺寸，设备的数据结构，设备可组态的参数，设备类型（Class）、内存（instance）和属性特征（attribute）的数据以及产品特征。EDS 文件的编号包括制造商、设备类型、产品编号、版本号，编号采用十六进制代码，位于每个编号的零是前导标志。

5.2.2　DeviceNet的主要特点

DeviceNet 网络最多可以有 64 个节点，可选端对端的网络。网络采用生产者、消费者模型，如图 5-5 所示。DeviceNet 传送的数据报为 0~8B，采用线性（干线 / 支线）的总线拓扑结构，电源和信号在同一个网络电缆中，有点对点的多点传送（一对多），多主站、主 / 从，轮询等通信方式。

DeviceNet 的主要特点如下：

1）DeviceNet 上的节点不分主从，网络上任一节点均可在任意时刻主动向网络上其他节点发起通信。

2）各网络节点嵌入 CAN 通信控制器芯片，其网络通信的物理指令和媒体访问控制完全遵循 CAN 协议。

3）采用 CAN 的非破坏性总线逐位仲裁技术。

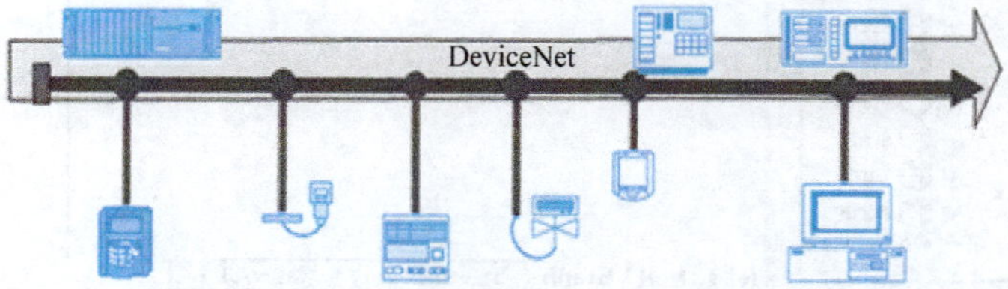

图5-5 DeviceNet网络模型图

5.3 DeviceNet网络通信系统的组建

1. 系统配置

DeviceNet 网络通信系统配置如图 5-6 所示。

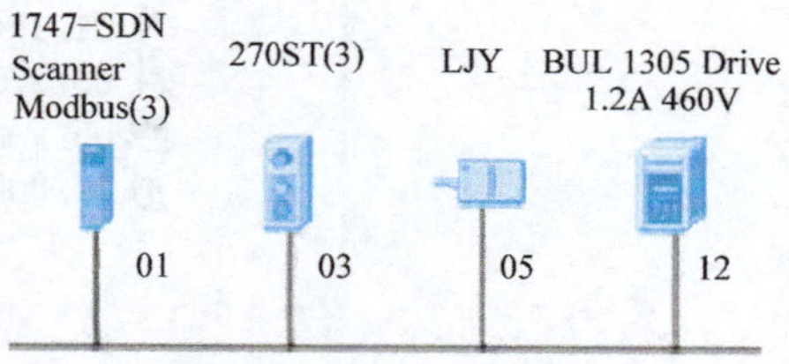

图5-6 系统配置

2. 配置过程

这里主要实现简单的在线 DeviceNet 配置组态，使用的软件是罗克韦尔公司的 RSNetWorx。

1）启动 RSNetWorx 进入软件的主视图页面，如图 5-7 所示。主视图框中有一条网络线，现在是一个空的项目，线上没有节点。可以在左边的列表框里选择目前已经连接好的设备并双击，使其加到右边的网络线上。由于已经连接好了设备，所以可以利用 RSNetWorx 的网络扫描功能来进行设备的连接，单击菜单“NetWork”→“Online”，可以启动扫描功能。

2）单击“Online”图标会弹出一个对话框，选择 1770-KFD 用于需要连接的驱动，如图 5-8 所示。

3）选中“1770-KFD”驱动并单击“OK”按钮，或直接双击，单击“OK”按钮同步确认对话框。RSNetWorx 即开始扫描（Browsing Network）。

4）扫描完毕后，网络上能找到的所有节点都会显示出来，如图 5-9 所示。如果此对话框的进度条没有动作，则表示串行通信连接线有问题，或是 PC 上正有其他程序使用串行口。在本例中，Master（1747-SDN/B）的地址为 01，而 1770-KFD 的节点地址为 05。

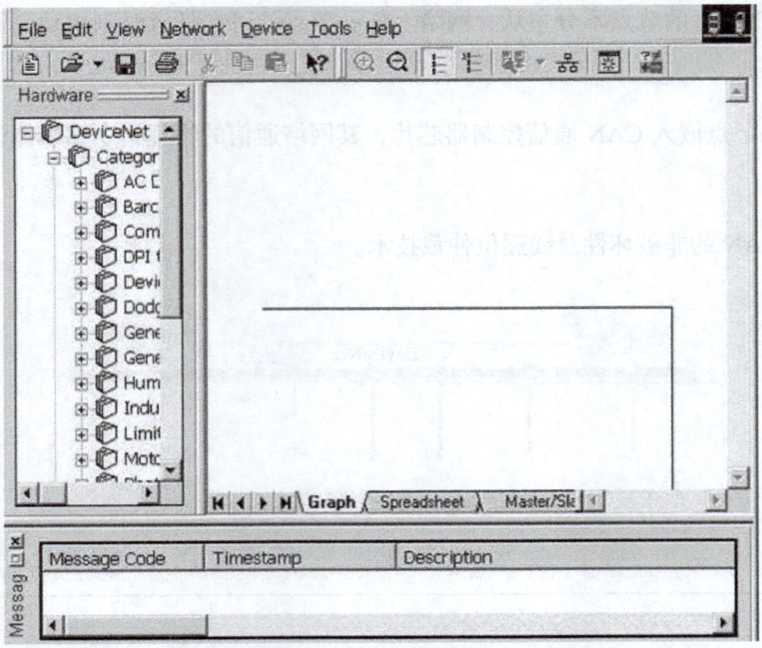

图5-7　RSNetWorx软件的主视图页面

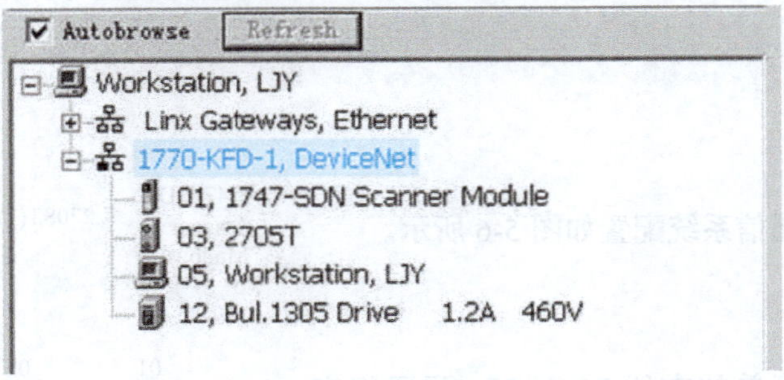

图5-8　选择连接驱动

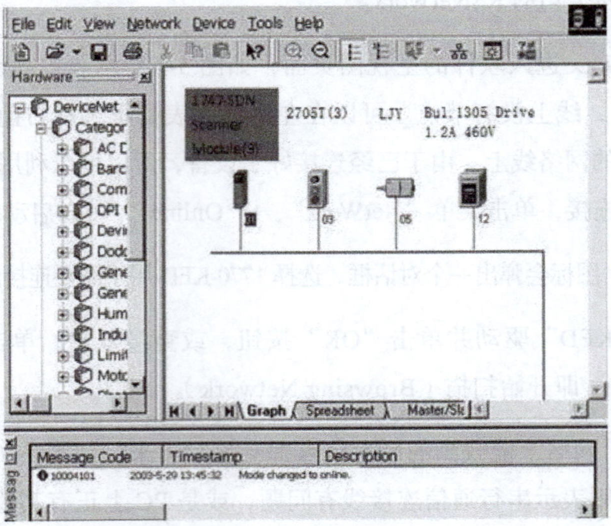

图5-9　显示网络上的节点

5）双击节点图标，可以查看节点的信息，如图 5-10 所示。

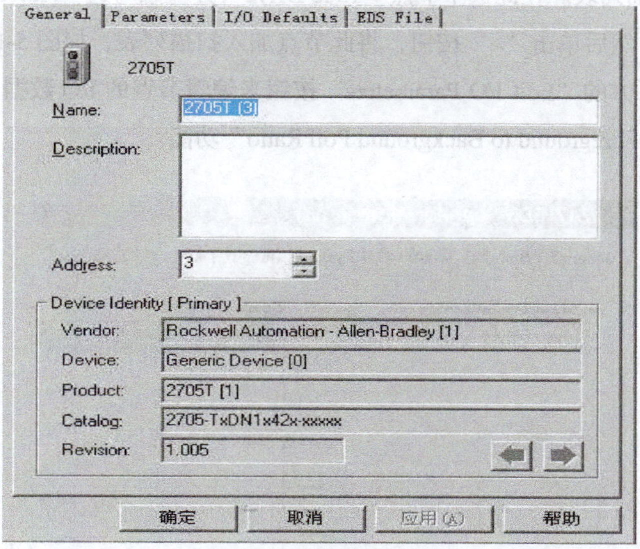

图5-10　节点信息

6）双击 Scanner 的图标，会出现其配置对话框。单击“Module”选项卡→“Upload”按钮，以读取当前 Scanner 中的配置信息，如图 5-11 所示。当读取完毕后，可以看到“Module”选项卡中有几个信息值：Interscan Delay 和 Foreground to Background Poll Ratio。前一项表示两次发送轮询 I/O 信息的间隔时间；后一项表示发送多少次 I/O 报文后才对特定的节点发送一次 I/O 报文，默认值为 1，表示每次都会发送 I/O 报文，主要用在通信速度较慢的设备与较快的设备同时在一个网络上的场合，也可以减少某些通信速度不必很快的设备的 CPU 资源开销。

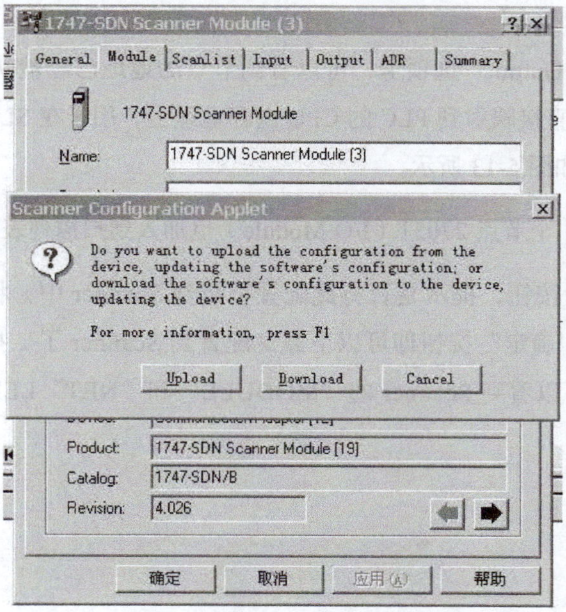

图5-11　配置对话框

7）选择“Scanlist”选项卡，可以看到左边的列表里有当前可以使用的设备，本系统中为两个，右边有一空的扫描列表。在此选中节点“1305 Drive”，并注意勾选“Automap on Add”复选框，使其自动映射地址。然后单击“>”按钮，将此节点加入扫描列表，如图 5-12 所示。当选中一个节点后，可以单击下方的“Edit I/O Parameters”按钮来编辑节点的 I/O 数据长度，其中就可以设置此节点是否使用“Foreground to Background Poll Ratio”功能。

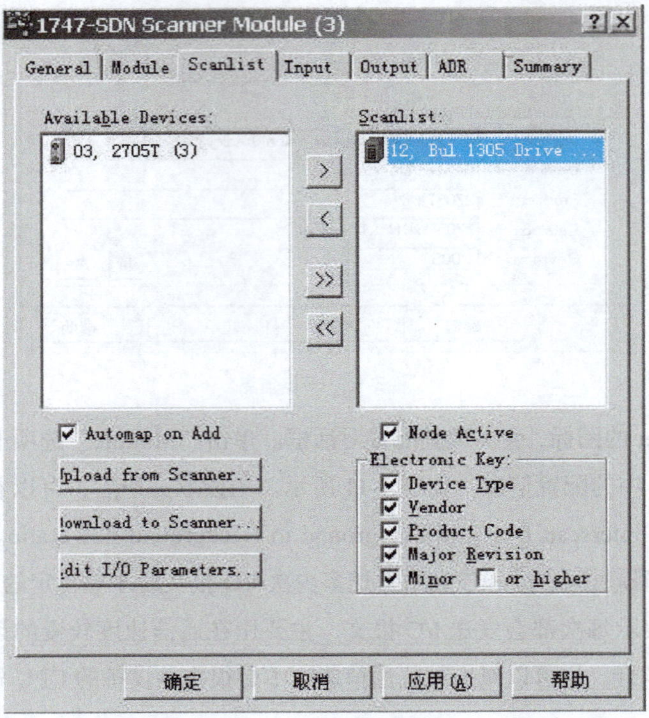

图5-12　当前可以使用的设备

8）单击“Input”“Output”选项卡，可以看到节点的地址已经被映射到 Scanner 的输入和输出地址上了。此地址直接映射到 PLC 的 CPU 内存地址上，用于在 SLC 500 中进行编程控制。“Input”选项卡的内容如图 5-13 所示。

9）同样地，将另一个节点 2705T（I/O Module）也加入到扫描列表中。

10）单击“确定”按钮，提示是否将此配置下载到 Scanner 中，将 PLC 的控制钥匙打到“PROG”状态，单击“确定”按钮即可以下载此配置到 Scanner 了。把 PLC 上的控制钥匙打到“RUN”状态，则可以看到 Scanner 的“MODULE”和“NET”LED 都是绿色。

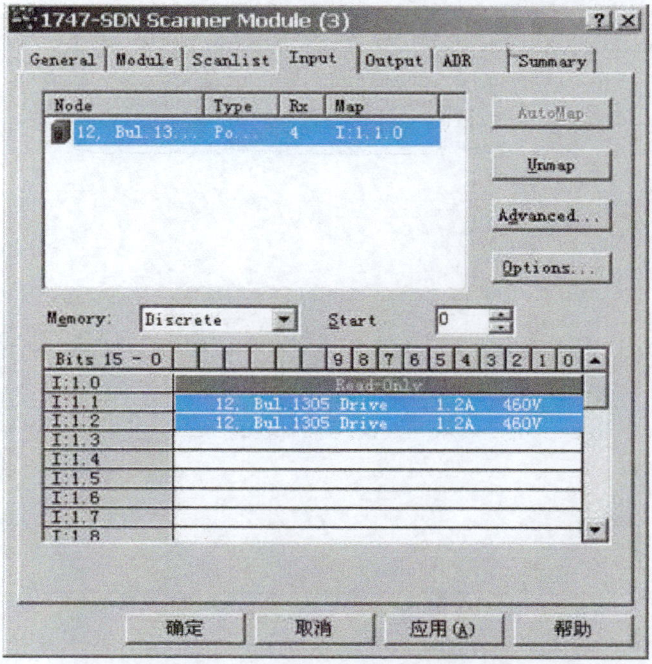

图5-13 “Input”选项卡的内容

思考与练习

1. DeviceNet 的主要应用领域有哪些?

2. DeviceNet 有哪几种通信方式? 各有什么特点?

3. DeviceNet 的主要技术特点是什么?

4. DeviceNet 的电缆有哪几种?

5. DeviceNet 的终端电阻如何选择?

6. 如何将一个设备硬件已经安装完成的 DeviceNet 系统使用 RSNetWorx 在线进行 DeviceNet 配置?

第6章 CHAPTER 6

工业以太网网络系统的组建

6.1 工业以太网概述

1. 工业以太网的产生与发展

随着信息技术的不断发展，信息交换技术覆盖了各行各业。在自动化领域，越来越多的企业需要建立包含从工厂现场设备层到控制层、管理层等各个层次的综合自动化网络管控平台，建立以工业控制网络技术为基础的企业信息化系统。

工业以太网提供了针对制造业控制网络数据传输的以太网标准。该技术基于工业标准，利用了交换以太网结构，有很高的网络安全性、可操作性和实效性，最大限度地满足了用户和生产厂商的需求。工业以太网以其独有的低成本、高实效、高扩展性及高智能等特点，吸引着越来越多的制造业厂商。

工业以太网是互联网系列技术延伸到工业应用环境的产物。工业以太网涉及企业网络的各个层次，无论是应用于工业环境中的企业信息网络，还是基于普通以太网技术的控制网络，以及新兴的实时以太网，均属于工业以太网的范畴。因此，工业以太网既属于信息网络技术，也属于控制网络技术，它是一系列技术的总称。以太网技术经过多年的发展，特别是它在互联网中的广泛应用，使其得到了广大开发商与用户的认同。无论从技术上还是产品价格上，以太网较其他类型网络技术更具有明显的优势。另外，随着网络技术的发展，控制网络与普通计算机网络、互联网的联系更为密切。控制网络技术需要考虑与计算机网络连接的一致性，需要提高对现场设备通信能力的要求，这些都是控制网络设备的开发者与制造商把目光转向以太网技术的重要原因。

工业以太网产品的设计制造必须充分考虑并满足工业网络应用的需要。工业现场对工业以太网产品的要求包括以下几方面：

1）工业生产现场环境的高温、潮湿、空气污浊以及腐蚀性气体的存在，要求工业级产品具有良好的气候环境适应性，并要求耐腐蚀、防尘和防水。

2）工业生产现场的粉尘、易燃易爆和有毒性气体的存在，需要采取防爆措施，保证安全生产。

3）工业生产现场的振动、电磁干扰大，工业控制网络必须具有机械环境适应性（如耐振动、耐冲击）、电磁环境适应性或电磁兼容性（Electro Magnetic Compatibility，EMC）等。

4）工业网络器件的供电通常是采用柜内低压直流电源标准，大多的工业环境中控制柜内所需的电源为低压直流 24V。

5）采用标准导轨，安装方便，适用于工业环境安装的要求。工业网络器件要能方便地安装在工业现场控制柜内，并容易更换。

2. 工业以太网的传输速率

在局域网家族中，以太网是指遵循 IEEE 802.3 标准，可以在光缆和双绞线上传输的网络。以太网是当前应用较广的一种局域网（Local Area Network，LAN）类型。目前的以太网按照传输速率大致分为以下四种：

1）10Base-T 以太网：传输介质是同轴电缆，传输速率为 10Mbit/s。

2）快速以太网：传输速率为 100Mbit/s，采用光缆或双绞线作为传输介质，兼容 10Base-T 以太网。

3）Gigabit 以太网：扩展的以太网协议，传输速率为 1Gbit/s，采用光缆或双绞线作为传输介质，基于当前的以太网标准，兼容 10Mbit/s 以太网和 100Mbit/s 以太网的交换机和路由器设备。

4）10 Gigabit 以太网：2002 年 6 月发布，是一种速度更快的以太网技术。支持智能以太网服务，是未来广域网（Wide Area Network，WAN）和城域网（Metropolitan Area Network，MAN）的宽带解决方案。

3. 工业以太网应用于工业自动化中的关键问题

（1）通信实时性问题　以太网采用带碰撞检测的载波侦听多址访问（Carrier Sense Multiple Access with Collision Detection，CSMA/CD）的介质访问控制方式，其本质上是非实时的。平等竞争的介质访问控制方式不能满足工业自动化领域对通信的实时性要求，因此以太网一直被认为不适合在底层工业网络中使用，需要有针对这一问题的切实的解决方案。

（2）对环境的适应性与可靠性的问题　以太网是按办公环境设计的，将它用于工业控制环境，其环境适应能力、抗干扰能力等是许多从事自动化的专业人士所特别关心的。在产品的设计时要特别注重材质、元器件的选择，使产品在强度、温度、湿度、振动、干扰、辐射等环境参数方面满足工业现场的要求。还要考虑到在工业环境下的安装要求，例如采用 DIN 导轨式安装等。像 RJ-45 一类的连接器，在工业上应用太易损坏，应该采用带锁紧机构的连接件，使设备具有更好抗振动、抗疲劳能力。

（3）总线供电　在控制网络中，现场控制设备的位置分散性使它们对总线有提供工作电源的要求。现有的许多控制网络技术都可以利用网线对现场设备供电。工业以太网目前没有对网络节点供电做出规定。一种可能的方案是利用现有的 5 类双绞线中的另一对空闲线供电。一般在工业环境下，要求采用直流 10~36V 低压供电。

（4）本质安全　工业以太网如果要用在一些易燃易爆的危险工业场所，就必须考虑本质安全防爆问题。这是在总线供电解决之后要进一步解决的问题。

在工业数据通信与控制网络中，直接采用以太网作为控制网络的通信技术只是工业以太网发展的一个方面，现有的许多现场总线控制网络都提出了与以太网结合，用以太网作为现场总线网络的高速网段，使控制网络与互联网融为一体的解决方案。

在控制网络中采用以太网技术无疑有助于控制网络与互联网的融合，使控制网络无需经过网关转换即可直接连至互联网，使测控节点有条件成为互联网上的一员。在控制器、PLC、测量变送器、执行器、I/O 卡等设备中嵌入以太网通信接口、嵌入 TCP/IP、嵌入 Web Server 便可形成支持以太网、TCP/IP 和 Web 服务器的互联网现场节点。在应用层协议尚未统一的环境下，借助 IE 等通用的网络浏览器实现对生产现场的监视与控制，进而实现远程监控，也是人们提出且正在实现的一个有效的解决方案。

6.2 基于西门子S7-300 PLC的SIMATIC NET工业以太网控制系统的组建

6.2.1 SIMATIC NET工业以太网简介

SIMATIC NET 工业以太网基于经过现场验证的技术，符合 IEEE 802.3 标准，并提供 10Mbit/s 以及 100Mbit/s 快速以太网技术。经过多年的实践，SIMATIC NET 工业以太网的应用已多于 400000 个节点，遍布世界各地，多用于严酷的工业环境，包括有高强度电磁干扰的地区。

1. 基本类型

（1）10Mbit/s 工业以太网　应用基带传输技术，基于 IEEE 802.3，利用 CSMA/CD 介质访问方法的单元级、控制级传输网络，传输速率为 10Mbit/s，传输介质为同轴电缆、屏蔽双绞线或光纤。

（2）100Mbit/s 快速工业以太网　基于以太网技术，传输速率为 100Mbit/s，传输介质为屏蔽双绞线或光纤。

2. 传输介质

网络的物理传输介质主要根据网络连接距离、数据安全以及传输速率来选择。在西门子工业以太网络中，通常使用的物理传输介质是屏蔽双绞线（Twisted Pair，TP）、工业屏蔽双绞线（Industrial Twisted Pair，ITP）以及光纤。

1）双芯电缆，无双绞，无屏蔽（例如 AS-interface bus）。

2）双芯双绞线，无屏蔽（例如一般的局域网）。

3）双芯屏蔽双绞线（例如 PROFIBUS）。

4）同轴电缆（例如工业以太网）。

5）光纤（例如 PROFIBUS/ 工业以太网）。

6）无线通信（例如红外线和无线电通信）。

6.2.2 S7–300 PLC进行工业以太网通信所需的硬件与软件

1. 硬件

硬件包括 CPU、CP 343-1 IT/CP 343-1、PC（带网卡）。

2. 软件

软件使用 STEP 7 V5.2。

说明：为了便于选择硬件，应保持软件的更新，可以在西门子（中国）自动化与驱动集团的官方网站上下载所需的补丁和升级包。

3. PG/PC Interface的设定

在“SIMATIC Manger”界面中，选择“Options”→“Set PG/PC Interface”，弹出“Set PG/PC Interface”对话框，选择“TCP/IP（Auto）→ Realtek RTL8193/810”为通信协议，如图 6-1 所示。

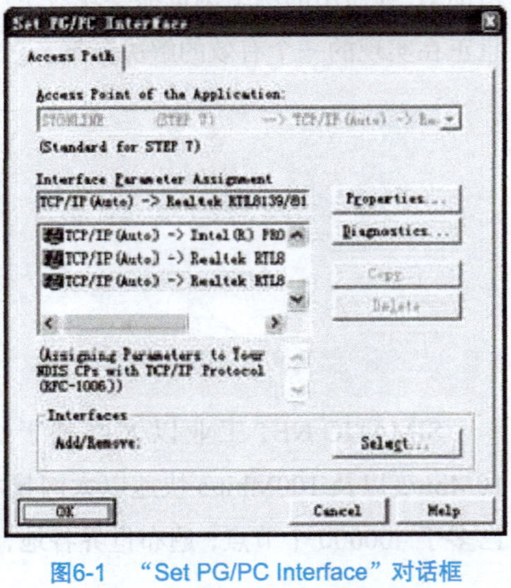

图6-1 “Set PG/PC Interface”对话框

6.2.3 S7–300 PLC利用S5兼容的通信协议进行工业以太网通信

1. TCP通信

（1）新建项目　在 STEP7 中创建一个新项目，取名为“TCP of IE”。单击鼠标右键，在弹出的快捷菜单中选择“Insert New Object”→“SIMATIC 300 Station”，插入一个 300 站，取名为“313C-2DP”。用同样的方法在项目“TCP of IE”下插入另一个 300 站，取名为“315-2DP”，如图 6-2 所示。

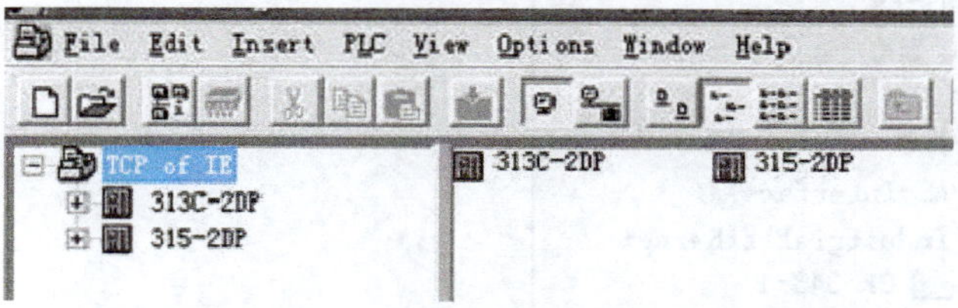

图6-2　建立新项目

（2）硬件组态　首先对“313C-2DP”站进行硬件组态。双击“Hardware”，进入“HW Config”界面。在机架上加入“CPU 313C-2DP”“SM 323”和“CP 343-1 IT”，如图 6-3 所示。

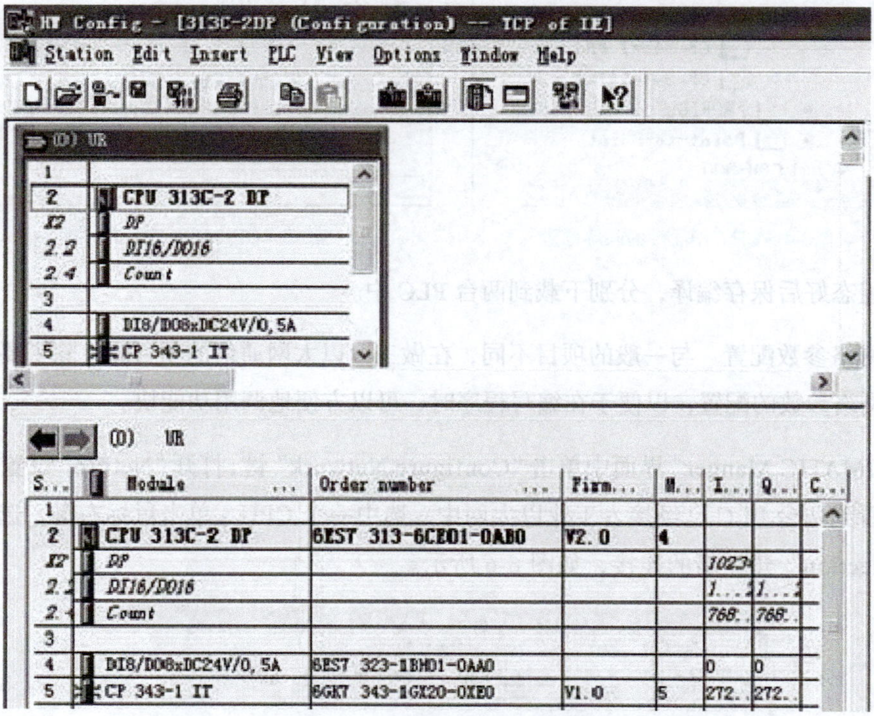

图6-3　“313C-2DP”站的硬件组态

同时把 CPU 的 MPI 地址设为“4”，CP 模块的 MPI 地址设为“5”。“CP 343-1 IT”可以在“SIMATIC 300”→“CP300”→“Industrial Ethernet”下找到，如图 6-4 所示。

当把“CP 343-1 IT”插入机架时，会弹出一个 CP 343-1 IT 的属性对话框。新建以太网“Ethernet（1）”，因为要使用 TCP，故只需设置 CP 模块的 IP 地址，如图 6-5 所示。本例中 CP 343-1 IT 的 IP 地址为 10.10.3.28，子网掩码为 255.255.255.192。

用同样的方法建立“315-2DP”站的硬件组态。CPU 的 MPI 地址设为“2”，CP 模块的 MPI 地址设为“3”。CP 模块的 IP 地址为 10.10.3.58，子网掩码为 255.255.255.192。

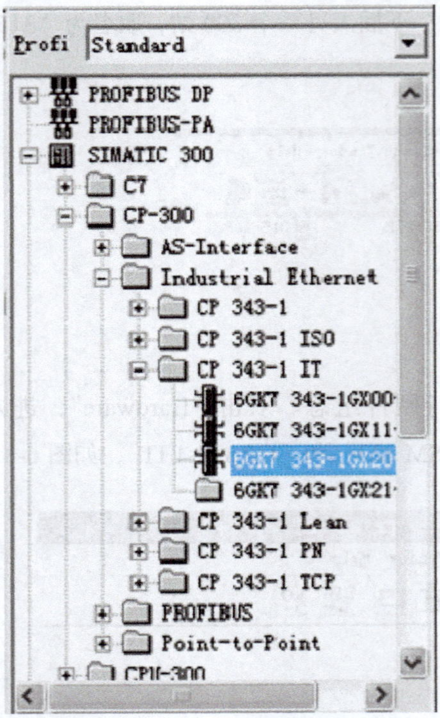

图6-4　CP 343-1 IT的硬件位置

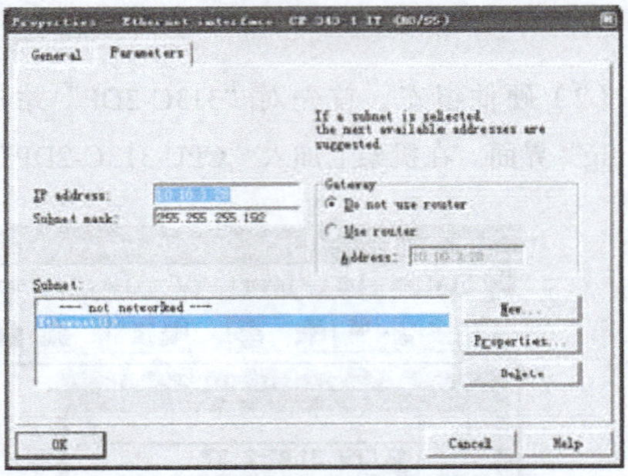

图6-5　CP 343-1 IT的属性对话框

硬件组态好后保存编译，分别下载到两台 PLC 中。

（3）网络参数配置　与一般的项目不同，在做工业以太网通信的项目时，除了要组态硬件，还要进行网络参数的配置，以便于在编写程序时，可以方便地调用功能块。

在“SIMATIC Manger”界面中单击“Configure Network”键，打开“NetPro”设置网络参数。此时可以看到两台 PLC 已经接入工业以太网中，选中一个 CPU，单击鼠标右键，选择“Insert New Connection”建立新的连接，如图 6-6 所示。

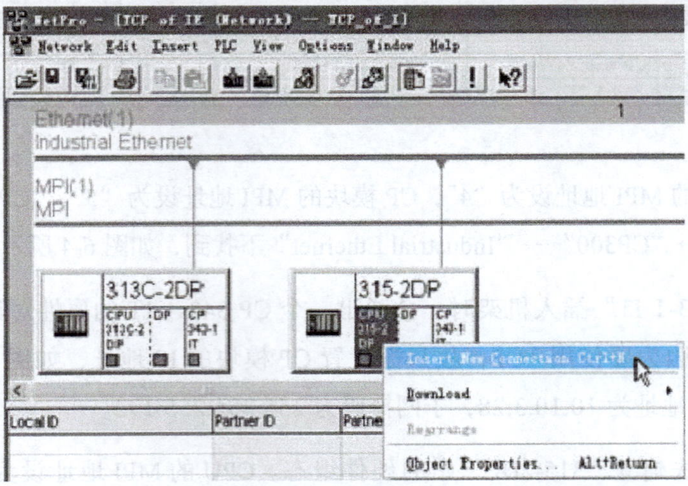

图6-6　建立新的连接

在连接类型中，选择“TCP connection”，如图 6-7 所示。

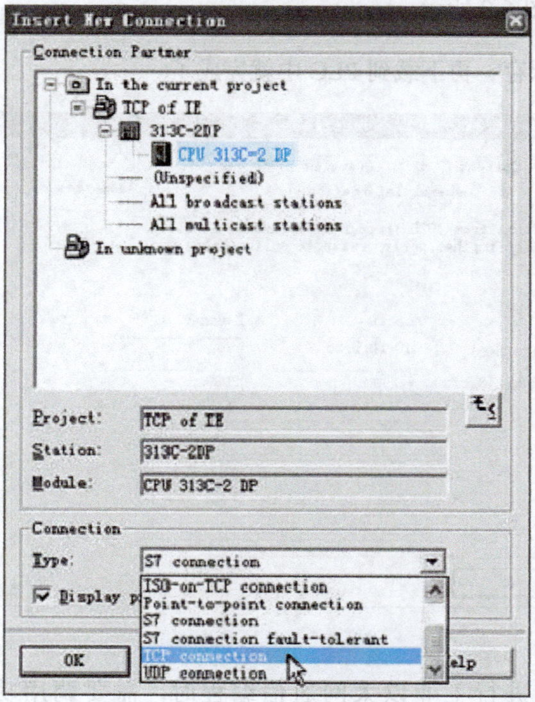

图6-7　选择“TCP connection”

然后单击“OK”按钮，设置连接属性，如图 6-8 所示。“General”属性中 ID=1，是通信的连接号；LADDR=W#16#0110，是 CP 模块的地址，这两个参数在后面的编程时会用到。

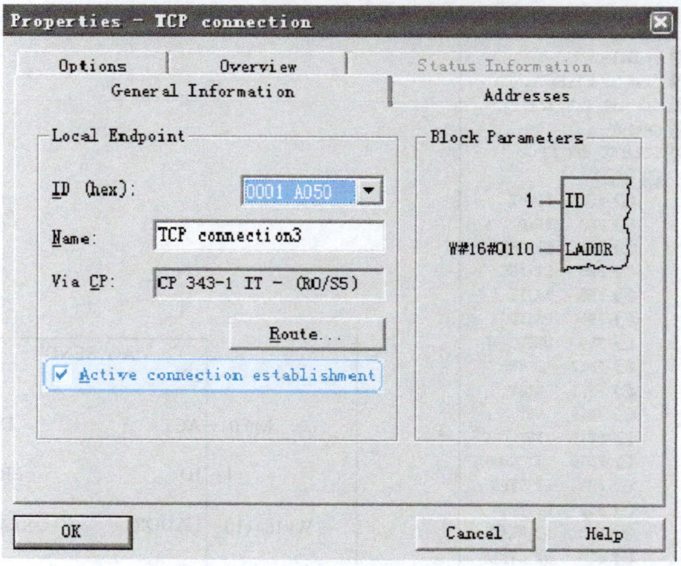

图6-8　TCP连接属性

通信双方其中一个站（本例中为 CPU 315-2DP）必须勾选“Active connection establishment”选项，以便在通信连接初始化中起到主动连接的作用。

在“Address”属性中可以看到通信双方的 IP 地址，占用的端口号可以自定义，也可以使用默认值，如 2000，如图 6-9 所示。

参数设置好后编译保存，再下载到 PLC 中就完成了。

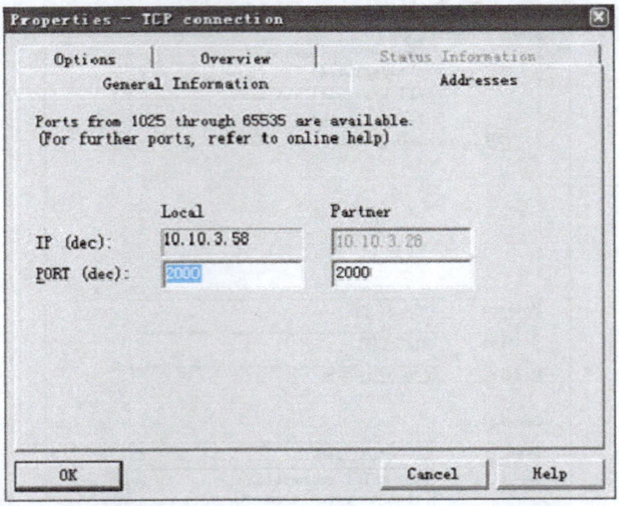

图6-9　设定TCP/IP端口

（4）编写程序　在进行工业以太网通信编程时，需要调用功能 FC5“AG_SEND”和 FC6“AG_RECV”，该功能在指令库“Libraries”→“SIMATIC_NET_CP”→“CP 300”中可以找到，如图 6-10 所示。

其中发送方（本例中为 CPU 315-2DP）调用发送功能 FC5，程序如图 6-11 所示。

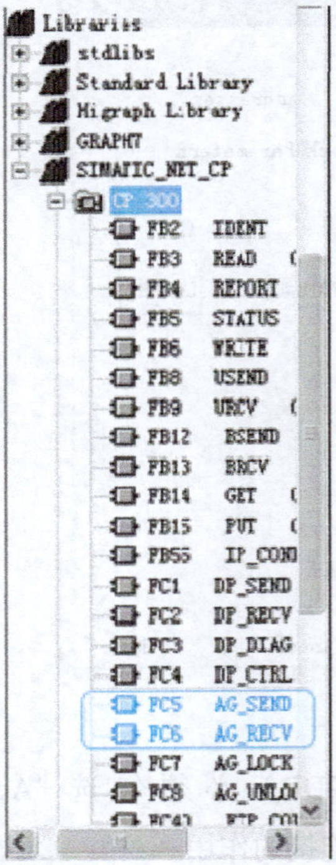

图6-10　指令库

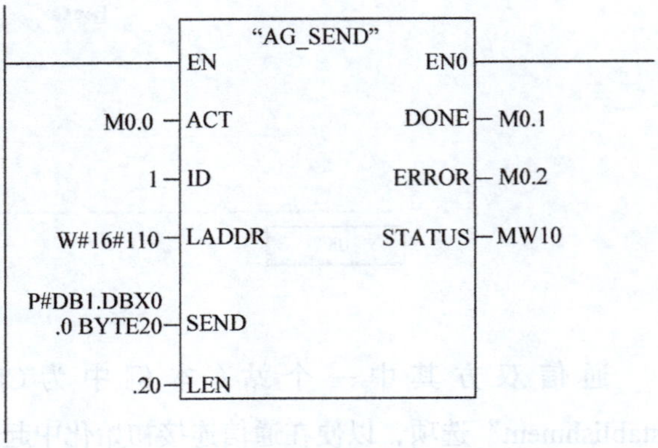

图6-11　发送方程序

当M0.0为“1”时，触发发送任务，将“SEND”数据区中的20B发送出去，发送数据“LEN”的长度不大于数据区的长度。表6-1所示为功能FC5的各个引脚参数说明。

表6-1 功能FC5的各个引脚参数说明

参数名	数据类型	参数说明
ACT	BOOL	触发端，该参数为“1”时发送
ID	INT	连接号
LADDR	WORD	CP模块的地址
SEND	ANY	发送数据区
LEN	INT	被发送数据的长度
DONE	BOOL	为“1”时，发送完成
ERROR	BOOL	为“1”时，有故障发生
STATUS	WORD	故障码

同样在接收方（本例为CPU 313C-2DP）接收数据需要调用接收功能FC6，程序如图6-12所示。

功能FC6的各个引脚参数说明见表6-2。

程序编写好后保存下载，即可把发送方CPU 315-2DP内的20B数据发送给接收方CPU 313C-2DP。

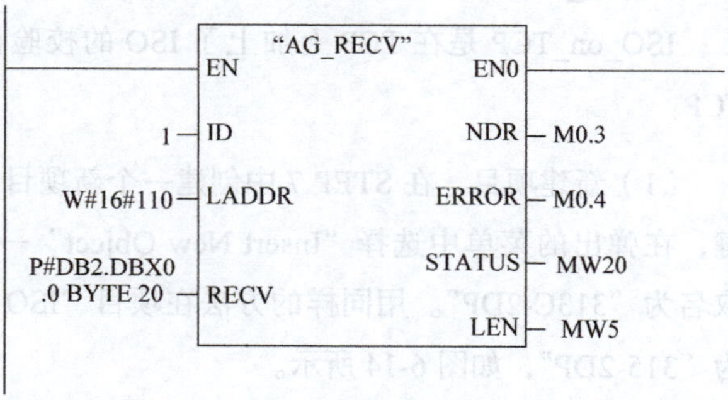

图6-12 接收方程序

正常情况下，功能FC5“AG_SEND”和FC6“AG_RECV”的最大数据通信量为240B，如果用户数据大于240B，则需要通过硬件组态在CP模块的硬件属性中设置数据长度大于240B（最大8KB），如图6-13所示。如果数据长度小于240B，不要勾选此选项，以减少网络负载。

表6-2 功能FC6的各个引脚参数说明

参数名	数据类型	参数说明
ID	INT	连接号
LADDR	WORD	CP模块的地址
RECV	ANY	接收数据区
NDR	BOOL	为“1”时，接收到新数据
ERROR	BOOL	为“1”时，有故障发生
STATUS	WORD	故障码
LEN	WORD	接收到的数据长度

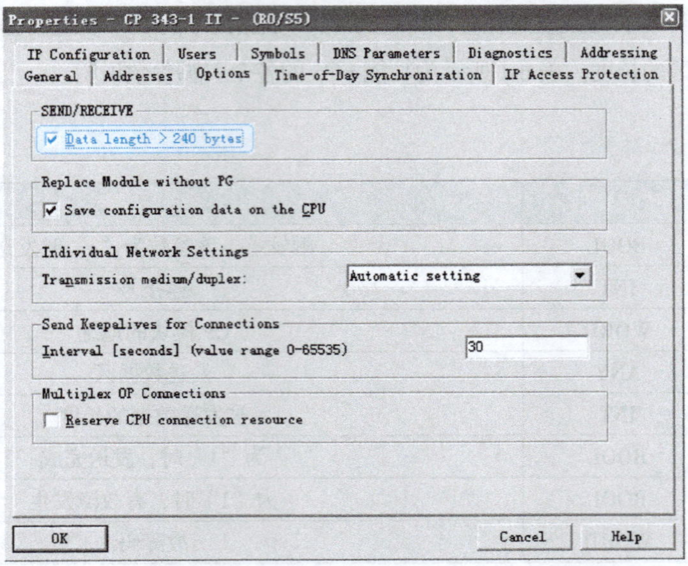

图6-13　通信数据量的设置

2. ISO_on_TCP通信

ISO_on_TCP 是在 TCP 上加上了 ISO 的校验机制，故本例中所使用的 CP 模块需要支持 TCP。

（1）新建项目　在 STEP 7 中创建一个新项目，取名为“ISO_on_TCP of IE”。单击鼠标右键，在弹出的菜单中选择“Insert New Object”→“SIMATIC 300 Station”，插入一个 300 站，取名为“313C-2DP”。用同样的方法在项目“ISO_on_TCP of IE”下插入另一个 300 站，取名为“315-2DP”，如图 6-14 所示。

图6-14　建立新项目

（2）硬件组态　首先对“313C-2DP”站进行硬件组态。双击“Hardware”，进入“HW Config”界面。在机架上加入“CPU 313C-2DP”、“SM 323”和“CP 343-1 IT”，如图 6-15 所示。

同样地，把 CPU 的 MPI 地址设为“4”，CP 模块的 MPI 地址设为“5”。当把“CP 343-1 IT”插入机架时，仍然会弹出一个 CP 343-1 IT 的属性对话框，新建以太网“Ethernet（1）”，因为要使用 ISO_on_TCP，故只需设置 CP 模块的 IP 地址，如图 6-16 所示。本例中 CP 343-1 IT 的 IP 地址为 10.10.3.28，子网掩码为 255.255.255.192。

建立“315-2DP”站的硬件组态方法与前面例子一样，这里不再详细讲述。

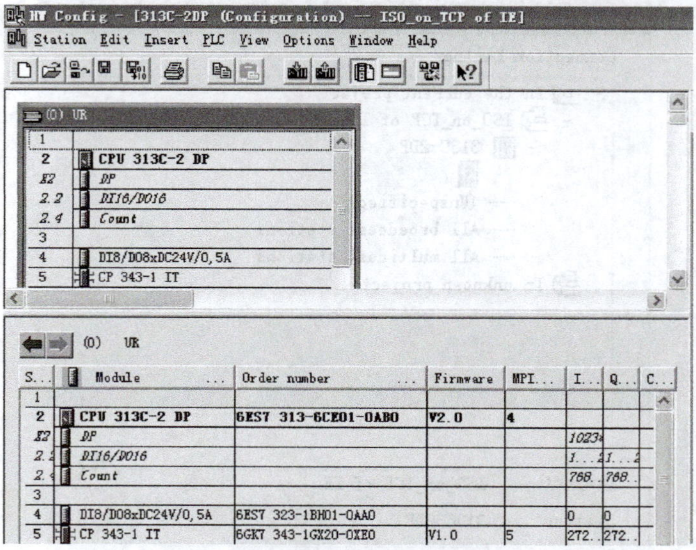

图6-15 “313C-2DP”站的硬件组态

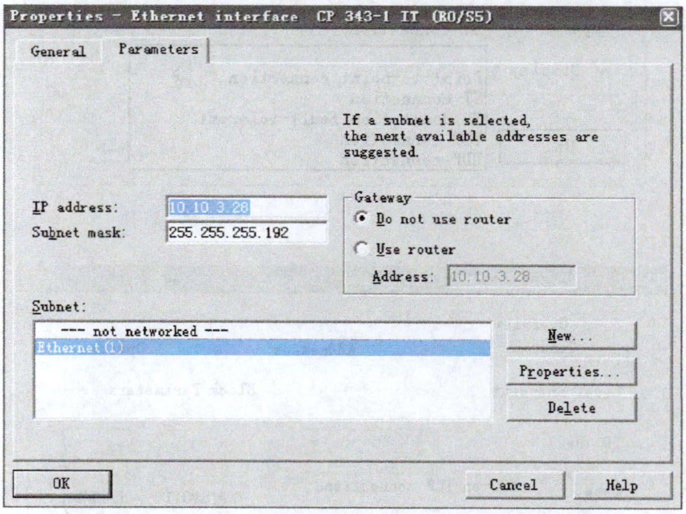

图6-16 CP 343-1 IT的属性对话框

（3）网络参数配置　与前面例子相同，打开“NetPro”设置网络参数。在连接类型中，选择“ISO_on_TCP connection”连接，如图 6-17 所示。

然后单击“OK”按钮，设置连接属性，如图 6-18 所示。“General”属性中 ID=1，是通信的连接号；LADDR=W#16#0110，是 CP 模块的地址，这两个参数在后面的编程时会用到。

通信双方其中一个站（本例中为 CPU 315-2DP）必须勾选“Active connection establishment”选项，以便在通信连接初始化中起到主动连接的作用。

在“Address”属性中可以看到通信双方的 IP 地址，TSAP 可以自定义，也可以使用默认值，如“TCP-1”，如图 6-19 所示。

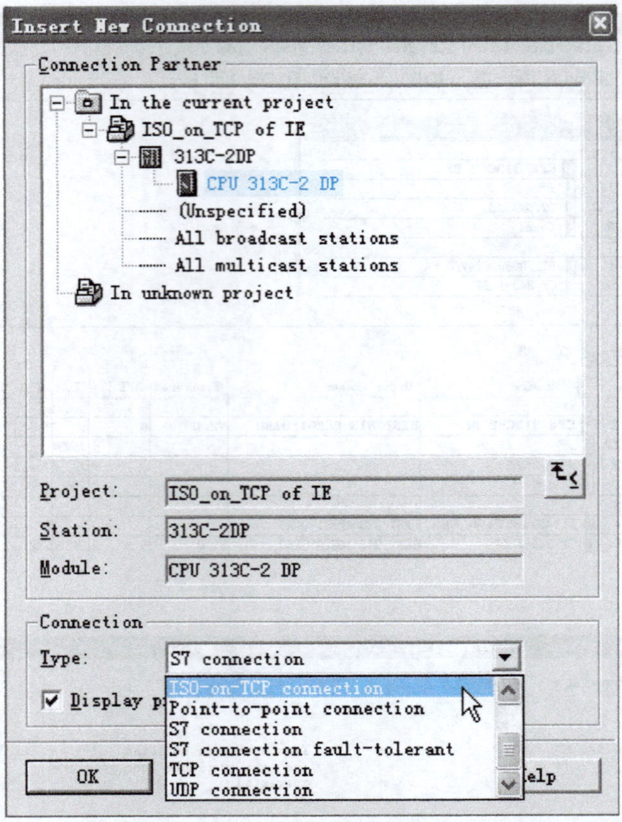

图6-17　选择“ISO_on_TCP connection”连接

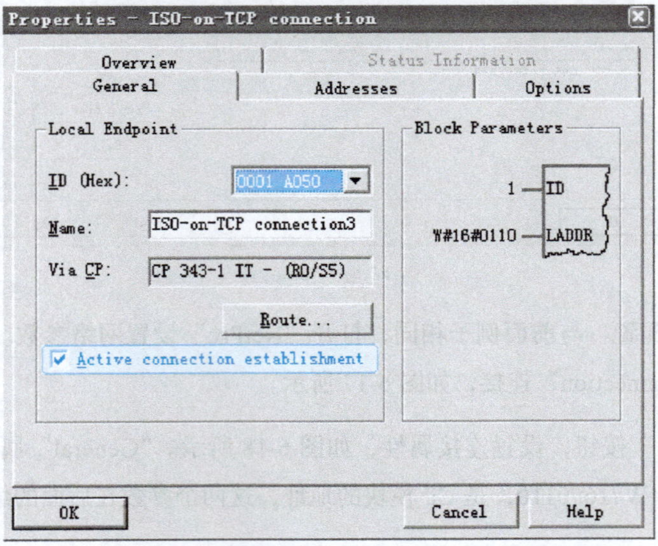

图6-18　ISO_on_TCP连接属性

参数设置好后编译保存，再下载到 PLC 中，网络参数设置完成。

（4）编写程序　通信程序的编写与 TCP 连接相同，这里不再重复。

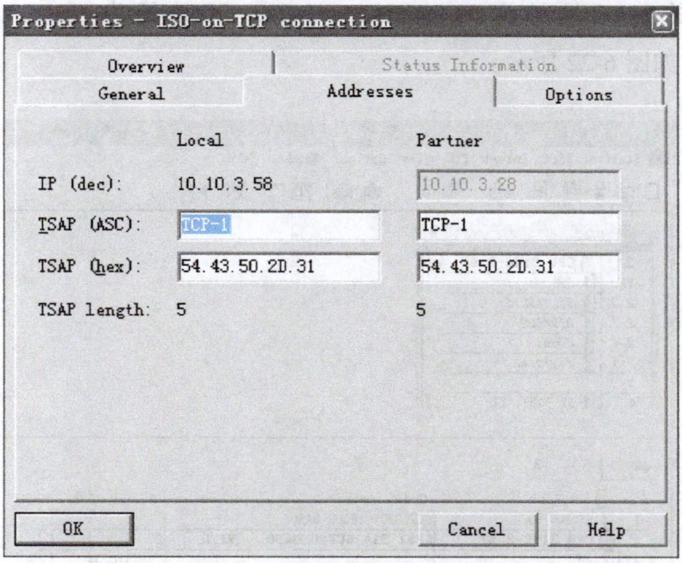

图6-19 TSAP设置

3. UDP通信

UDP 的组态和编程方法与 TCP 基本相同，只需在网络参数设置里选择“UDP connection”连接即可，这里不再详述。

4. IOS通信

本例中需要支持 ISO 传输协议的 CP 模块，在选择硬件时应当注意。

（1）新建项目 在 STEP 7 中创建一个新项目，取名为“IE_IOS ”，单击鼠标右键，在弹出的菜单中选择“Insert New Object”→“SIMATIC 300 Station”，插入一个 300 站。用同样的方法在项目“IE_IOS”下插入另一个 300 站，如图 6-20 所示。

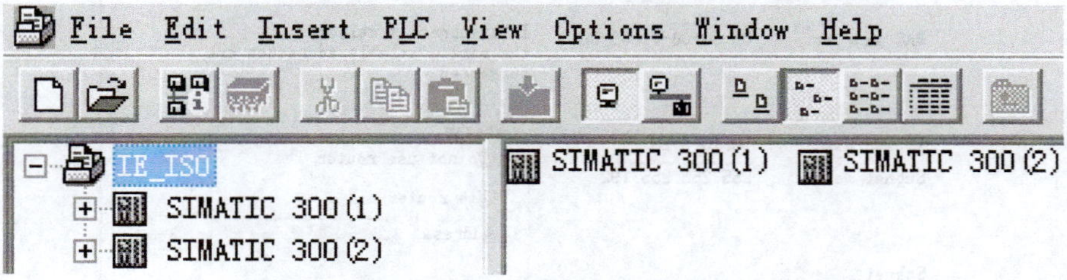

图6-20 建立新项目

（2）硬件组态 单击“SIMATIC 300（1）”，双击“Hardware”进入“HW Config”界面。在机架中插入所需的 CPU 和 CP 模块，如图 6-21 所示。

插入 CP 模块后，会自动弹出一个“CP 343-1 IT 的属性对话框”。新建以太网“Ethernet（1）”，因为要使用 ISO 传输协议，故选择“Set MAC address/use ISO protocol”。本例中设置该 CP 模块的 MAC 地址为 08-00-06-71-6D-D0，IP 地址为 10.10.3.28，子网掩码为 255.255.255.192，如图 6-22 所示。

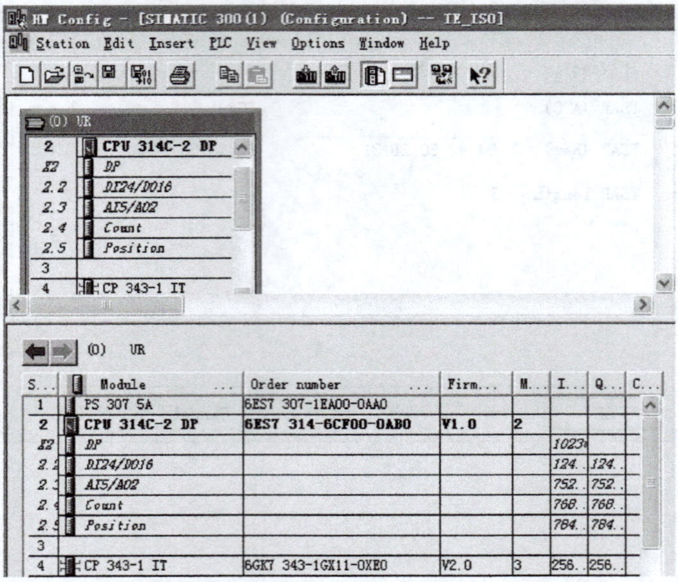

图6-21 “SIMATIC 300（1）”的硬件组态

每个 CP 模块的 MAC 地址都不一样，MAC 地址一般标注在 CP 模块的外壳上，使用时请注意查找。

用同样的方法，建立另一个 S7-300 站，CP 模块为 CP 343-1，设置 CP 模块的 MAC 地址，连接到同一个网络“Ethernet（1）”上。

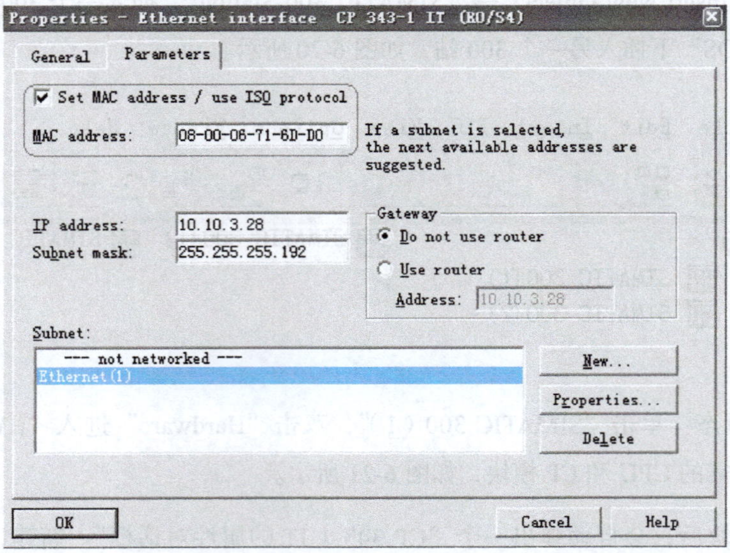

图6-22 CP 343-1 IT的属性对话框

（3）网络参数配置　用与前面的例子相同的方法打开“NetPro”设置网络参数，选中一个CPU，单击鼠标右键，选择“Insert New Connection”建立新的连接，如图 6-23 所示。

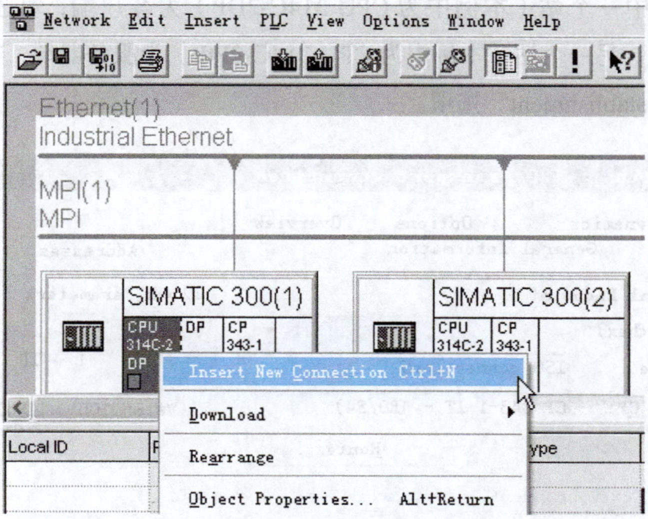

图6-23　建立新的连接

在连接类型中，选择“ISO transport connection”连接，如图 6-24 所示。

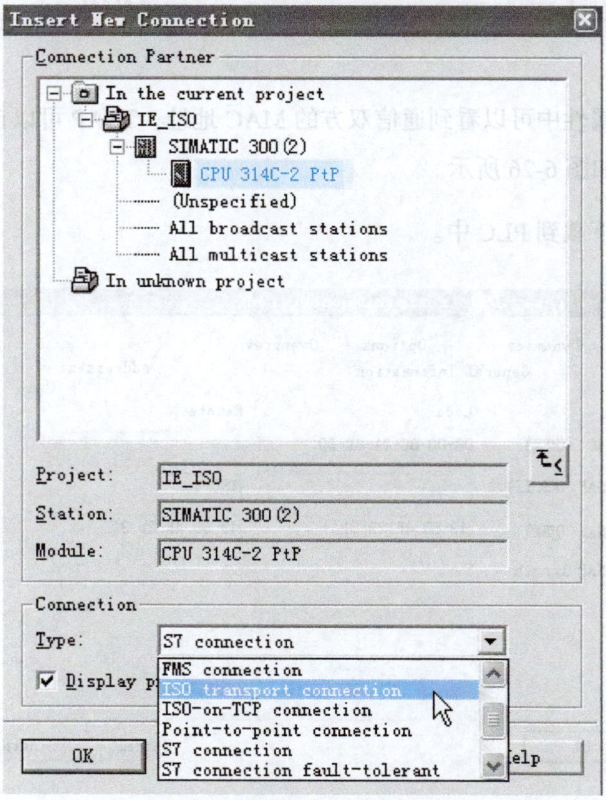

图6-24　选择“ISO transport connection”连接

然后单击“OK”按钮，设置连接属性，如图 6-25 所示。“General”属性中 ID=1，是通信的连接号；LADDR=W#16#0100，是 CP 模块的地址，这两个参数在后面的编程时会用到。

通信双方的其中一个站（本例中为 CPU 314C-2DP）为客户端，勾选“Active connection establishment”选项；另一个站（本例中为 CPU 314C-2PtP）为服务器端，在相应属性中不勾选“Active connection establishment”选项。

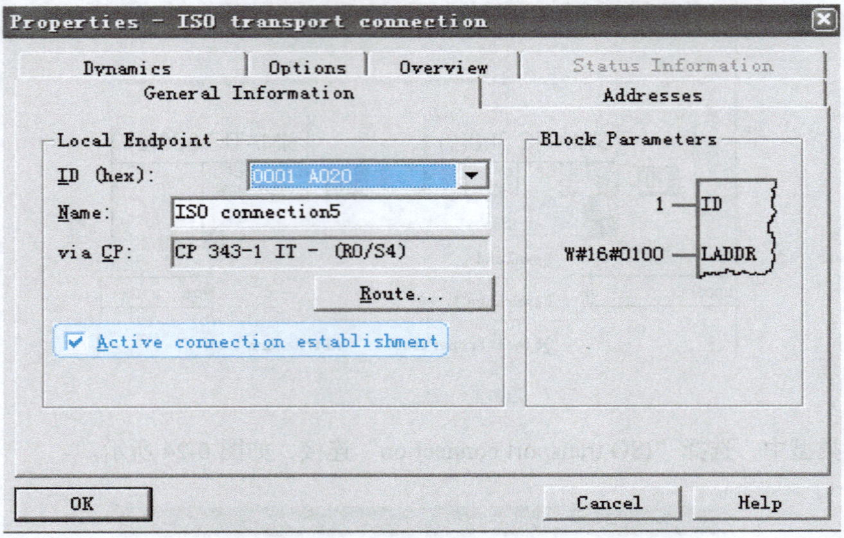

图6-25 ISO连接属性

在“Addresses”属性中可以看到通信双方的 MAC 地址，TSAP 可以自定义，也可以使用默认值，如“ISO-1”，如图 6-26 所示。

然后保存编译，下载到 PLC 中。

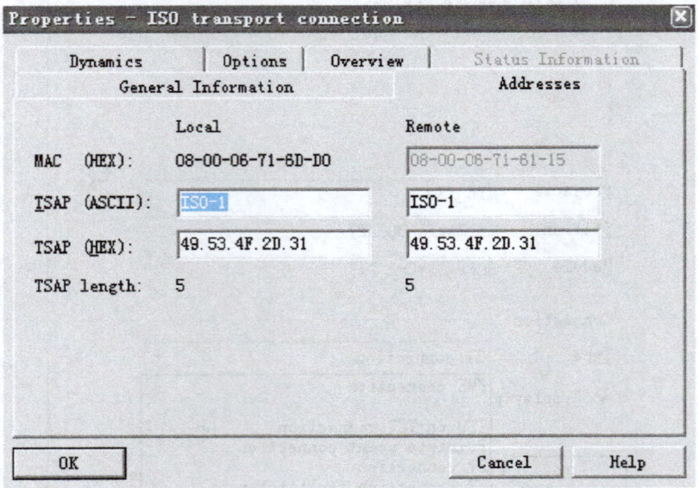

图6-26 TSAP设置

（4）编写程序　通信程序的编写与 TCP 连接相同，这里不再重复。

6.2.4　S7–300 PLC利用S7通信协议进行工业以太网通信

1. 新建项目

在 STEP 7 中创建一个项目，取名为“IE_S7”，单击鼠标右键，在弹出的菜单中选择“Insert New Object”→“SIMATIC 300 Station”，插入一个 300 站。用同样的方法在项目“IE_S7”下插入另一个 300 站，如图 6-27 所示。

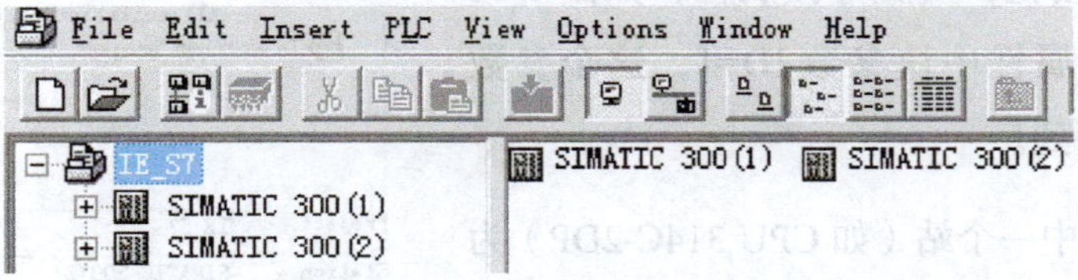

图6-27　建立新项目

2. 硬件组态

单击“SIMATIC 300（1）”，双击“Hardware”，进入“HW Config”界面。在机架中插入所需的 CPU 和 CP 模块，如图 6-28 所示。

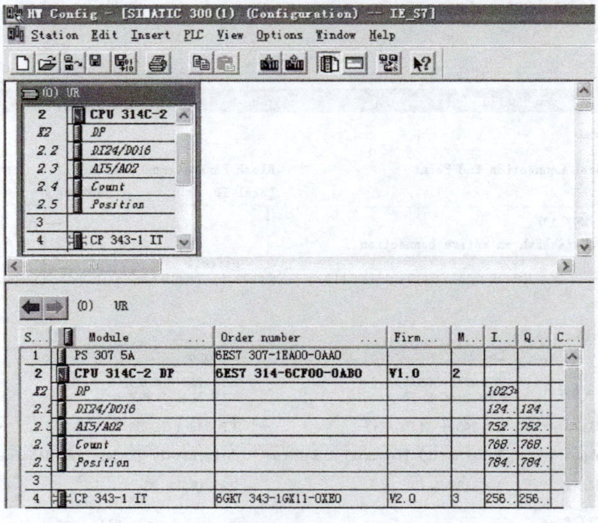

图6-28　“SIMATIC 300（1）”的硬件组态

与 ISO 传输协议一样，当插入 CP 模块后，会自动弹出一个 CP 343-1 IT 的属性对话框。新建以太网“Ethernet（1）”，因为要使用 ISO 传输协议，故选择“Set MAC address/use ISO protocol”。本例中设置该 CP 模块的 MAC 地址为 08-00-06-71-6D-D0，IP 地址为 192.168.1.10，子网掩码为 255.255.255.0。

用同样的方法，建立另一个 S7-300 站，CP 模块为 CP 343-1，设置 CP 模块的 MAC 地址，连接到同一个网络“Ethernet（1）”上。

3. 网络参数设置

打开“NetPro”设置网络参数，选中一个CPU，单击鼠标右键，选择“Insert New Connection”建立新的连接，在连接类型中，选择“S7 connection”，如图6-29所示。

单击“OK”按钮，设置连接属性，如图6-30所示。“General”属性中块参数ID=1，这个参数在后面编程时会用到。

通信双方的其中一个站（如CPU 314C-2DP）为客户端，勾选“Establish an active connection”选项；另一个站（如CPU 314C-2PtP）为服务器端，在相应属性中不勾选。

如果选择了“TCP/IP”，站与站之间的连接将使用IP地址进行访问，否则将使用MAC地址进行访问。

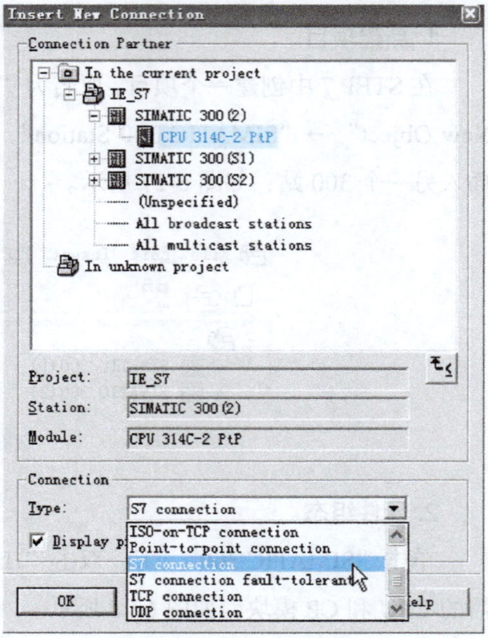

图6-29　选择“S7 connection”

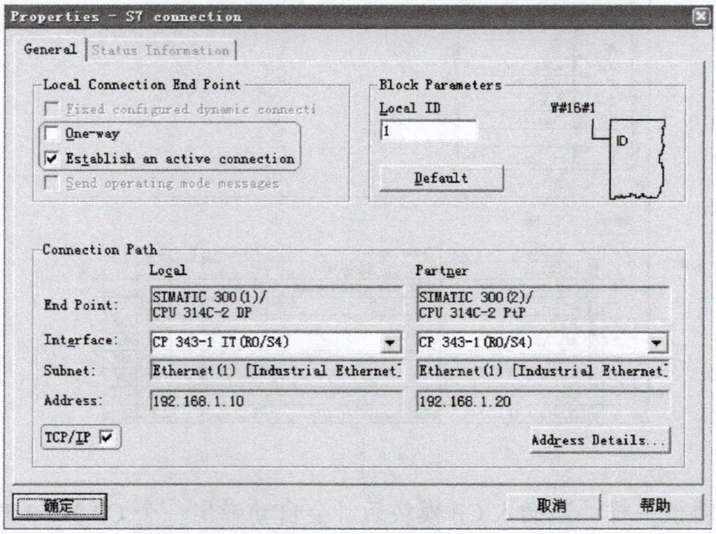

图6-30　S7连接属性

“One-way”表示单边通信，如果勾选该选项，则双边通信的功能块FB12“BSEND”和FB13“BRCV”将不再使用，需要调用FB14“PUT”和FB15“GET”。

设置好后保存编译并下载到各PLC中。

4. 程序

（1）双边通信　由于事先选择了双边通信的方式，故在编程时需要调用 FB12“BSEND”和 FB13“BRCV”，即通信双方均需要编程，一端发送，则另外一端必须接收才能完成通信。

FB12“BSEND”和 FB13“BRCV”可以在指令库“Libraries”→“SIMATIC_NET_CP”→“CP 300”中可以找到，如图 6-31 所示。

首先发送方（本例中为 CPU 314C-2DP）调用功能块 FB12“BSEND”，如图 6-32 所示。

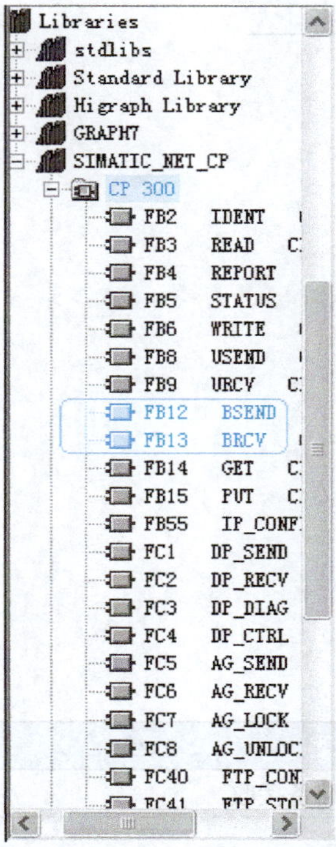

图6-31　指令库

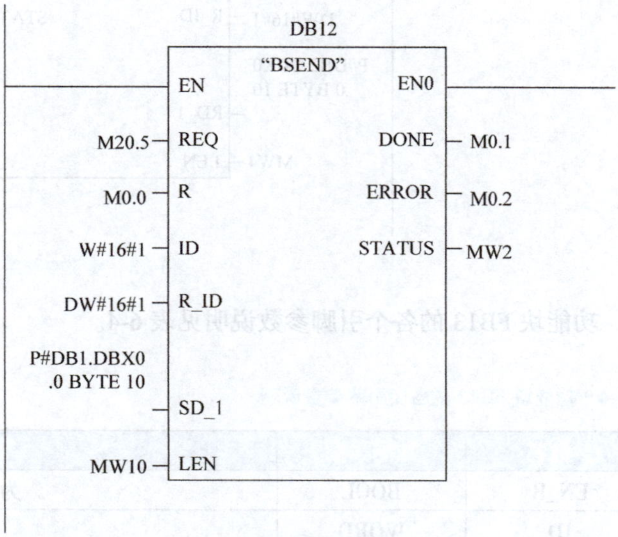

图6-32　发送方程序

“ID”为网络参数设置时确定的，而“R_ID”在编程时由用户自定义，相同的“R_ID”发送 / 接收功能块才能正确地传输数据，例如发送方的“R_ID”=1，则接收方的“R_ID”也应设为 1。表 6-3 所示为功能块 FB12 各个引脚的参数说明。

表 6-3　功能块 FB12 各个引脚的参数说明

参数名	数据类型	参数说明
REQ	BOOL	上升沿触发工作
R	BOOL	为“1”时，终止数据交换
ID	INT	连接号
R_ID	DWORD	连接号，相同的连接号的功能块互相对应发送 / 接收数据
DONE	BOOL	为“1”时，发送完成
ERROR	BOOL	为“1”时，有故障发生

（续）

参数名	数据类型	参数说明
STATUS	WORD	故障码
SD_1	ANY	发送数据区
LEN	WORD	发送数据的长度

接收方（本例中为 CPU 314C-2PtP）调用功能块 FB13 “BRCV”，如图 6-33 所示。

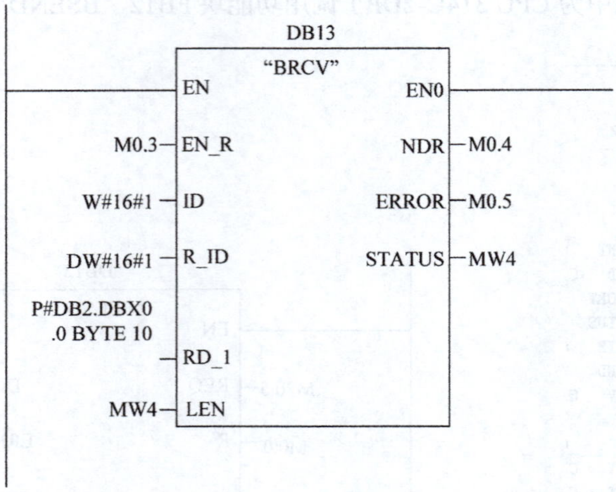

图6-33　接收方程序

功能块 FB13 的各个引脚参数说明见表 6-4。

表 6-4　功能块 FB13 的各个引脚参数说明

参数名	数据类型	参数说明
EN_R	BOOL	为“1”时，准备接收
ID	WORD	连接号
R_ID	DWORD	连接号，相同连接号的功能块互相对应发送 / 接收数据
NDR	BOOL	为“1”时，接收完成
ERROR	BOOL	为“1”时，有故障发生
STATUS	WORD	故障码
RD_1	ANY	接收数据区
LEN	WORD	接收到的数据长度

（2）单边通信　此时，S7 连接属性中需要设定“One-way”方式，如图 6-34 所示。

当使用“One-way”方式时，只需在本地侧的 PLC 调用功能块 FB14“GET”和 FB15“PUT”，即可向通信对方发送数据或读取对方的数据。

FB14“GET”和 FB15“PUT”同样在指令库“Libraries”→“SIMATIC_NET_CP”→“CP 300”中可以找到，如图 6-35 所示。

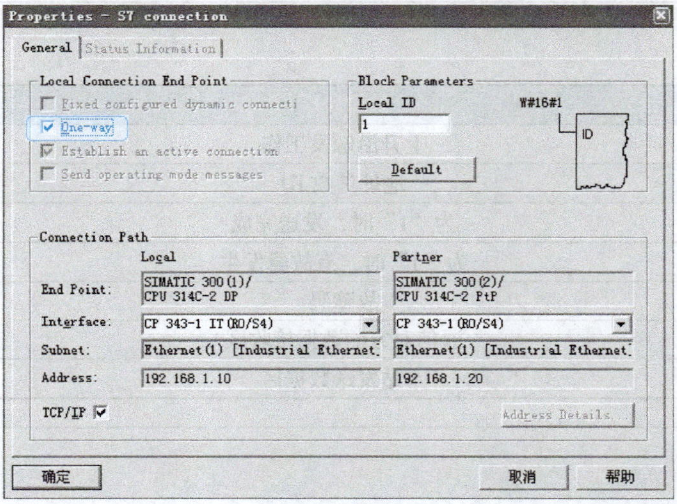

图6-34 单边通信的S7属性设置

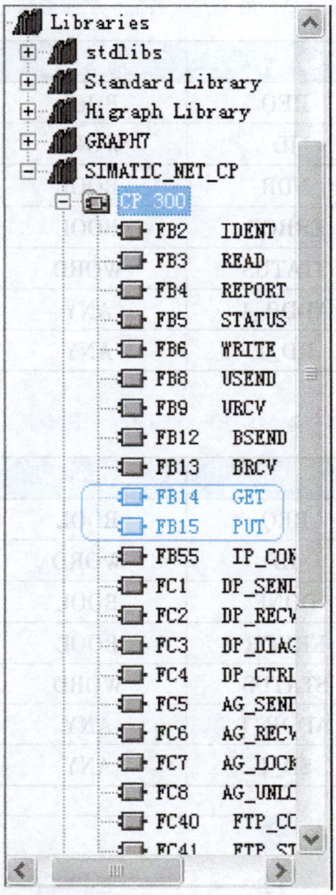

图6-35 指令库

先调用功能块FB15进行数据发送，如图6-36所示。

接着调用功能块FB14读取对方PLC中的数据，如图6-37所示。

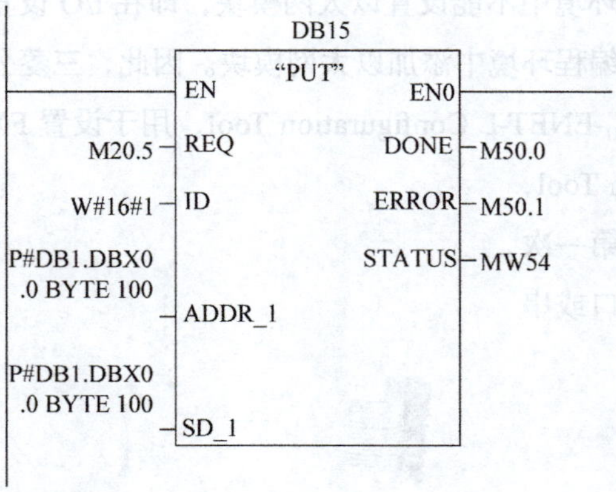

图6-36 发送数据

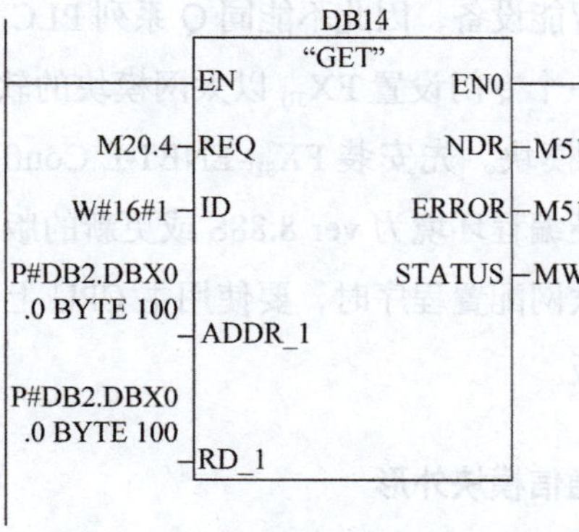

图6-37 读取数据

功能块FB14“GET”和FB15“PUT”的各个引脚参数说明分别见表6-5与表6-6。

表 6-5　功能块 FB14 的各个引脚参数说明

参数名	数据类型	参数说明
REQ	BOOL	上升沿触发工作
ID	WORD	地址参数 ID
NDR	BOOL	为“1”时，接收到新数据
ERROR	BOOL	为“1”时，有故障发生
STATUS	WORD	故障码
ADDR_1	ANY	从通信对方的数据地址中读取数据
RD_1	ANY	本站接收数据区

表 6-6　功能块 FB15 的各个引脚参数说明

参数名	数据类型	参数说明
REQ	BOOL	上升沿触发工作
ID	WORD	地址参数 ID
DONE	BOOL	为“1”时，发送完成
ERROR	BOOL	为“1”时，有故障发生
STATUS	WORD	故障码
ADDR_1	ANY	通信对方的数据接收区
SD_1	ANY	本站发送数据区

6.3　基于三菱FX系列PLC的工业以太网络系统的组建

6.3.1　FX_{3U}-ENET-L以太网通信模块

FX_{3U} 系列 PLC 同属于 FX 系列 PLC，在编程环境中不能设置以太网模块，即在 I/O 设置中不可见智能设备，因此不能同 Q 系列 PLC 那样在编程环境中添加以太网模块。因此，三菱公司提供了一个专门设置 FX_{3U} 以太网模块的软件 FX_{3U}-ENET-L Configuration Tool，用于设置 FX_{3U}-ENET-L 模块。先安装 FX_{3U}-ENET-L Configuration Tool，要求三菱编程环境为 ver 8.88S 或更新的版本。在第一次下载以太网配置程序时，要使用主 CPU 上的编程口或串口扩展板。

图6-38　FX_{3U}-ENET-L以太网通信模块外形

1. 通信模块外形

FX_{3U}-ENET-L 以太网通信模块外形如图 6-38 所示。

2. 性能参数

LAN 连接的计算机以太网经由 FX_{3U}/FX_{3UC} 系列

PLC 中的顺序程序读出 / 写入，与 FX_{3U}-ENET-L 内的缓冲存储器 (固定缓冲区) 进行通信。用专用的设定工具在计算机中能进行简单的以太网连接相关参数设定和电子邮件的送信设定。三菱 PLC 以太网接口模块 FX_{3U}-ENET-L 的性能规格如下。

（1）传输规格

1）数据的传输速度：10Mbit/s/100Mbit/s。

2）通信模式：全 / 半双工。

3）传输方式：基带。

4）最大段长度：100m。

5）节点 / 连接的最大数目，10BASE-T：4；10BASE-Tx：2。

（2）数据存储内存

1）允许同时打开的连接数：4 个连接固定缓冲通道时最多 2 个连接数 (即 C1、C2)；在使用 MELSOFT 连接 + MC 协议时最多 2 个连接 (C3、C4) (2 个通道用作固定缓存通信，2 个通道用作上位机或三菱软件连接)。

2）固定缓冲：1023W × 2。

3）电子邮件 (附件)：2048 W × 1。

4）电子邮件 (文本)：256 W × 1。

（3）I/O 占用点数　I/O 占用点数为 8。

（4）外接电源 DC 24V　240mA，误差 −15%~20%，脉动峰 - 峰值小于 5%。

（5）允许瞬时停电时间　发生瞬时停电 1ms 或以下。

（6）DC 5V 内部电源　不使用 PLC 的 DC 5V (DC 24V 外接电源转换成 DC 5V) 电源。

（7）主单元的连接台数　连接台数为 1。

（8）适用序列　FX_{3U}，FX_{3UC}，连接 FX3UC-1PS 5V 或 FX2NC-CNV-IF。

（9）连接器　RJ-45。

（10）功能

1）MELSOFT 连接。

2）MC 协议的通信。

① MELSOFT 和直接连接 (简单连接)。

② 时间设定功能。

③ MELSOFT 诊断功能。

④ 数据监视功能。

3. FX_{3U}-ENET-L以太网通信设置方法

（1）打开 FX_{3U}-ENET-L Configuration Tool　打开编程环境，当设置成 FX_{3U} 时，FX 特殊单元设置工具即可使用。单击菜单“Tools”→“FX special fuction utility”→“FX configurator-EN”，如图 6-39 所示。进入初始页面如图 6-40 所示。

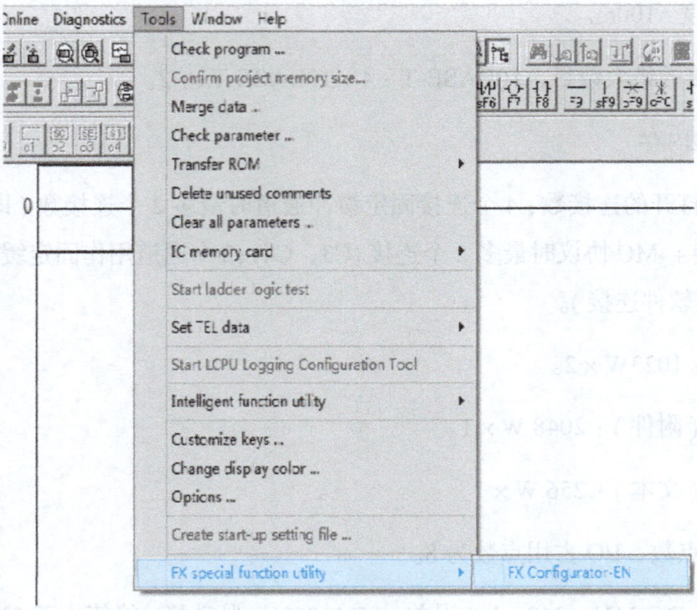

图6-39　打开FX_{3U}-ENET-L Configuration Tool

（2）设置模块号　选择 FX_{3U}-ENET-L 模块所在位置。设置模块号的原则是：除了 CPU、I/O 模块（数字量输入 / 输出模块）之外的模块，靠近 PLC 的模块是 Module 0，依次类推。设置如图 6-41 所示。

（3）设置操作参数　在“FX_{3U}-ENET-L Configuration Tool”初始页面（图 6-40）中单击“Operational settings”，按图 6-42 设置协议。

注意：IP 地址根据用户的实际情况自行设置；“Initial timing”项选择“Always wait for OPEN”，否则不能通信。

（4）设置打开参数　缓存要有收发缓存，端口号设置成十进制的 1025~65534（端口号在 1025~65534 之间可任意设定。固定缓存时收发设置成相同的端口号）。在“FX_{3U}-ENET-L Configuration Tool”初始页面中单击“Open settings ”，如图 6-43 所示。

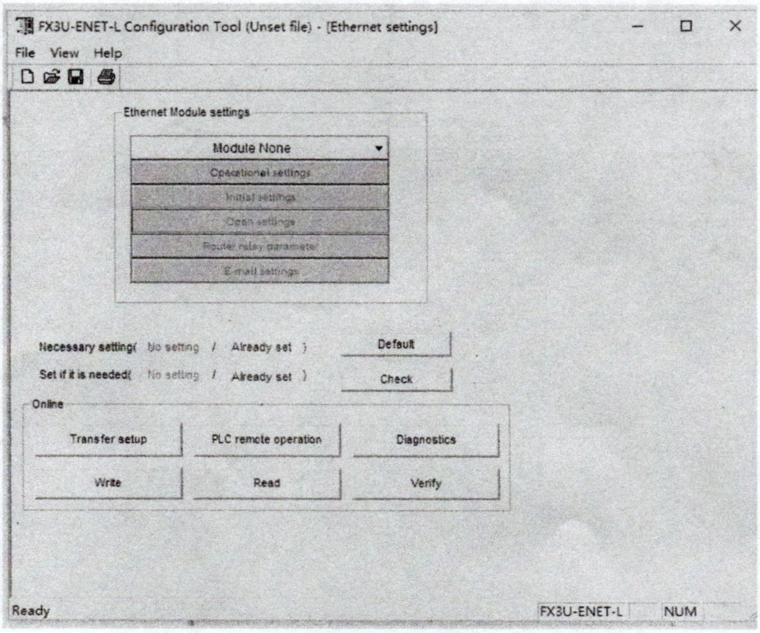

图6-40 初始页面

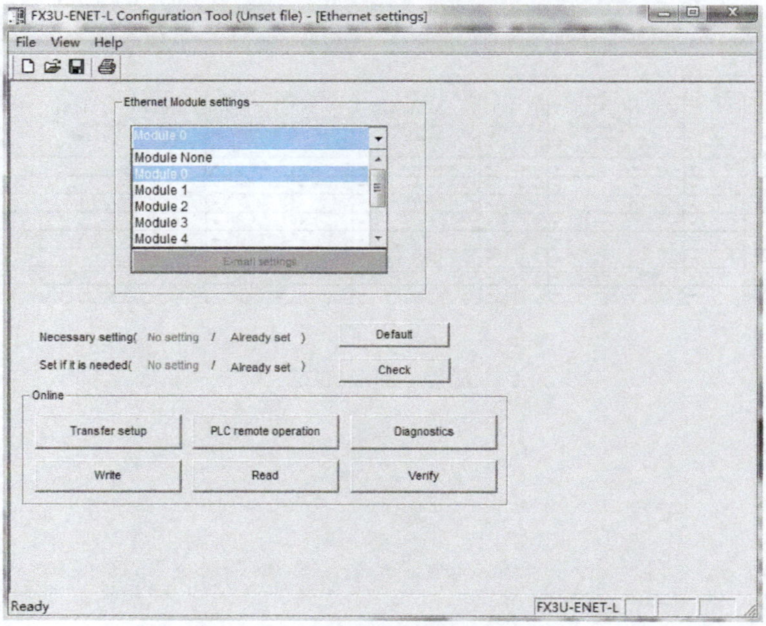

图6-41 设置模块号

（5）设置以太网模块的路由功能 保证设备可以通过交换机与服务器连接，在“FX_{3U}-ENET-L Configuration Tool”初始页面中单击“Router Relay Parameter”，主要设置 IP 地址、通信数据解析方式等，将“Router relay fuction”设置为“Use”，然后设置 IP 地址，根据实际设置子网掩码和默认网关，如图 6-44 所示。

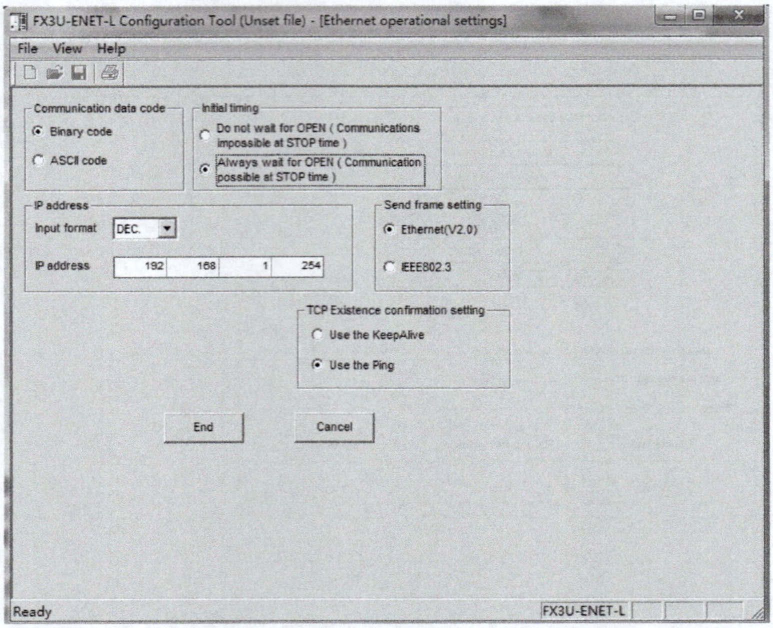

图6-42 设置协议

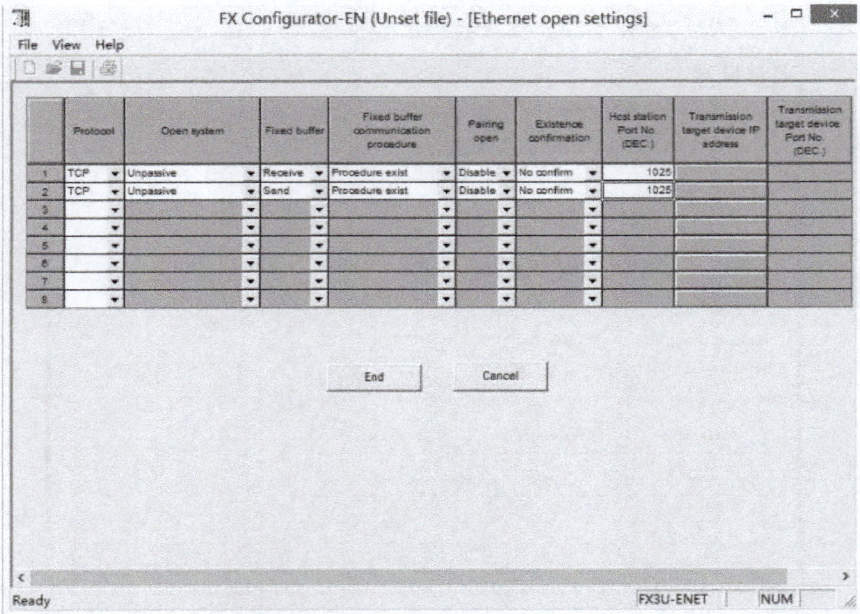

图6-43 设置打开参数

（6）设置通信连接方式　在“FX_{3U}-ENET-L Configuration Tool”初始页面（图 6-40）中单击“Transfer setup”，设置通信连接方式，如图 6-45 所示。

（7）完成设置通信连接方式　单击“OK”按钮便回到图 6-40 所示初始画面，单击“Write”按钮即可将通信连接方式写入 PLC 中。

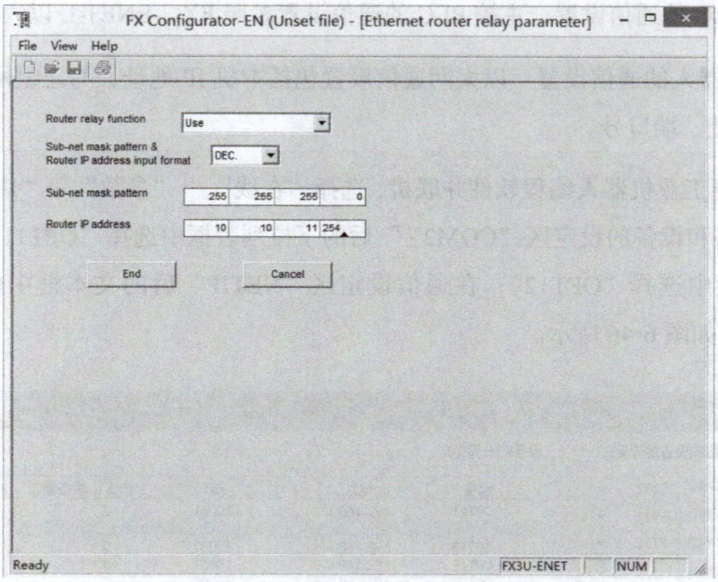

图6-44 路由器中继参数

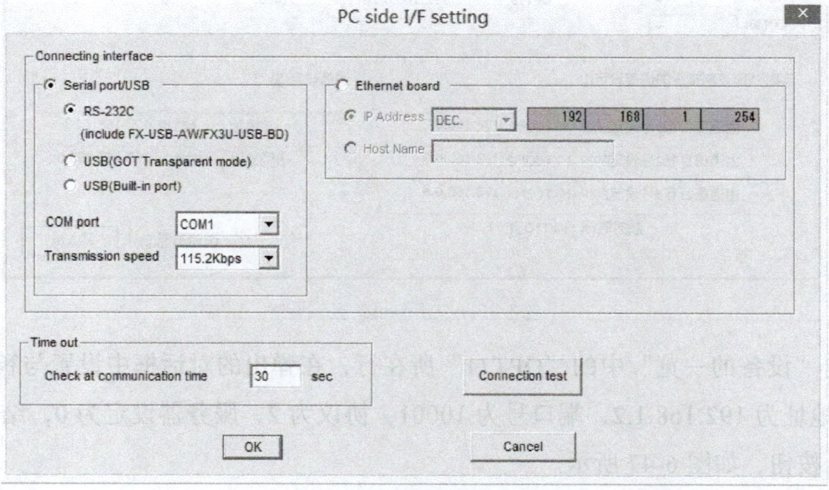

图6-45 设置通信方式

6.3.2 基于三菱FX系列PLC的工业以太网络系统的组建

1. 系统配置

组建一个网络系统，要求实现三菱 PLC、工业机器人和智能视觉系统之间的以太网通信。

组建网络系统的配置如下：PLC 主机 FX_{3U}-64MT、数字量输入模块 FX_{2N}-8EX、模拟量输出模块 FX_{2N}-2DA、以太网通信模块 FX_{3U}-ENET-L，以及三菱工业机器人、欧姆龙视觉系统、路由器。

2. 步骤

（1）主控 PLC 的通信设置　主控 PLC 的通信设置参照 FX_{3U}-ENET-L 以太网通信设置方法。

（2）工业机器人的通信设置　以太网通信设置包括本机 IP 地址，与之组网的智能视觉系统和 PLC 的 IP 地址、端口号。

1）打开三菱工业机器人编程软件并联机，选择“在线”→“参数”→“Ethernet 设定”（双击打开），在线路和设备的设定区“COM2 :”后的下拉列表框中选择“OPT11”，在“COM3 :”后的下拉列表框中选择“OPT12”；在通信设定区“NETIP”后的文本框中输入本机 IP 地址“192.168.1.20”，如图 6-46 所示。

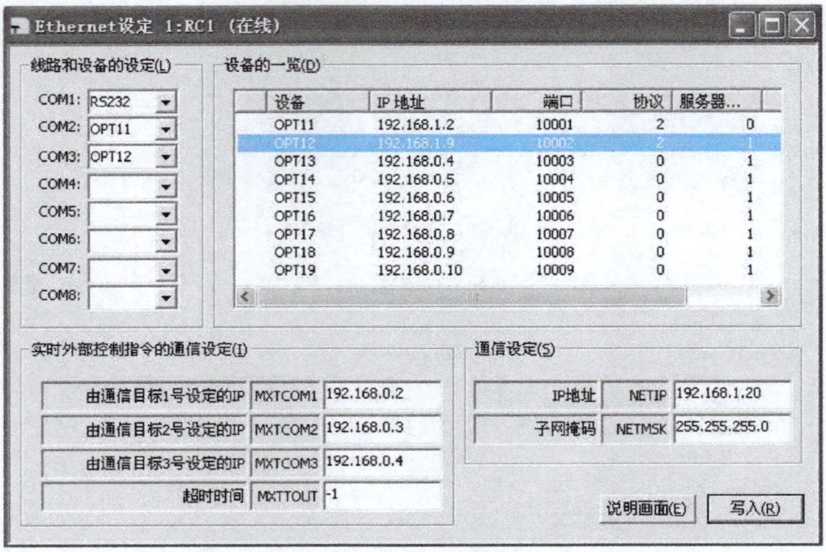

图6-46　线路和设备区设置

2）双击“设备的一览”中的“OPT11”所在行，在弹出的对话框中设置与智能视觉的通信参数：IP 地址为 192.168.1.2，端口号为 10001，协议为 2，服务器设定为 0，结束编码为 0，单击“OK”按钮，如图 6-47 所示。

3）双击“设备的一览”中的“OPT12”所在行，在弹出的对话框中设置与 PLC 的通信参数：IP 地址为 192.168.1.9，端口号为 10002，协议为 2，服务器设定为 1，结束编码为 0，单击“OK”按钮，如图 6-48 所示。

4）最后，在“Ethernet 设定”窗口的右下方，单击“写入”→“确定写入”→“确定”，重启控制器完成设置。

（3）智能视觉系统的网络设置

1）进入视觉系统主画面，如图 6-49 所示。

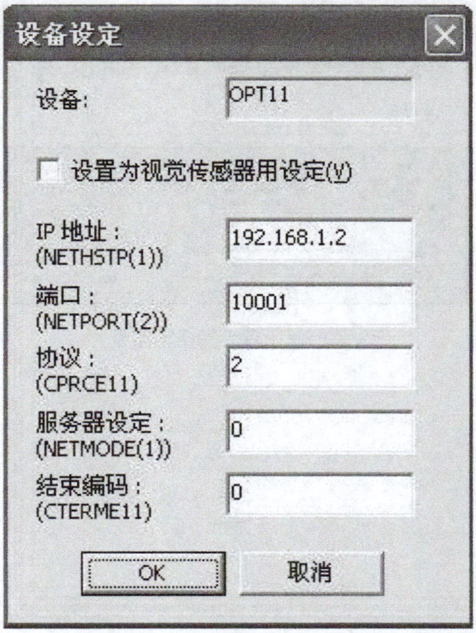

图6-47 设置与视觉系统的通信参数

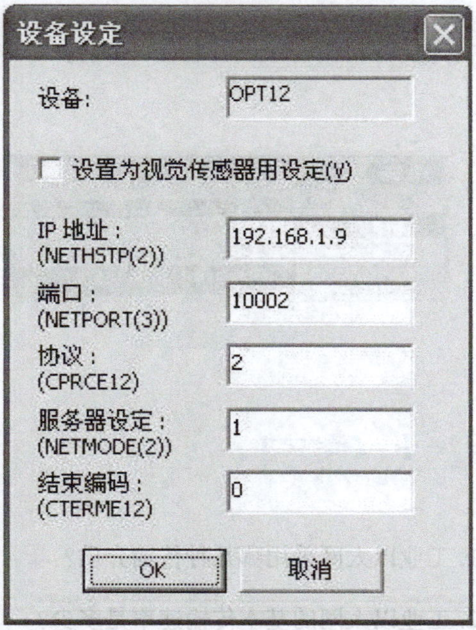

图6-48 设置与PLC通信参数

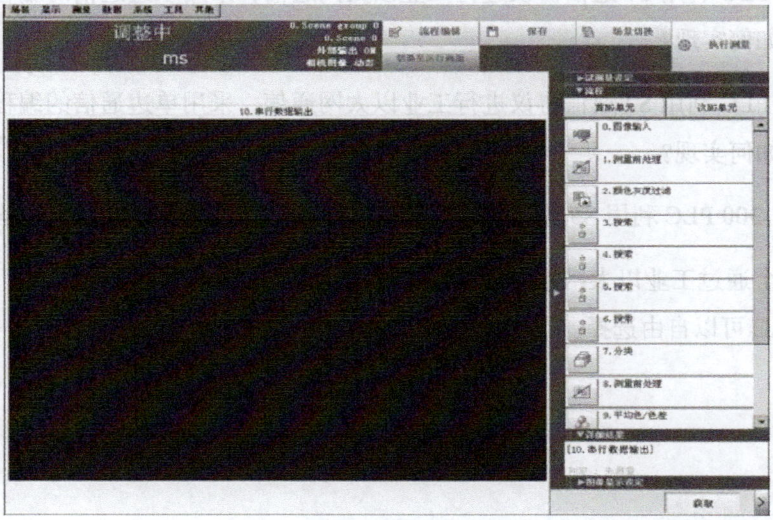
图6-49 视觉系统主画面

2）在主界面左上角单击“系统”，选择“通信”，再选择“Etherenet：无协议（TCP）”，如图 6-50 所示，进入以太网设置界面，设置完成如图 6-51 所示，单击“确定”按钮。

3）在主界面左上角单击“系统”，选择“控制器”，再选择“启动”，完成视觉系统的网络设置。

图6-50　系统选项图

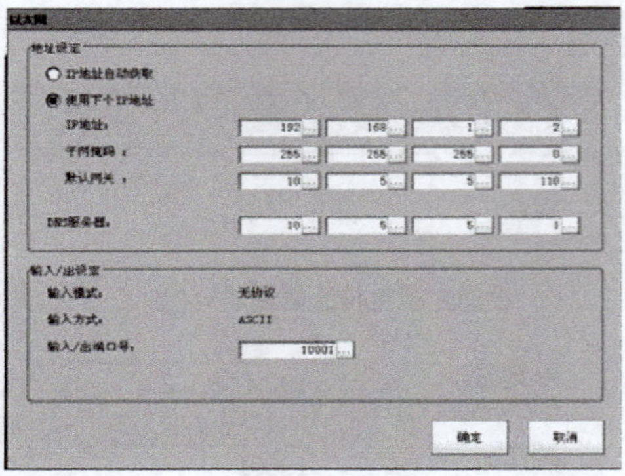

图6-51　以太网设置界面

思考与练习

1. 工业以太网采用哪几种传输介质？

2. 工业以太网的基本传输速率是多少？

3. 简述 FX_{3U}-ENET-L 以太网通信设置方法。

4. S7-300 PLC 利用 S7 通信协议进行工业以太网通信，采用双边通信的编程时需要调用哪两个功能块？如何实现？

5. S7-300 PLC 利用 S7 通信协议进行工业以太网通信，采用单边通信的编程时需要调用哪两个功能块？如何实现？

6. 简述 S7-300 PLC 利用 S5 兼容的通信协议进行工业以太网通信的组建过程。

7. 设计一个通过工业以太网来实现的网络通信系统，在系统中可以将不同厂商的设备连接起来，主控 PLC 可以自由选择。

参考文献

[1] 郭琼，姚晓宁 . 现场总线技术及其应用 [M]. 2 版 . 北京：机械工业出版社，2014.

[2] 李正军 . 现场总线及其应用技术 [M]. 北京：机械工业出版社 ，2005.

[3] 李前进 . 工业控制网络系统集成与数据交换应用研究 [D]. 重庆：重庆大学，2008.

[4] 阳宪惠 . 现场总线技术及其应用 [M]. 2 版 . 北京：清华大学出版社，2008.

[5] 张益 . 现场总线技术与实训 [M]. 北京：北京理工大学出版社，2008.

[6] 蓝丽 . 基于 PROFIBUS 现场总线的集成方法和应用研究 [D]. 北京：北京化工大学，2007.

[7] 廖常初 . S7-300/400 PLC 应用教程 [M]. 2 版 . 北京：机械工业出版社，2012.

[8] 刘美俊 . PROFIBUS 总线技术 [J] 机床电器，2005，32(3)：5-8.

[9] 刘泽祥，李媛 . 现场总线技术 [M]. 2 版 . 北京：机械工业出版社，2011 .

[10] 王永华 . 现场总线技术及应用教程 [M]. 2 版 . 北京：机械工业出版社，2012.

[11] 唐继英 . 现场总线技术 [M]. 天津：天津大学出版社，2008.

[12] 韩辰 . PROFIBUS-DP 典型应用系统研究 [D]. 哈尔滨：哈尔滨工业大学，2008.

[13] 周耿烈，胡赤兵，吕红梅，等 . 现场总线控制网络与数据网络的集成 [J]. 制造业自动化，2007，29(7)：17-20.